量纲分析基础

高光发　编著

科学出版社

北京

内 容 简 介

"量纲分析基础"是诸多理工科专业的一门重要的专业基础课程。本书主要针对量纲分析基本理论,结合力学特别是爆炸与冲击动力学相关问题的经典实例,对量纲分析的内涵与应用方法进行阐述和讲授。全书包含量纲分析基本概念、II理论的内涵与应用、爆炸力学问题量纲分析与相似律、冲击动力学问题量纲分析与相似律四个方面内容。本课程虽然是专业基础课程,但其中诸多方法、思路和结论特别是爆炸力学问题与冲击动力学问题中的相关内容能够直接应用于相关实际工程问题或给相关研究提供直接参考。

本书可以作为弹药工程和力学等理工科专业的本科生或研究生教材;也可以作为爆炸与冲击动力学、兵器科学与技术、防护工程等涉及爆炸和高速冲击问题的相关学科领域以及国防科研院所中相关领域研究人员的专业参考书。

图书在版编目(CIP)数据

量纲分析基础/高光发编著. —北京: 科学出版社, 2020.9
ISBN 978-7-03-066116-6

Ⅰ.①量… Ⅱ.①高… Ⅲ.①量纲分析 Ⅳ.①O303

中国版本图书馆 CIP 数据核字 (2020) 第 174969 号

责任编辑: 李涪汁 高慧元/责任校对: 杨聪敏
责任印制: 赵 博/封面设计: 许 瑞

科学出版社 出版
北京东黄城根北街 16 号
邮政编码: 100717
http://www.sciencep.com

北京凌奇印刷有限责任公司印刷
科学出版社发行 各地新华书店经销
*
2020 年 9 月第 一 版 开本: 787 × 1092 1/16
2025 年 2 月第六次印刷 印张: 18
字数: 424 000
定价: 99.00 元
(如有印装质量问题, 我社负责调换)

前　　言

在对物理问题的认识过程中，我们始终离不开对物理量的度量；从某种意义上讲，对物理量或物理规律的认识最关键的一步是对物理量或物理量之间的内在联系进行定量的描述。通常对于一个物理量定量描述有度量单位和度量值两个部分，度量值与度量单位密切相关，不同度量单位其度量值也不尽相同。从本质上讲，对于一个物理量而言，度量单位就是一个参考量，而度量值即为该物理量与该参考值的比值，例如，对某个物体的长度进行度量，如果以 1m 标准长度的杆为参考量即度量单位为 1m，如果这个物体的长度正好是 10 倍杆长，即物体长度与杆长的比值为 10，因此我们可以度量这个物体的长度为 10m；同样，我们如果采用长度为 2m 的杆为参考量并定义其长度为 1n，此时该物体长度与该杆长的比值为 5，因此我们也可以度量这个物体的长度为 5n。显而易见，一个物理量的度量单位有无数个，只是国际单位具有全球统一的参考量而被人们广泛接受。另外，众所周知，物理量符号的出现对物理学甚至其他学科的发展起到了不可估量的推动作用，利用度量单位从度量属性上标定或表征物理量并不具备对应唯一性，因此科学家提出一个"量纲"的概念，用它来表征具有特定度量属性的物理量，一个物理量可能有无数个度量单位，但其量纲用基本量纲来表达的形式最多只有一个，例如，[长度] = L；因此基本量纲的符号从本质上与基本物理量一一对应，物理量对应量纲的转变过程和不同物理量对应量纲之间的转变演化过程在一定程度上能够表征物理量和物理量之间的转变与演化过程。

物理量可以分为两类：有量纲量和量纲一的量。前者物理量的度量值大小与所选取度量单位直接相关，如长度 10m=100dm=1000cm 等；后者则与度量单位无关，如泊松比、应变等，这些量本就是一种比值，无论在哪个单位体系中，物理量的值并不改变。在诸多有量纲量中，有些物理量如速度，其并不具备独立的量纲，它的量纲是长度的量纲与时间的量纲相除的结果，这种量纲为衍生量纲；还有一些物理量虽然具有独立的量纲，如力，但根据牛顿运动定律可知，它可以通过质量的量纲与加速度的量纲相乘得到；以上这两种物理量我们常称为导出量，对应的量纲为导出量纲。而具有独立量纲且无法表示为其他量纲组合形式的量，称为基本量，对应的量纲为基本量纲，如质量、时间和长度等。

众所周知，不同量纲的物理量之间无法直接比较和进行加减运算，因此对于任何一个物理问题或规律，其函数关系中等式两端的量纲应该完全一致；也就是说，姑且不论函数两端数值是否相等，但其量纲必定相同。换一个角度看，我们即使不知道函数中物理量的具体数值，纯粹从量纲上进行运算和转换即可对该物理问题或规律进行初步分析；反之，我们也可以根据量纲的一致性对所给出的函数关系的正确性进行预判。这种多个物理量量纲之间的运算包含基础衍生量的展开、独立导出量纲向基本量纲的转换及其基本量纲之间的运算，这种分析过程即为量纲分析过程。容易知道，衍生量纲的展开利用到该物理量的定义；而独立导出量纲的转换更是蕴含了某一物理定律，如力的量纲转换为质量量纲与加速度量纲的乘积，就无形中应用了牛顿运动定律，衍生量纲 —— 加速度量纲展开为长度量纲与时间量纲的平方之商,利用到加速度的定义。因此,量纲分析的过程也是一系列定义与定律的使用及运算过程,从某种程度上讲这是量纲分析的一个物理本质。当前,度量单位特别是国际标准度量单位的出现,极大程度地促进了科技交流和发展,但在物理问题的分析过程中,有时也使得物理规律分析更为复杂,因为这相当于在复杂的物理问题中引入了这些基准量,对于特定物理问题而言,如果我们不采用这些基准量,而直接采用物理问题所包含的某个物理量或某几个物理量组合为度量单位,则在一定程度上简化了物理问题分析过程。因此,量纲分析过程也是一种排除外部基准度量单位而利用物理问题或规律所涉及的物理量或物理量的组合为度量单位的一个过程,这是量纲分析的另一个物理本质。在此,需要说明的是,量纲分析的方法是不断发展的,随着新物理量的定义和新物理规律的发现,量纲之间的关系与演化过程也会更新发展。

量纲分析理论和方法无论对于科学研究还是工程问题分析皆具有极其重要的作用,本人在中国科学技术大学求学期间,我的导师李永池先生多次表示 "量纲分析" 是自然科学的两大 "基石" 之一,姑且不论这种评价是否完全准确,但也从一个侧面说明了量纲分析的重要性,特别是对于流体力学、爆炸力学、冲击动力学及其相关学科的科学研究和工程问题的分析而言,其重要性是不可替代的。量纲分析的理论和分析过程并不难,但其作用和使用效率有时候却十分惊人,当前各行业流传广、影响大的很多经验公式都有量纲分析的影子在内,利用量纲分析给出的物理问题相似律在试验研究方面更是普遍存在,甚至是不可或缺的。严格来讲,量纲分析并不只是某一个特定专业或学科的专业课程,而且还是许多工科专业、学科甚至不少理科相关专业研究人员或工程人员不可或缺的基础课程。

谈庆明老师在其所著的《量纲分析》一书 "写在前面" 中提到第一次接触的无量纲数为 Reynolds 数;碰巧的是,我第一次接触量纲分析相关内容的也是 Reynolds 数,估计很多人第一次接触的无量纲数是它。不过,我当时并没有 "量纲分析" 这个概念,只是感慨这种分析方法之巧妙,一直存在一个疑问:怎么会把这几个看起来完全无关的量组合在一块,而且规律还如此之好;一般工程上对试验测试数据最常用的数据处理方法就是最小二乘法了,至于量纲是否一致完全没有考虑到。攻读博士学位期间,我们课题组的两位导师李永池先生和王肖钧老师非常重视量纲分析的应用,我才开始学习并使用之。当时我学习所使用的教材是谈庆明老师所著的《量纲分析》一书,这本书对我的影响非常大,从本书的很多地方可以看到该书的影子,甚至一些经典的例子将在本书中直接参考。我在量纲分析知识的学习和应用方面可以划分为三个阶段:第一个阶段,刚学习完量纲分析课程,感觉量纲分析太有用了,也比较简单,抓到机会就使用之;第二个阶段,发现量纲分析并不是表面看起来那么简单,经常给出错误的结论,学习和使用也比较 "死板",逐渐不敢用或很少用;第三个阶段,在量纲分析之前对物理问题进行深入分析和调研,谨慎使用,边用边验证,与理论、试验和数值计算有机融合,活用之。比很多科研工作人员幸运的是,我能够进入第二个阶段并能够进入第三个阶段,离不开两位导师李永池先生和王肖钧老师严谨细心的指导,在此对两位老师表示深深的感谢。

在中国科学技术大学求学期间,本人在李永池先生的指导下为某航空科研院所编写了一个简短的量纲分析基础理论相关的报告;虽然这部分内容在本书中没有直接使用,但也为本书的编著提供了一定的基础。后来,在新加坡国立大学期间工作之余学习了 Baker 等编

著的 *Similarity Methods in Engineering Dynamics: Theory and Practice of Scale Modeling* 和 Gibbings 等编著的 *Dimensional Analysis* 等著作，受益匪浅，其中不少经典实例也被本书参考。回国后进入南京理工大学机械工程学院兵器科学与技术专业工作，科研工作中接触大量的爆炸与冲击相关问题，然而，在指导学生和教学期间，发现不少学生包括我的博士生和博士后对量纲分析并不是很熟悉，这对于爆炸力学和兵器科学与技术学科的研究工作而言是比较严重的一个问题。就这个问题我与李永池先生也讨论了数次，李永池先生建议我结合南京理工大学教学和科研实际情况自己编著一本量纲分析相关著作。遗憾的是，当我完成《波动力学基础》书稿的最后一次校稿并着手本书的编著时，李永池先生已去世，没能看到本书的成稿和出版。

量纲分析的基本理论 Π 定理的推理和应用比较简单，但量纲分析的应用却有很多问题、限制和方法，这些必须在实际应用中才能进行更清楚的阐述，因此，本书以实例为主，在实例中阐述量纲分析所蕴含的物理意义、本质及注意事项与使用方法，尽可能在实例中利用最具体而简单的方法阐述这些抽象而复杂的问题。

本书分为 4 章对量纲分析的理论与应用进行阐述。

第 1 章为绪论，主要是详细讲述单位、量纲、量纲分析、相似律的概念与物理内涵，进而对量纲分析的原理利用简单实例进行初步介绍。

第 2 章为 Π 理论，主要对 Π 定理的推导与内容、内涵进行说明。另外，利用一些常规物理问题对 Π 定理的应用方法、注意事项和深入分析验证进行讲述；这些物理问题包括典型流体力学基础问题、典型固体力学基础问题和其他几个典型基础问题等一些专业性不强的准普适性物理问题。

第 3 章为爆炸力学问题量纲分析与相似律，该章是爆炸力学专业物理问题中量纲分析与相似律的相关内容，以经典的核爆炸的相似律问题为引子，分别讲解爆炸波在空气介质及土壤介质中传播问题量纲分析方法与相似律；另外，讲述非理想爆炸与工程爆破中若干问题的量纲分析方法与相似律；最后，对爆炸问题中材料本构相似性问题进行简要介绍。

第 4 章为冲击动力学问题量纲分析与相似律，主要包含两个方面内容：侵彻力学问题和 SHPB 试验问题。前者主要包括长杆弹对半无限金属靶板侵彻问题的量纲分析与相似律、短杆弹或弹丸对半无限金属靶板侵彻问题的量纲分析与相似律。后者主要包括不同尺寸 SHPB 试验问题的量纲分析与相似律、考虑整形片材料性能与尺寸 SHPB 试验问题的量纲分析与相似律。

本书是在《波动力学基础》一书定稿后着手开展编著的，这期间科研任务更重，同《波动力学基础》编著过程一样，基本都是在下班后开展，在没有出差和特殊情况下，几乎每天下班回家后都花大量的精力在推导公式、绘制图表和编写文字；在此要向我的妻子表示深深的感谢；另外，虽然之前在编著《波动力学基础》时我已经对我的孩子们表示过歉意，然而，完成该书的编著后还没来得及抽出时间好好陪陪他们，就继续开展本书的编著，在这里还需要向他们表示更进一步的歉意。

最后，本书出版得到国家自然科学基金项目 (11772160，11472008，11202206) 和国防科技创新特区项目的资助，在此表示感谢。

由于水平限制，本书不足之处在所难免，望各位读者指正。希望本书能够给国防科技工作者和相关专业的学生提供所需的理论参考，为提高我国国防科技中兵器科学与防护工程等相关领域的原创性研究水平提供助力！

高光发

2020 年 3 月

目　　录

第1章 | 绪　　论

在对物理问题的认识过程中，我们始终离不开对物理量的度量，就像 1883 年 Kelvin 所讲："在物理学中，最重要的一步就是找出对物理规律的定量描述及其可行的测量方法，并发现其相关特性。如果你能够利用数字来描述它，表示你在一定程度上了解它或熟悉它；如果你不能够用数字来描述和测量它，说明你还算不上了解它或者可能只是知道其'皮毛'而已"。而对于绝大多数物理量的定量描述，我们离不开其量和参考度量单位；当然对于任何测量而言，不可避免地存在误差，在此不做考虑，其也对本书讨论的内容没有任何影响。例如：

$$我的身高 = 1.80 \text{ 米}$$

其中，"1.80" 表示物理量的数量，而 "米" 表示其数量对应的参考单位，其物理内涵是指身高是 "1 米" 这个参考度量的 1.80 倍，可以看出，量和度量单位是相互耦合不可分割的，从物理上讲，我可以描述为 1.80 米，也可以描述成 180 厘米，它们的物理内涵是完全一致的，其数值的不同是因为其参考度量单位的不同而已。同样，体重 70.00 千克也是指其是 "1 千克" 这个基本参考度量的 70.00 倍。

1.1　单位与量纲

如上例所示，对于身高这个物理量的度量包含数量和单位两个不可分割的部分，身高 1.80 米与身高 180 厘米虽然看起来不同，其实描述的物理量是完全一致的。同样，也可以等效为 1800 毫米、1800000 微米、18.0 分米、5.9055118 英尺、1.9685039 码等，这些度量单位不同导致其数量也不同，容易知道，这些量之间的转换关系与所对应的单位呈反比关系，也就是说，只要我们知道度量单位之间的定量转换关系就容易给出对应数量之间的关系。例如：

$$1 \text{ 米} = 100 \text{ 厘米} \rightarrow 1.80 \text{ 米} = 1.80 \times 100 \text{ 厘米} = 180 \text{ 厘米}$$

$$1 \text{ 米} = 3.2808399 \text{ 英尺} \rightarrow 1.80 \text{ 米} = 1.80 \times 3.2808399 \text{ 英尺} = 5.9055118 \text{ 英尺}$$

这些单位之间存在某种固定的换算关系，其换算对应的量我们常称为换算因子，如上两式中的量 100 和 3.2808399 即为对应的换算因子。

事实上，所谓单位其实就是一个参考量，如单位 "米" 就是指 "1 米" 这个标准长度，也是一个人为定义的参考长度，即为光在真空中于 1/299792458 秒内行进的距离；而 1.80 米

即表示 (为了更容易表示和全书统一, 后面用符号代替汉字来表示单位):

$$L = 1.80\text{m} \Rightarrow \frac{L}{1\text{m}} = 1.80 \tag{1.1}$$

即长度 L 是 1m 这个标准长度的 1.80 倍。这说明物理量的度量含义是提供一个参考量, 并给出目标物理量与参考量之间的比例关系。当然, 物理量的度量必须与参考量之间能够直接对比, 否则无法度量, 也就是说描述长度的量只能直接利用描述长度的参考量来度量, 而不能直接利用描述其他物理特性的参考量来度量, 如长度 L 如果用参考质量 "1kg" 来度量, 则式 (1.1) 无法给出无单位的数量。也就是说, 只要满足式 (1.1) 所得因子是一个无单位的数量, 这些参考量都可以作为参考度量, 我们必须使用 "m、cm、mm、ft、yd" 等这些参考单位作为度量单位, 也可以利用其他参考量来表示; 如一群人中最矮的身高为 $L_0 = 0.9\text{m}$, 其他人的身高即为

$$\frac{L}{L_0} = 2 \Leftrightarrow L = 2L_0 \tag{1.2}$$

此时, 度量单位即为 L_0, 而比例数量为 2。也就是说度量单位有无限个, 只是 "m、cm、mm、ft、yd" 等国际通用的参考长度方便记录和对比, 而被广泛接受和使用而已。

如上所示, 对于一个物理量而言, 存在无数个度量单位, 如长度的度量单位有 "m、cm、mm、ft、yd" 等, 质量的度量单位有 "kg、g、mg、oz、lb" 等。为区别不同类物理量, 我们把具有某种特定属性的物理量称为该物理量的 "量纲", 如长度、质量、时间等具有明显不同的属性, 因此其量纲也不相同, 我们一般用 "[]" 来表示, 如物理量 f 的量纲用 "[f]" 表示。容易看出, 对于长度而言, 其单位有无数个, 但其量纲只有一个, 度量单位与量纲之间的区别读者务必要区分开; 同时, 也可以看出, 只有两个物理量的量纲相同或本质上一致时, 两个物理量才能够直接比较和进行加减运算, 也只有两个度量单位直接或间接属于同一个量纲时, 它们才能进行转换; 也就是说, 选取一个单位作为物理量的独立单位, 其前提是式 (1.1) 中分式分子分母具有相同的量纲。

我们可以把物理量分为两大类: 有量纲量和量纲一的量 (本书后续内容中统称为无量纲量)。前者是指物理量的计数大小与所选取的度量单位直接相关, 如前面所述的长度, 还有质量、速度、加速度、密度、能量、动量等; 后者是指物理量的计数大小与度量单位完全无关, 这些量大多是两个有量纲量之间的比, 如泊松比、弧度、比重、应变等。表 1.1 给出了几个典型的物理量的量纲及其符号表示。

表 1.1　几个典型物理量的量纲

物理量	国际标准单位	量纲符号
长度	米, m	L
质量	千克, kg	M
时间	秒, s	T
热力学温度	开尔文, K	Θ
力	牛顿, N	F
热量	焦耳, J	Q
电流	安培, A	I
电压	伏特, V	U
物质的量	摩尔, mol	N
发光强度	坎德拉, cd	C

表中最后一列是我们为了简化分析过程，给物理量的量纲定义的一个符号，例如：

$$[长度] = L$$

而对于一些物理量，其并不具备独立的单位，其量纲不是独立的，而是由以上独立量纲推导给出的。如质点速度：

$$v = \frac{L}{t} \Rightarrow [v] = \left[\frac{L}{t}\right] = \frac{[L]}{[t]} = \frac{L}{T} \tag{1.3}$$

即

$$[v] = LT^{-1} \tag{1.4}$$

我们称这类量纲为衍生量纲。常用的几种具有此类衍生量纲的物理量及其量纲符号如表 1.2 所示。

表 1.2　几个典型具有衍生量纲的物理量及其量纲符号

物理量	量纲	量纲符号
速度	[长度]/[时间]	LT^{-1}
加速度	[长度]/[时间]^2	LT^{-2}
密度	[质量]/[长度]^3	ML^{-3}
面积	[长度]^2	L^2
体积	[长度]^3	L^3
应变率	[时间]$^{-1}$	T^{-1}
热容量	[热量]/[温度]	$Q\Theta^{-1}$
比热容	[热量]/([质量][温度])	$QM^{-1}\Theta^{-1}$
导热系数	[热量]/([时间][长度][温度])	$QT^{-1}L^{-1}\Theta^{-1}$

根据物理量量纲特征，我们把有量纲物理量也分为两个部分：基本量和导出量。基本量是指具有独立量纲且不能表示为其他量纲的组合的物理量，其对应的量纲也称为基本量纲；导出量是指其量纲可以表示为基本量纲组合的物理量，其对应的量纲也称为导出量纲。

在这里，有两点需要强调：第一，并不是只有以上衍生量才是导出量，具有独立单位和量纲的物理量也不一定是基本量；如力，其具有独立的单位 N 和量纲 F，但根据牛顿第二定律，有

$$F = ma \tag{1.5}$$

因此，我们可以给出

$$[F] = [ma] = [m]\,[a] = MLT^{-2} \tag{1.6}$$

也就是说量纲 [F] 并不是一个基本量纲，物理量 F 也不是一个基本量。

又如压强 P，其单位为 Pa，但根据定义有

$$P = \frac{F}{S} \Rightarrow [P] = \left[\frac{F}{S}\right] = \frac{[F]}{[S]} = \frac{MLT^{-2}}{L^2} = ML^{-1}T^{-2} \tag{1.7}$$

再如功 W，其单位为 J，根据定义有

$$W = FL \Rightarrow [W] = [FL] = [F]\,[L] = ML^2T^{-2} \tag{1.8}$$

区别基本量与导出量、基本量纲和导出量纲必须从物理现象的本质出发,这点非常重要;选取科学合理的基本量对于之后的分析也极其重要。本书主要讲授和分析对象是力学相关物理问题,对于此类问题,其基本量纲一般只有 5 个,如表 1.3 所示。

表 1.3 力学问题中常用基本量和基本量纲

物理量	国际标准单位	量纲符号
质量	千克, kg	M
长度	米, m	L
时间	秒, s	T
温度	开尔文, K	Θ
热量	焦耳, J	Q

对于没有热量输入和输出问题的情况,一般力学问题的基本量纲只有表 1.3 中的前三项:质量、长度和时间。力学问题中的常用导出量和导出量纲见表 1.4。

表 1.4 力学问题中的常用导出量和导出量纲

物理量	量纲	量纲符号
速度	[长度][时间]$^{-1}$	LT^{-1}
加速度	[长度][时间]$^{-2}$	LT^{-2}
密度	[质量][长度]$^{-3}$	ML^{-3}
力	[质量][长度][时间]$^{-2}$	MLT^{-2}
应力	[质量][长度]$^{-1}$[时间]$^{-2}$	$ML^{-1}T^{-2}$
弹性模量	[质量][长度]$^{-1}$[时间]$^{-2}$	$ML^{-1}T^{-2}$
功和能	[质量][长度]^{2}[时间]$^{-2}$	$ML^{2}T^{-2}$

1.2 量纲分析的原理与内涵

对于任何一个物理规律对应的表达式:

$$X = Y \tag{1.9}$$

等式两端物理量或多个物理量的组合对应的最后量纲必定相同或转化为基本量纲后形式相同,即

$$[X] = [Y] \tag{1.10}$$

式 (1.10) 是式 (1.9) 的必要条件,也就是说,科学合理的物理问题所蕴含的表达式,其两端的量纲必须相同,对研究结果简单地进行最小二乘法拟合所得出的结论,如果不满足量纲相等条件,此结论原则上是不合理的;反之,我们验算所推导表达式是否正确,可以先利用量纲相同这一规律来校核,如果这点不满足,该推导肯定存在问题。

从 1.1 节的分析可以看出,导出量纲与基本量纲的关系都对应某个或某些物理规律;反之,我们从导出量纲也可以看出某些其他的物理规律。如功的量纲的推导:

$$W = FL \Rightarrow [W] = [FL] = [F][L] = ML^2T^{-2} \tag{1.11}$$

对比可以发现，其量纲的后两项正好是速度量纲的平方：

$$[W] = ML^2T^{-2} = [M][v]^2 \tag{1.12}$$

利用量纲相等原理，将其反映到物理量的关系上，即为

$$W = kmv^2 \tag{1.13}$$

式中，k 表示某一常数。根据物理学相关理论，容易知道，式 (1.13) 等号右端即为动能的表达式。由式 (1.11) 和式 (1.13) 可以看出，力在其方向上做功可以转换成动能，这正好是功和能转换定律。从这个例子可以看出，量纲之间的转换皆蕴含某个物理定律，因此，在某种意义上，量纲分析过程其实就是利用这些物理定律的过程；也就是说，量纲分析的本质其实就是利用物理定律推导和演绎物理问题的过程。

量纲分析在当前自然科学的研究过程中起着举足轻重的作用，称得上是自然科学的"基石"之一；在工程研究过程中，量纲分析也是一种非常重要的研究方法。很多时候，利用量纲分析能够极大地简化物理问题的分析过程，这里我们也以谈庆明老师《量纲分析》中的第一个例子为例进行说明。

例 1 求小球摆动的周期问题

如图 1.1 所示单摆，细绳一端固定，另一端悬挂着一个具有质量 m 的小块物体，细绳长度为 l，当悬挂物体从铅垂的自然状态，沿细绳半径移动到初始方位角 α (细绳一直处于拉紧状态)，然后突然放开，物体将在重力的作用下做周期性振荡，求单摆的振动周期 T。

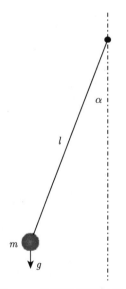

图 1.1 单摆的周期问题

这个问题在中学时代就推导过，在此，我们不直接用相关物理定律进行推导，将之视为一个不能用理论直接推导的物理问题，希望通过试验来获取该问题的相对科学准确的解。

从此问题的条件我们可以看出，该问题所有初始条件有：细绳的尺寸、细绳的质量、悬挂物体的质量、悬挂物体的尺寸、重力加速度、初始方位角。对于单摆问题，容易知道细绳的直径并不是主要影响因素，若我们假设细绳直径足够小，即从该物理问题中排除了这一影响因素；同样，只要细绳的长度足够大，对于悬挂物体的尺寸在此我们也是不需要考虑的。因此，影响振动周期 T 的主要因素有 4 个：重力加速度 g、悬挂物体质量 m、细绳的长度 l 和初始方位角 α。即有

$$T = f(g, m, l, \alpha) \tag{1.14}$$

式中，f 表示某种待定的函数形式。

这 5 个变量的量纲如表 1.5 所示。

表 1.5　单摆问题中变量的量纲

物理量	量纲
T	T
g	LT^{-2}
m	M
l	L
α	1

根据前面所述，在全部转换为基本量纲后，该物理问题的表达式 (1.14) 两端的量纲必须相同。在此问题中基本量纲有 3 个：M、L 和 T，其对应的物理量如表 1.6 所示。

表 1.6　单摆问题中基本量纲对应的物理量

基本量纲	物理量
M	m
L	l
T	$\sqrt{l/g}$

对于相同量纲，我们可以选用不同的参考度量单位，当然，这不会影响对物理问题本质和物理量之间的内在函数关系。于是，我们对表达式两端均选取 m、l 和 $\sqrt{l/g}$ 为基本参考单位体系。根据单位转换规律，式 (1.14) 即可写为

$$\frac{T}{\sqrt{l/g}}\sqrt{l/g} = f(1 \cdot g, 1 \cdot m, 1 \cdot l, \alpha) \tag{1.15}$$

式中，$T/\sqrt{l/g}$、1、1、1 和 α 均为无量纲数量。在数量上，即有

$$\frac{T}{\sqrt{l/g}} = f(1,1,1,\alpha) \tag{1.16}$$

简化后，有

$$\frac{T}{\sqrt{l/g}} = f(\alpha) \Rightarrow T = \sqrt{l/g}f(\alpha) \tag{1.17}$$

再次强调，式中的 f 是指某种函数关系，并不是确定的函数关系，如式 (1.16) 和式 (1.17) 的 f 代表的函数关系不一定相同，下面分析也是如此，不再做重复说明。我们通过简单的量纲分析给出了以上公式，从以上公式容易看出：

(1) 振动周期 T 正比于绳长 l 的 $1/2$ 次方，反比于重力加速度 g 的 $1/2$ 次方；

(2) 振动周期 T 与悬挂物体的质量 m 无关；

(3) 振动周期 T 是初始方位角 α 的函数。

对比式 (1.14) 和式 (1.17) 可以明显看出，利用简单的量纲分析，使得物理规律更加清晰简单，而且明确指出影响振动周期 T 的因素，确定其与悬挂物体的质量 m 无关。如果需要通过实验来得出此关系，我们可以简单计算一下：不通过量纲分析，如果假设每个自变量需要开展 10 次不同取值实验才能给出较可靠准确的值，那么，需要 $10 \times 10 \times 10 \times 10 = 10000$ 次实验；而通过量纲分析所得到的表达式 (1.17)，我们只需要对不同初始方位角 α 开展 10 次实验，姑且不论实验中的误差，只从实验量看，后者是前者的 0.1%，其优势就极其明显了。

如果我们再假设初始方位角 α 是个极小量，$\alpha \ll 1$，式 (1.17) 则可以进一步简化。容易从该物理问题中看出，$f(\alpha)$ 是一个偶函数，因此，我们将其在 $\alpha = 0$ 处进行 Taylor 级数展开，可以得到

$$f(\alpha) = f(0) + f''(0)\frac{\alpha^2}{2} + f^{(4)}(0)\frac{\alpha^4}{4!} + \cdots \approx f(0) \equiv K \tag{1.18}$$

式中，K 为一个常值。此时，式 (1.17) 即可以进一步简化为

$$T = K\sqrt{l/g} \tag{1.19}$$

此时，我们只需要开展一次实验即可给出具体结果，其实验量是未做量纲分析前的 0.01%。实际上，在中学物理课程中，基于牛顿第二定律和简谐运动方程已推导出单摆周期的解析解为

$$T = 2\pi\sqrt{l/g} \tag{1.20}$$

对比以上两式可以看出，量纲分析结果与理论推导结果形式一致。姑且不论实验工作量，只从结果的科学性和准确性上看，未做量纲分析前，根据误差分析可知，开展四个变量的实验其误差远大于开展一次实验的误差；而且，利用大量的实验数据进行拟合，如采用常用的最小二乘法等方法进行拟合，很难给出理论推导的式 (1.20) 所示形式，其拟合结果的科学性和适用性就更远远不足了。

由本例的分析过程可知，量纲分析的第一步就是基本量的选取，其实就是将度量单位体系从常用的国际单位体系或对应体系利用自变量中的独立基本量来代替，这从另一个角度上阐述了量纲分析的另一个本质和内涵：物理规律不随人为参考度量单位的改变而发生变化。事实上，量纲分析也可以称为无量纲分析，其基本原理就是通过物理问题内部的变量，将人为的参考度量单位排除，提取物理问题中的本质联系，在最大程度上给出物理问题中的核心方程。所以，作者认为，对于物理问题，特别是工程中的规律性问题，必须开展量纲分析，最大程度上利用物理规律给出最接近物理本质的无量纲拟合方程，这将在极大程度上提高结论的可信度、准确性和适用性。

本例中我们选用 m、l 和 $\sqrt{l/g}$ 为基本度量单位，而没有选取常用的 kg、m 和 s 为度量单位，从而使得问题得到简化。事实上，就像前面所述，度量单位其实就是一个参考基本量，例如，当前国际定义普朗克常量为 $6.62607015 \times 10^{-34}$ J·s 时的质量单位为 1kg，如果以

1kg 质量球为参考量,则 5kg 表示其质量等于 5 个 1kg 重的质量球,而对于一个物理问题而言,如果我们用国际标准单位进行分析,势必额外引入了这些标准参考量,使得问题分析复杂化。例如,一个班上有 3 个人:李 1、王 2、张 3,我们需要比较他们的身高,通常的方法是:找一个标准刻度尺,测量他们每个人的身高,再根据身高数据大小来确定他们的高矮。此种解决问题的方法引入了一个外部变量 —— 米尺,即引入了 "米" 这个国际参考单位,该问题中量有 3 个: a 米 (李 1 的身高)、b 米 (王 2 的身高)、c 米 (张 3 的身高)。我们也可以用更简单一点的方法:首先,对比李 1 与王 2,得出王 2 的身高为 d 李 1(这里面 "李 1" 表示 "李 1 的身高",将 "李 1" 作为一个参考单位;d 李 1 表示 d 倍李 1 的身高);其次,对比李 1 与张 3,得出张 3 的身高为 e 李 1(此时也将 "李 1" 作为一个参考单位);容易知道李 1 的身高就为 1 李 1。此时该问题的自变量就只有两个: d 李 1、e 李 1。对比以上两种方法,容易看出后者明显简单,主要不同之处在于后者排除了外部参考量,而直接采用问题内部的物理量 "李 1 的身高" 作为参考量,使得问题得到简化。因此,量纲分析的基本出发点之一就是:利用问题所蕴含的自变量中若干量或若干量的组合代替外部的基准参考量作为问题分析过程中的度量单位,最大限度地减少自变量数量。

例 2 质量块的周期运动问题

如图 1.2 所示,一个质量为 m 的刚性物体垂直悬挂在弹簧下端,弹簧的初始长度为 l_0,其上端与固壁相连,类似例 1,假设系统放置于完美的真空中而不考虑运动过程中的空气阻力问题。已知弹簧的弹性系数为 k,重力加速度为 g,当我们将质量块从平衡位置拉伸 Δl 后瞬间释放,之后质量块会进行上下周期运动,求质量块的振动周期 T。

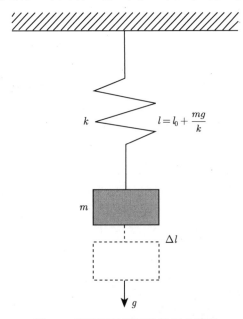

图 1.2　弹簧悬挂质量块的振动问题

容易知道,对于此问题,弹簧的质量、质量块的尺寸等皆不影响该问题的分析过程与结论,可以不予考虑。因此,影响振动周期 T 的主要因素有 5 个:重力加速度 g、悬挂物体质

量 m、弹簧的初始长度 l_0、弹簧弹性系数 k 和初始拉伸长度 Δl,即有

$$T = f(g, m, l_0, k, \Delta l) \tag{1.21}$$

这 6 个变量的量纲如表 1.7 所示。

表 1.7　弹簧悬挂质量块振动问题中变量的量纲

物理量	量纲
T	T
g	LT^{-2}
m	M
l_0	L
k	MT^{-2}
Δl	L

从表 1.7 可以看出,该物理问题的基本量纲只有 3 个: M、L 和 T;同上,选用不同的参考度量单位,并不影响物理问题的分析过程与结果;因此,我们可以选取 3 个独立的参考物理量为参考量,这里选取 g、m 和 l_0 三个物理量为基本参考量 (当然也可以选取其他三个独立的参考物理量为参考量)。此时基本量纲对应的物理量如表 1.8 所示。

表 1.8　弹簧悬挂质量块振动问题中基本量纲对应的物理量

基本量纲	物理量
M	m
L	l_0
T	$\sqrt{l_0/g}$

表 1.8 意味着,该物理问题中 3 个基本量纲对应的物理量为: m、l_0 和 $\sqrt{l_0/g}$。根据单位转换规律,式 (1.21) 即可写为

$$\frac{T}{\sqrt{l_0/g}}\sqrt{l_0/g} = f\left(1 \cdot g, 1 \cdot m, 1 \cdot l_0, \frac{k}{mg/l_0}mg/l_0, \frac{\Delta l}{l_0}l_0\right) \tag{1.22}$$

因此,其对应的无量纲表达式也必定成立:

$$\frac{T}{\sqrt{l_0/g}} = f\left(1, 1, 1, \frac{k}{mg/l_0}, \frac{\Delta l}{l_0}\right) \tag{1.23}$$

简化后,有

$$\frac{T}{\sqrt{l_0/g}} = f\left(\frac{kl_0}{mg}, \frac{\Delta l}{l_0}\right) \tag{1.24}$$

对比式 (1.14)、式 (1.17) 与式 (1.21)、式 (1.24) 可以发现,利用量纲分析对物理问题进行简化后,所得无量纲表达式中无量纲变量的数量等于原始变量数量减去基本参考物理量数量,如例 1 中最终变量数量为 $5 - 3 = 2$,本例中最终变量数量为 $6 - 3 = 3$。

本例,若假设将此系统放置于无重力的真空环境中,则可以进一步简化。此时重力加速度 g 就不予考虑,且

$$l = l_0 + \frac{mg}{k} = l_0 \tag{1.25}$$

此时，影响振动周期 T 的主要因素只有 4 个：悬挂物体质量 m、弹簧的初始长度 l_0、弹簧弹性系数 k 和初始拉伸长度 Δl，即有

$$T = f(m, l_0, k, \Delta l) \tag{1.26}$$

式中，各物理量的量纲如表 1.7 所示，此时我们可以选取 m、l_0 和 k 三个物理量为基本参考量。根据量纲分析，可以得到

$$\frac{T}{\sqrt{m/k}} = f\left(1, 1, 1, \frac{\Delta l}{l_0}\right) \tag{1.27}$$

简化后，有

$$\frac{T}{\sqrt{m/k}} = f\left(\frac{\Delta l}{l_0}\right) \tag{1.28}$$

同样，根据基本物理知识可知，在不考虑重力加速度的条件下，式 (1.28) 等号右端的函数应为偶函数，当质量块的振幅与弹簧长度之比极小时，$\Delta l/l_0 \ll 1$，此时有

$$f\left(\frac{\Delta l}{l_0}\right) = f(0) + \frac{f''(0)}{2}\left(\frac{\Delta l}{l_0}\right)^2 + \cdots \approx f(0) \equiv \text{const} \tag{1.29}$$

即表示

$$\frac{T}{\sqrt{m/k}} \equiv \text{const} \tag{1.30}$$

式 (1.30) 也仅需要通过一次准确的试验即可确定其最终形式。根据理论推导也可以得出这一结论：

$$T = 2\pi\sqrt{m/k} \tag{1.31}$$

可以看出，利用量纲分析得出的结论非常接近于理论解析解，其既简化了最终形式，也最大限度地利用了相关物理定律，其结果也最大限度接近物理本质规律。

从以上两个例子可以看出，物理量量纲之间的转换其实是利用其中蕴含的物理定律或定义。从这个角度上看，量纲分析的本质就是利用其中蕴含的物理定律把一个未知的物理问题充分简化，从而得出尽可能接近理论形式的过程。量纲分析的科学依据本质上就是任何物理问题和物理规律并不随着人为定义的参考度量系统改变而变化；量纲分析的结果就是建立无量纲物理量之间的函数关系。

例 3 流体绕流问题

上面两例皆为简单的物理问题，我们在此再对稍复杂一点的流体力学问题进行分析。如图 1.3 所示，一均匀稳定流场中，具有牛顿流体特征的流体在匀速流动过程中碰上一个垂直放置的刚性薄圆盘，圆盘的法线方向与流速方向一致。一致均匀场中流体的流速为 v，密度为 ρ，黏性系数为 μ，薄圆盘的直径为 d，求流体冲击薄圆盘时，薄圆盘上的受力 F。

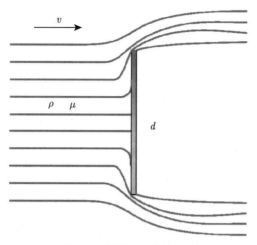

图 1.3　牛顿流体绕流问题

从该物理问题中可以看出，对于固定的薄圆盘而言，其厚度对薄圆盘的受力并没有明显影响，可以不予考虑；而且，此问题中重力加速度也可忽略不计。因此，影响薄圆盘受力的主要因素有 4 个：流体的密度 ρ、流体的黏性系数 μ、流速 v 和薄圆盘的直径 d，即有

$$F = f(\rho, \mu, v, d) \tag{1.32}$$

这 4 个自变量和 1 个因变量的量纲如表 1.9 所示。

表 1.9　牛顿流体绕流问题中变量的量纲

物理量	量纲
F	MLT^{-2}
ρ	ML^{-3}
μ	$ML^{-1}T^{-1}$
v	LT^{-1}
d	L

从表 1.9 可以看出，该物理问题的基本量纲只有 3 个：M、L 和 T；这里我们选取 ρ、v 和 d 三个物理量为基本参考量。此时基本量纲对应的物理量如表 1.10 所示。

表 1.10　牛顿流体绕流问题中基本量纲对应的物理量 I

基本量纲	物理量
M	ρd^3
L	d
T	d/v

参考例 1 和例 2 中的方法，我们可以给出其无量纲的等效表达式：

$$\frac{F}{\rho v^2 d^2} = f\left(1, \frac{\mu}{\rho v d}, 1, 1\right) \tag{1.33}$$

简化后，有

$$\frac{F}{\rho v^2 d^2} = f\left(\frac{\mu}{\rho v d}\right) \Leftrightarrow F = \rho v^2 d^2 \cdot f\left(\frac{\mu}{\rho v d}\right) \tag{1.34}$$

诸多物理实验也表明，均匀场中匀速流动的流体正面撞击上薄圆盘时，其冲击力满足

$$F \propto \rho v^2 d^2 \tag{1.35}$$

对比式 (1.34) 和式 (1.35) 容易看出，只通过量纲分析就得出更为符合理论且较准确的结论。

我们假设一个理想情况，流体之间不考虑剪切力，即假设 $\mu \equiv 0$，此时式 (1.35) 即可简化为

$$F = K \rho v^2 d^2 \tag{1.36}$$

式中，K 表示一个常数值。式 (1.36) 如果改为以下形式则可以更直观地看出规律：

$$F \cdot t = \frac{4K}{\pi} \left[\rho \cdot \frac{\pi d^2}{4} \cdot (vt) \right] (v - 0) \tag{1.37}$$

式中，t 表示时间。等号右端方括号里面的项为质量，其与后方小括号内项的乘积即表示动量的变化，等号左端表示冲量；此时如果等号右端第一项常数为 1，则式 (1.37) 即表示动量守恒方程，也可知此时 $K = \pi/4$。

上述的量纲分析过程与结果显示，纯粹利用量纲分析工具，即可以得到非常接近理论推导结果的形式。其实，这并不是说量纲分析太 "神奇"，有它就不需要这么多物理定律了；正好相反，量纲分析更需要物理研究所给出的定律，其能够有如此功能，本质上是因为它在量纲转换过程中将物理定律蕴含在里面了，也就是说量纲分析其实就是通过量纲转换的过程不断使用对应的物理定律；当然，如果物理研究给出一个新的物理定律，很有可能使得量纲分析中量纲的转化更为广泛或量纲分析的结果更为准确。

同理，如果选取 μ、v 和 d 三个物理量为基本参考量。此时基本量纲对应的物理量如表 1.11 所示。

表 1.11　牛顿流体绕流问题中基本量纲对应的物理量 II

基本量纲	物理量
M	$\mu d^2/v$
L	d
T	d/v

此时，可以得出另外一种无量纲的等效表达式：

$$\frac{F}{\mu v d} = f\left(\frac{\rho v d}{\mu}, 1, 1, 1 \right) \tag{1.38}$$

简化后，有

$$\frac{F}{\mu v d} = f\left(\frac{\rho v d}{\mu} \right) \Leftrightarrow F = \mu v d \cdot f\left(\frac{\mu}{\rho v d} \right) \tag{1.39}$$

同理，如果选取 ρ、μ 和 d 三个物理量为基本参考量。此时基本量纲对应的物理量如表 1.12 所示。

参考前面对应的方法，可以得出无量纲的等效表达式：

$$\frac{F \rho}{\mu^2} = f\left(1, 1, \frac{\rho v d}{\mu}, 1 \right) \tag{1.40}$$

表 1.12   牛顿流体绕流问题中基本量纲对应的物理量 III

基本量纲	物理量
M	ρd^3
L	d
T	$\rho d^2/\mu$

简化后，有

$$\frac{F\rho}{\mu^2}=f\left(\frac{\rho v d}{\mu}\right)\Leftrightarrow F=\frac{\mu^2}{\rho}\cdot f\left(\frac{\mu}{\rho v d}\right) \tag{1.41}$$

这是从式 (1.32) 所对应的物理问题演化出来的第三种无量纲表达式。

同样，选取 ρ、μ 和 v 三个物理量为基本参考量。此时基本量纲对应的物理量如表 1.13 所示。

表 1.13   牛顿流体绕流问题中基本量纲对应的物理量 IV

基本量纲	物理量
M	$\mu^3/(\rho^2 v^3)$
L	$\mu/(\rho v)$
T	$\mu/(\rho v^2)$

因此，我们可以给出其无量纲的等效表达式：

$$\frac{F\rho}{\mu^2}=f\left(1,1,1,\frac{\rho v d}{\mu}\right) \tag{1.42}$$

简化后，有

$$\frac{F\rho}{\mu^2}=f\left(\frac{\rho v d}{\mu}\right)\Leftrightarrow F=\frac{\mu^2}{\rho}\cdot f\left(\frac{\mu}{\rho v d}\right) \tag{1.43}$$

这是从式 (1.32) 所对应的物理问题演化出来的第四种无量纲表达式。

对比式 (1.41) 和式 (1.43) 两个无量纲表达式，很容易看出，两个表达式形式完全相同；因此，根据量纲分析式 (1.32) 所对应的物理问题当前所能够演化出的无量纲形式有三种：

$$\begin{cases} F=\rho v^2 d^2\cdot f\left(\frac{\mu}{\rho v d}\right) \\ F=\mu v d\cdot f\left(\frac{\mu}{\rho v d}\right) \\ F=\frac{\mu^2}{\rho}\cdot f\left(\frac{\mu}{\rho v d}\right) \end{cases} \tag{1.44}$$

在此再次强调，式 (1.44) 中的 f 只表示函数关系，并不对应具体的函数形式，式 (1.44) 三个函数形式并不一定相同。前面分析表明，其中第一种形式与薄圆盘作为障碍物时的情况基本一致，因此，利用第一种形式的无量纲表达形式无疑是最合适准确的；如果我们直接利用第二种无量纲形式，并假设

$$f\left(\frac{\mu}{\rho v d}\right)\equiv K\Rightarrow F=K\mu v d \tag{1.45}$$

就存在一定的问题, 如当流体黏性系数极小, 可取 $\mu = 0$ 时, 式 (1.45) 即为

$$F = 0 \tag{1.46}$$

很容易判断, 这个结论明显是不合理的。将图 1.3 所示薄圆盘换成圆球, 且圆球的直径为 d, 如图 1.4 所示。

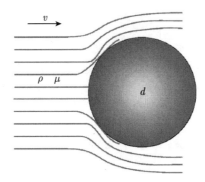

图 1.4 牛顿流体绕流问题 (圆球)

该物理问题的对应方程也为

$$F = f\left(\rho, \mu, v, d\right) \tag{1.47}$$

诸多实验研究表明, 对于此种情况, 有

$$F \propto \mu v d \tag{1.48}$$

对比式 (1.48) 与式 (1.45), 不难发现, 两者在本质上是完全一致的。因此, 对于此种物理问题而言, 式 (1.44) 中的第二种情况对应的无量纲表达形式是合适的。

根据上面的分析可以得到如下结论: 首先, 对于某个特定的物理问题, 如果选取不同物理量作为基本参考物理量, 则经过量纲分析后我们可能得到形式上不同的无量纲表达式; 其中一般只有一种或少数几种形式是最合理、最准确的。其次, 如果存在其他的形式, 并不是说它们是不科学的, 而是因为根据某个特定的物理问题给出一个函数形式, 但这个函数形式并不一定只代表此特定的物理问题, 而量纲分析是针对给定的函数形式而言的。最后, 需要强调说明的是, 从上面的分析可以看出, 并不是给出函数形式后随便选取若干个基本参考物理量进行量纲分析就能够得到相对合适的无量纲函数形式, 务必在进行基本参考物理量选取过程中对物理问题进行初步的分析, 并参考相关文献资料, 给出最可能的关键影响因素和基本参考物理量。

事实上, 如果将式 (1.44) 写为

$$\begin{cases} F = \rho v^2 d^2 \cdot f_1\left(\dfrac{\mu}{\rho v d}\right) \\[2mm] F = \mu v d \cdot f_2\left(\dfrac{\mu}{\rho v d}\right) \\[2mm] F = \dfrac{\mu^2}{\rho} \cdot f_3\left(\dfrac{\mu}{\rho v d}\right) \end{cases} \tag{1.49}$$

且将其中的函数写为

$$\begin{cases} f_2\left(\dfrac{\mu}{\rho vd}\right) = \dfrac{\rho vd}{\mu} f_1\left(\dfrac{\mu}{\rho vd}\right) \\ f_3\left(\dfrac{\mu}{\rho vd}\right) = \left(\dfrac{\rho vd}{\mu}\right)^2 f_1\left(\dfrac{\mu}{\rho vd}\right) \end{cases} \tag{1.50}$$

则式 (1.49) 中的三式形式就完全一致:

$$F = \rho v^2 d^2 \cdot f_1\left(\dfrac{\mu}{\rho vd}\right) \tag{1.51}$$

因此, 这三式是可以相互转换的。从以上公式中皆可发现一个无量纲量 $\mu/(\rho vd)$, 该量是牛顿流体力学中非常重要的一个无量纲量, 后面再做说明。

例 4 流体在管中的流动问题 (管流问题)

管流问题是一个非常经典的物理问题, 是量纲分析发展史上一个里程碑式的案例。1883 年科学家 Reynolds 首次将量纲分析用于解决实际实验数据的整理和分析, 并得出著名的管流判据, 开创了量纲分析在实验方法学中应用的先例, 极大地推动了量纲分析的发展。管流的物理问题如下: 如图 1.5 所示, 在一个直径为 d、内壁光滑的圆截面管中, 充满平均流速为 v 且密度为 ρ 的流体, 流体的黏性系数为 μ, 求单位长度管中流体受到的阻力 h。

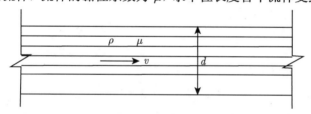

图 1.5 管流问题

容易看出, 影响单位管体长度上流体所受阻力的主要因素有 4 个: 流体的密度 ρ、流体的黏性系数 μ、流速 v 和圆管的直径 d。即有

$$h = f(\rho, \mu, v, d) \tag{1.52}$$

这 4 个自变量和 1 个因变量的量纲如表 1.14 所示。

表 1.14　管流问题中变量的量纲

物理量	量纲
h	$ML^{-2}T^{-2}$
ρ	ML^{-3}
μ	$ML^{-1}T^{-1}$
v	LT^{-1}
d	L

从表 1.14 可以看出, 该物理问题的基本量纲只有 3 个: M、L 和 T; 这里我们选取 μ、v 和 d 三个物理量为基本参考物理量。此时基本量纲对应的物理量如表 1.15 所示。

表 1.15 管流问题中基本量纲对应的物理量

基本量纲	物理量
M	ρd^3
L	d
T	d/v

参考例 2 和例 3 中的方法, 我们可以给出其无量纲的等效表达式:

$$\frac{hd}{\rho v^2} = f\left(1, \frac{\mu}{\rho v d}, 1, 1\right) \tag{1.53}$$

简化后, 有

$$\frac{hd}{\rho v^2} = f\left(\frac{\mu}{\rho v d}\right) \Leftrightarrow h = \frac{\rho v^2}{d} f\left(\frac{\mu}{\rho v d}\right) \tag{1.54}$$

据此, Reynolds 对实验数据进行整理与分析, 并得出结论: 管中流体的流动形态 (层流或紊流) 并不能独立地依赖流速 v, 而是依赖一个无量纲数 $\mu/(\rho v d)$ 或 $\rho v d/\mu$。该无量纲物理量在流体力学中非常重要, 我们一般将后者称为 Reynolds 数, 并记为 Re:

$$Re = \frac{\rho v d}{\mu} \tag{1.55}$$

它表征流体的惯性与黏度的比值。

从该例我们可以看出, 对实验数据的处理, 利用量纲分析所得到的结论在很大程度上非常接近物理本质; 而如果不利于量纲分析, 简单地对实验数据进行拟合, 适用范围受到极大的限制, 同时, 其应用和理论价值也不能得到保证。

以上四个例子显示, 利用量纲分析对试验设计和数据的整理与分析有着极其重要的作用, 它能够极大程度地减少试验工作量并提高实验数据处理分析的准确性与合理性。一般而言, 量纲分析的主要步骤有: 第一步, 给出物理问题的函数表达式; 第二步, 确定基本量纲和基本参考物理量; 第三步, 物理量的无量纲化; 第四步, 得到物理问题的无量纲表达式。从以上例子来看, 可能有很多读者觉得量纲分析很容易; 当前, 确实有不少工程技术人员和学生开始利用量纲分析来处理物理问题和实验数据了, 然而, 在此需要强调的是, 利用量纲分析分析问题和数据固然是好, 但滥用量纲分析进行问题分析和数据处理更为危险, 在某种程度上还不如不用。应在深入理解量纲分析的本质和熟悉所分析的物理问题基础上, 勤用但慎用该分析工具, 减少 "滥用" 该方法带来的学术危害。

事实上, 量纲分析的步骤中第一步看起来比较简单, 但实际上最为关键和重要; 选取哪些量为主要影响因素对于量纲分析的结果有着直接的影响: 首先, 我们必须清晰地给出所需要解决的物理问题对象, 如我们需要求解例 1 中摆动周期、例 2 中振动周期、例 3 中障碍物承受的冲击力、例 4 中管流中的单位长度阻力, 同一个物理现象, 我们所需求解的问题对象不同, 其表达式和最终结果可能截然不同; 其次, 在主要物理量的选取上必须慎之再慎, 尽可能更深层次地开展问题初步分析, 对于复杂物理问题, 还需要开展文献调研, 选择过多非主要因素会使得量纲分析变得困难, 无量纲分析结论形式也更为复杂, 在很大程度上降低了量纲分析的 "功效", 更重要的是, 可能使得量纲分析的结果与真实物理本质偏离更远, 反之, 当选取的主要物理量缺失某一个或多个关键量时, 其分析的结论很有可能不仅偏离物理问题的本质, 反而可能给出错误的结论; 因此, 第一步最理想的情况就是包含且只包含主要影响因素。如例 1 中, 稍作理论分析应该就可知, 在真空环境假设中, 球的尺寸不应列入主要影响因素, 物理问题的条件是悬挂绳足够细, 因此其直径也不应列入主要影响因素, 而容易判断, 如果不考虑重力, 质量块不会进行周期运动, 因此虽然条件中并没有给出重力加速度这一主要影响因素, 但根据物理问题可知, 我们必须考虑。关于主要物理量的选取, 针对不同物理问题有不同的选取方法, 在后面的章节会开展详细分析, 本章不做赘述。

量纲分析的第二步看起来也非常简单, 但对于一些问题而言, 即便我们对物理问题的本质有着较深的理解, 该步骤也容易出现问题; 而且, 如果该步骤出现问题, 基本上所给出的无量纲表达式也是错误的。我们在这里参考 Rayleigh 与 Riabouchinsky 关于低速绕流换热问题争论的案例来阐述这一点, 该案例是量纲分析方法论上一个非常著名的案例, 该争论的起因在于 Rayleigh 于 1915 年在 *Nature* 上发表了一篇关于低速无黏性流体绕过不变形固体的流动与热交换问题的文章。如图 1.6 所示, 在一均匀流场中, 流体以较低速度 v 遇到不变形固体, 假设流体的黏性很小可以忽略不计, 其密度为 ρ, 比热容为 c, 导热系数为 λ, 固体的特征尺寸为 d, 流体与固体的温差为 ΔT, 需要求解单位时间内流体给予固体的热量 H 值。

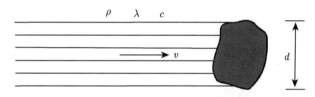

图 1.6　无黏流低速绕流换热问题

首先, 在该物理问题中, 流体的重力原则上不影响问题的本质, 因此, 重力加速度 g 可以不予考虑; 其次, 该问题的前提假设是不考虑流体的黏性, 因此, 黏性系数 μ 可以不予考虑; 该问题中针对的是低速流体, 因此流体流动产生的压力较小, 可以将整个物理过程中的流体视为不可压缩流体, 其密度与流速等是解耦的, 也就是说流体的密度是一个独立的物理量; 综上所述, 影响单位时间内流体对固体的传热量 (即传热速率) H 的主要因素有 6 个: 流体的密度 ρ、流动速度 v、比热容 c、导热系数 λ, 固体的特征尺寸 d, 流体与固体的温度差 ΔT。即有

$$H = f(\rho, v, c, \lambda; d; \Delta T) \tag{1.56}$$

Rayleigh 认为本问题中, 这 6 个自变量和 1 个因变量的量纲除了传统力学问题中的 M、L 和 T 三个基本量纲外, 还涉及热力学温度 Θ 和热量 Q, 因此, 基本量纲有 5 个: M、L、T、Θ 和 Q。该物理问题中各物理量的量纲如表 1.16 所示。

初步分析发现, 因变量中并没有涉及质量这一基本量纲, 因此我们优先选取 v、λ、d 和 ΔT 四个物理量为基本参考物理量; 另选取其他量纲自变量中的一个为最后一个参考量, 这里我们选取密度 ρ 为第五个基本参考量。此时基本量纲对应的物理量如表 1.17 所示。

根据式 (1.56), 我们可以给出其无量纲的等效表达式:

$$\frac{H}{\lambda d \Delta T} = f\left(1, 1, \frac{\rho c v d}{\lambda}, 1; 1; 1\right) \tag{1.57}$$

表 1.16　无黏流低速绕流换热问题中变量的量纲 I

物理量	量纲
H	QT^{-1}
ρ	ML^{-3}
c	$QM^{-1}\Theta^{-1}$
v	LT^{-1}
λ	$QT^{-1}L^{-1}\Theta^{-1}$
d	L
ΔT	Θ

表 1.17　无黏流低速绕流换热问题中基本量纲对应的物理量 I

基本量纲	物理量
L	d
T	d/v
Θ	ΔT
Q	$\lambda d^2 \Delta T/v$
M	ρd^3

简化后, 有

$$\frac{H}{\lambda d \Delta T} = f\left(\frac{\rho c v d}{\lambda}\right) \Leftrightarrow H = \lambda d \Delta T \cdot f\left(\frac{\rho c v d}{\lambda}\right) \tag{1.58}$$

容易看出, 函数中的 $\rho v d$ 项代表垂直于纸面方向上单位厚度流体在单位时间内流经固体的流体质量, 因此, $c\rho v d$ 项应该表示垂直于纸面方向上单位厚度流体在单位时间内流经固体的流体热容量。

Rayleigh 根据以上的分析认为: 首先, 无黏流低速绕流换热问题中, 流体与固体的热交换速率与两者的温差呈线性正比关系; 其次, 流体比热容、密度、流速、导热系数和固体的特征尺寸并不独立地影响热交换速率, 而是以式 (1.58) 所示的组合关系来影响其热交换速率。

在 Rayleigh 将该成果发表的同年, Riabouchinsky 发表的评论文章, 认为该成果存在基本量纲选择不够深入的问题。他认为热量和温度并不是基本量纲, 而是基本量纲 M、L 和 T 的导出量纲, 因此, 基本量纲只有三个; 同时根据能量方程流体密度总是与比热容以乘积形式出现, 即此时的自变量只有五个, 式 (1.56) 可写为

$$H = f(\rho c, v, \lambda; d; \Delta T) \tag{1.59}$$

此时物理问题对应的物理量量纲即为表 1.18 所示形式。

表 1.18　无黏流低速绕流换热问题中变量的量纲 II

物理量	量纲
H	ML^2T^{-3}
ρc	L^{-3}
v	LT^{-1}
λ	$T^{-1}L^{-1}$
d	L
ΔT	ML^2T^{-2}

我们可选取 λ、d 和 ΔT 三个物理量为基本参考物理量; 此时基本量纲对应的物理量如表 1.19 所示。

表 1.19　无黏流低速绕流换热问题中基本量纲对应的物理量 II

基本量纲	物理量
L	d
T	$1/(\lambda d)$
M	$\lambda d^4 \Delta T$

根据式 (1.59), 我们可以给出其无量纲的等效表达式:

$$\frac{H}{\lambda d\Delta T} = f\left(\rho c d^3, \frac{v}{\lambda d^2}, 1; 1; 1\right) \tag{1.60}$$

简化后, 有

$$\frac{H}{\lambda d\Delta T} = f\left(\rho c d^3, \frac{v}{\lambda d^2}\right) \Leftrightarrow H = \lambda d\Delta T \cdot f\left(\rho c d^3, \frac{v}{\lambda d^2}\right) \tag{1.61}$$

Riabouchinsky 根据上面推导结论认为: 该物理问题中流体与固体的换热速率确实是与两者的温差呈正比的关系; 但主要无量纲因素并不是一个而是两个, 且流速与流体的比热容之间并不耦合地影响换热速率。

针对这一反面评论, Rayleigh 提出了反对意见, 认为 Riabouchinsky 分析过程有误, 式 (1.58) 所示结论才是该物理问题的正确无量纲形式, 其主要原因有两个: 首先, 本物理问题的研究是从 Fourier 导热方程出发的, 其中的热量和温度被认为是独立的量纲; 其次, 在该物理问题中, 由于不考虑流体的黏性, 因此并不会产生由于黏性剪切做功产生热效应, 同时, 由于流速较小, 因此也不会产生体积变化做功产生的热效应, 所以该物理问题中力学物理量并没有与热量产生本质上的联系, 此时基本量纲 M、L 和 T 并不存在与热量和温度的本质联系, 因此, 此时热量和温度是独立的量纲。

在以上的物理问题争论过程中, Riabouchinsky 对问题推导的偏差在于其对基本量纲的选取判断失误。事实上, 量纲是否是独立量纲或导出量纲, 并不是直接看量纲之间是否存在可能的联系, 而是在所研究的物理问题中是否存在该联系; 就如前面的分析所述, 量纲之间的转换其实就是物理定律的引用, 如果所研究的物理问题中并不存在该物理转换规律, 此两个之间的转换就不应存在。如果本物理问题中流体与固体之间并不存在温差, 所有的热量传递源自流体运动或摩擦的, 即温差和热量的来源是机械做功, 那么 Riabouchinsky 的推导就是合理准确的。

从以上例子我们可以看出, 基本量纲和导出量纲之间的区分是相对的, 选取基本量纲并不是 "傻瓜式" 地参考应用, 而是需要我们对物理本质及其内在转换机制有着清晰的认识。

量纲分析的第三步和第四步也与物理问题的理论基础相关, 后面将针对实际问题详细阐述。总体来讲, 量纲分析的使用是与我们对物理问题的认识紧密联系的, 对物理问题和问题中物理量所代表的含义没有较深的理解就贸然使用量纲分析工具可能不仅不能够帮助我们处理实验数据与分析物理问题, 反而会误导我们得出错误的结论。

1.3　量纲分析与相似律

我们以一个简单的例子来进行量纲分析，如图 1.7 所示，图中两个三角形的边长分别为 a、b、c 和 a'、b'、c'。假设我们定义一个虚拟的物理量 $\mathbb{R}$，用它来表征三角形的形状特征。

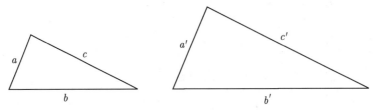

图 1.7　三角形相似问题

其问题可描述为

$$\mathbb{R} = f(a, b, c) \quad \text{或} \quad \mathbb{R}' = f(a', b', c') \tag{1.62}$$

容易看出，该问题中基本量纲只有一个 L，我们选取其中一个边长作为基本参考量纲，即可以得到其无量纲形式：

$$\mathbb{R} = f\left(\frac{a}{b}, \frac{c}{b}\right) \quad \text{或} \quad \mathbb{R}' = f\left(\frac{a'}{b'}, \frac{c'}{b'}\right) \tag{1.63}$$

根据中学时学习的几何知识可知，当

$$\begin{cases} \dfrac{a}{b} = \dfrac{a'}{b'} \\ \dfrac{c}{b} = \dfrac{c'}{b'} \end{cases} \tag{1.64}$$

时，两个三角形的几何特征相同：

$$\mathbb{R} = \mathbb{R}' \tag{1.65}$$

此时，我们定义两个三角形为相似三角形。

对于一个物理问题而言，我们也同理分析。以 1.2 节中的例 3 为例，我们得出该物理问题的无量纲表达式为

$$\frac{F}{\rho v^2 d^2} = f\left(\frac{\mu}{\rho v d}\right) \tag{1.66}$$

对于两个不同模型而言，如果存在

$$\left(\frac{\mu}{\rho v d}\right)_1 = \left(\frac{\mu}{\rho v d}\right)_2 \tag{1.67}$$

则，其无量纲因变量也应满足

$$\left(\frac{F}{\rho v^2 d^2}\right)_1 = \left(\frac{F}{\rho v^2 d^2}\right)_2 \tag{1.68}$$

针对这一规律，我们将它定义为这两个物理问题是相似的。也就是说，对于任何在两个不同尺度特征的物理问题而言，如果两个模型中的无量纲自变量相等，则其无量纲因变量也

应相等, 我们称这两个模型相似, 或其中一个模型是另一个模型的相似模型。这两个模型相似满足的规律常常称为相似律或模型律, 而其中的无量纲自变量称为相似准数。

需要说明的是, 如果两个模型满足几何相似且物理问题也相似, 我们称该问题中两个模型满足几何相似律; 然而, 有不少物理问题并不满足几何相似律, 特别是流体力学中的一些物理问题, 但也满足物理相似, 因此, 我们不要把几何相似律与相似律概念混淆, 前者只是后者的特例而已。

第2章 | Π 理 论

第 1 章对量纲分析的基本思想和概念进行了简要介绍, 也对量纲分析过程中几个重要的问题进行了分析说明。从其中的例子可以看出, 选择基本量纲后, 导出量纲皆表示成基本量纲的幂次形式, 但是否任何导出量纲都可以如此表示还需要进一步利用严谨的数学推导来证明。

假设有两个物理量 D_1 和 D_2, 其单位分别为 U_1 和 U_2, 对应的数值为 d_1 和 d_2, 即

$$\begin{cases} D_1 = d_1 \cdot U_1 \\ D_2 = d_2 \cdot U_2 \end{cases} \tag{2.1}$$

两个物理量的量纲相乘可以得到:

$$[D_1] \cdot [D_2] = [d_1 \cdot U_1] \cdot [d_2 \cdot U_2] = [U_1] \cdot [U_2] \triangleq U_1 \cdot U_2 \tag{2.2}$$

式中, 最后一个符号 "$\triangleq$" 表示单位的量纲对应的标准单位, 例如:

$$[m] \cdot [s] = M \cdot T \triangleq m \cdot s \quad 或 \quad [mm] \cdot [min] = M \cdot T \triangleq m \cdot s \tag{2.3}$$

容易知道, 符号 "$\triangleq$" 两端的量是一一对应的。

式 (2.1) 中两个物理量的乘积即为

$$D_1 \cdot D_2 = d_1 U_1 \cdot d_2 U_2 = d_1 d_2 \cdot U_1 U_2 \tag{2.4}$$

其量纲为

$$[D_1 \cdot D_2] = [d_1 U_1 \cdot d_2 U_2] = [d_1 d_2 \cdot U_1 U_2] = [U_1 \cdot U_2] \triangleq U_1 \cdot U_2 \tag{2.5}$$

对比式 (2.2) 和式 (2.5), 可以得到

$$[D_1] \cdot [D_2] = [D_1 \cdot D_2] \tag{2.6}$$

以此类推, 我们可以给出以下推广结论:

$$[D_1][D_2] \cdots [D_n] = [D_1 D_2 \cdots D_n] \tag{2.7}$$

根据以上结论, 当这 n 个物理量 (n 为非负整数) 相同时, 有

$$[D]^n = [D^n] \tag{2.8}$$

根据以上分析结论，我们也可以知道：

$$\begin{cases} ([D_1] \cdot [D_2]) \cdot [D_3] = [D_1 D_2] \cdot [D_3] = [D_{12}] \cdot [D_3] = [D_{12} \cdot D_3] = [(D_1 \cdot D_2) \cdot D_3] \\ [D_1] \cdot ([D_2] \cdot [D_3]) = [D_1] \cdot [D_2 D_3] = [D_1] \cdot [D_{23}] = [D_1 \cdot D_{23}] = [D_1 \cdot (D_2 \cdot D_3)] \end{cases} \tag{2.9}$$

式中

$$\begin{cases} D_{12} = D_1 \cdot D_2 \\ D_{23} = D_2 \cdot D_3 \end{cases} \tag{2.10}$$

而

$$\begin{cases} (D_1 \cdot D_2) \cdot D_3 = (d_1 \mathrm{U}_1 \cdot d_2 \mathrm{U}_2) \cdot d_3 \mathrm{U}_3 = (d_1 d_2 d_3) \cdot (\mathrm{U}_1 \mathrm{U}_2 \mathrm{U}_3) \\ D_1 \cdot (D_2 \cdot D_3) = d_1 \mathrm{U}_1 \cdot (d_2 \mathrm{U}_2 \cdot d_3 \mathrm{U}_3) = (d_1 d_2 d_3) \cdot (\mathrm{U}_1 \mathrm{U}_2 \mathrm{U}_3) \end{cases} \tag{2.11}$$

因此，我们可知：

$$([D_1] \cdot [D_2]) \cdot [D_3] = [D_1] \cdot ([D_2] \cdot [D_3]) \tag{2.12}$$

根据式 (2.12)，式 (2.8) 可进一步推广：

$$[D_1]^l [D_2]^m \cdots [D_n]^k = [D_1^l D_2^m \cdots D_n^k] \tag{2.13}$$

式中，指数 l、m 和 k 为非负整数。

同理，两个物理量量纲相除，可以得到：

$$\frac{[D_1]}{[D_2]} = \frac{[d_1 \cdot \mathrm{U}_1]}{[d_2 \cdot \mathrm{U}_2]} = \frac{[\mathrm{U}_1]}{[\mathrm{U}_2]} \triangleq \frac{\mathrm{U}_1}{\mathrm{U}_2} \tag{2.14}$$

同时有

$$\left[\frac{D_1}{D_2}\right] = \left[\frac{d_1 \cdot \mathrm{U}_1}{d_2 \cdot \mathrm{U}_2}\right] = \left[\frac{d_1}{d_2} \cdot \frac{\mathrm{U}_1}{\mathrm{U}_2}\right] = \left[\frac{\mathrm{U}_1}{\mathrm{U}_2}\right] \triangleq \frac{\mathrm{U}_1}{\mathrm{U}_2} \tag{2.15}$$

对比式 (2.14) 和式 (2.15) 可以得到

$$\frac{[D_1]}{[D_2]} = \left[\frac{D_1}{D_2}\right] \tag{2.16}$$

事实上，式 (2.16) 也可以写为

$$[D_1] \cdot [D_2]^{-1} = [D_1 \cdot D_2^{-1}] \tag{2.17}$$

根据式 (2.17)，可以对式 (2.13) 所示结论做进一步推广，其结论形式不变，但指数 l、m 和 k 取值范围由非负整数推广到有理数。

2.1 量纲的幂次形式

从第 1 章的分析可知，对于某个特定的物理问题而言，都能找到其基本量纲。设某个物理问题中有 n 个基本量纲分别为 $D_1, D_2, \cdots, D_n$，其对应的标准单位分别为 $\mathrm{U}_1, \mathrm{U}_2, \cdots, \mathrm{U}_n$，根据前述分析可知，量纲转换的依据其实就是物理规律、定律和定义的应用，对于该物理问题，任意一个变量可以表示为

$$X = f(D_1, D_2, \cdots, D_n) \tag{2.18}$$

对于当前物理问题而言, 一般皆可写为多项式的形式:

$$X = k_1 U_1^{m_1} U_2^{l_1} \cdots U_n^{j_1} + k_2 U_1^{m_2} U_2^{l_2} \cdots U_n^{j_2} + \cdots + k_n U_1^{m_n} U_2^{l_n} \cdots U_n^{j_n} \tag{2.19}$$

式中, $k_1, k_2, \cdots, k_n$ 为无量纲常数量。

而对于任何一个物理问题而言, 只有同一量纲才能实现相加和相减运算; 因此, 式 (2.19) 中各基本单位的指数应该满足

$$\begin{cases} m_1 = m_2 = \cdots = m_n = m \\ l_1 = l_2 = \cdots = l_n = l \\ \quad\quad\quad \vdots \\ j_1 = j_2 = \cdots = j_n = j \end{cases} \tag{2.20}$$

因此, 式 (2.19) 可简化为

$$X = k U_1^m U_2^l \cdots U_n^j \tag{2.21}$$

式中,

$$k = k_1 + k_2 + \cdots + k_n \tag{2.22}$$

结合式 (2.13)、式 (2.21) 可以得到

$$[X] = \left[k U_1^m U_2^l \cdots U_n^j \right] = \left[U_1^m U_2^l \cdots U_n^j \right] = [D_1]^m [D_2]^l \cdots [D_n]^j \tag{2.23}$$

式 (2.23) 说明, 对于一般物理问题而言, 其中物理量的量纲皆可以写为基本量纲的幂次形式。以一般力学问题为例, 其基本量纲一般为 M、L 和 T, 因此, 一般力学问题中物理量的量纲皆可以表示为

$$[X] = M^\alpha L^\beta T^\gamma \tag{2.24}$$

式中, α、β 和 γ 为幂次系数。一般力学问题中常用物理量量纲的幂次系数如表 2.1 所示。

表 2.1　一般力学问题中常用物理量量纲的幂次系数

物理量	速度	加速度	密度	体积	动量	能量
α (M)	0	0	1	3	1	1
β(L)	1	1	-3	0	1	2
γ(T)	-1	-2	0	0	-1	-2
物理量	力	压力	应力	模量	应变	应变率
α(M)	1	1	1	1	0	0
β(L)	1	-1	-1	-1	0	0
γ(T)	-2	-2	-2	-2	0	-1

表 2.1 中, 每个物理量对应一列中的数值即为其对应的基本量纲幂次系数的值。如应力对应一列中的数值分别为 1、-1、-2, 表示应力的量纲幂次形式为

$$[\sigma] = \mathrm{ML}^{-1}\mathrm{T}^{-2} \tag{2.25}$$

又如，能量对应一列中的数值分别为 1、2、-2，表示能量对应的量纲幂次形式为

$$[e] = \mathrm{ML}^2\mathrm{T}^{-2} \tag{2.26}$$

特别地，当 $\alpha = \beta = \gamma = 0$ 时，如标准的物理量应变，其量纲的幂次形式为

$$[\varepsilon] = \mathrm{M}^0\mathrm{L}^0\mathrm{T}^0 = 1 \tag{2.27}$$

此时，即应变 ε 为一个无量纲的数值。

当然，式 (2.21) 中物理量也可以不用标准单位体系来表示，只有满足量纲一致条件，可以用任意单位体系也能够得到相同的推导结果，然而，此时式中的无量纲数值 k 不一定相同。

假设我们选取另外一个不同的单位体系 $\mathrm{U}_1', \mathrm{U}_2', \cdots, \mathrm{U}_n'$，此时式 (2.21) 中物理量也可以等价为

$$X = k'\mathrm{U}_1'^m\mathrm{U}_2'^l\cdots\mathrm{U}_n'^j \tag{2.28}$$

设此单位体系与标准单位体系满足如下对应关系：

$$\begin{cases} \mathrm{U}_1' = \kappa_1\mathrm{U}_1 \\ \mathrm{U}_2' = \kappa_2\mathrm{U}_2 \\ \quad\vdots \\ \mathrm{U}_n' = \kappa_n\mathrm{U}_n \end{cases} \tag{2.29}$$

将式 (2.29) 代入式 (2.28)，即可有

$$X = k'\left(\kappa_1\mathrm{U}_1\right)^m\left(\kappa_2\mathrm{U}_2\right)^l\cdots\left(\kappa_n\mathrm{U}_n\right)^j = \left(k'\kappa_1^m\kappa_2^l\cdots\kappa_n^j\right)\mathrm{U}_1^m\mathrm{U}_2^l\cdots\mathrm{U}_n^j \tag{2.30}$$

对比式 (2.21) 可以看出

$$k = k'\kappa_1^m\kappa_2^l\cdots\kappa_n^j \tag{2.31}$$

式 (2.31) 说明，对于物理量量纲形式为式 (2.23) 所表达的幂次形式，其基本量纲对应的单位转换时，常数值之间的转换满足如式 (2.31) 所示关系。事实上，这个结论在很多时候都能够用到，如在商业非线性软件 ABAQUS 和 LS-DYNA 中，基本量纲对应的单位体系需要用户自行定义，因此我们必须掌握单位转换关系才能够给出准确的数值。如在冲击动力学分析过程中常用的单位体系 g-cm-μs 和 g-mm-ms，其与国际标准单位的转换关系如表 2.2 所示。

表 2.2 冲击动力学计算中常用单位转换关系

物理量	长度 m	速度 m/s	应变率 s^{-1}	密度 kg/m^3	应力 GPa
g-cm-μs	10^2	10^{-4}	10^{-6}	10^{-3}	10^{-11}
g-mm-ms	10^3	1	10^{-3}	10^{-6}	10^{-6}

2.2 Ⅱ 定 理

对于一般物理问题而言，如果存在 n 个主要影响因素，则可以表示为

$$Y = f(X_1, X_2, \cdots, X_n) \tag{2.32}$$

同第 1 章中说明，f 只表示函数关系，不代表某种特定形式的函数表达式，也就是说它可以代表不同形式的函数关系，本章中后面内容也是如此，不再说明。

假设该物理问题有 k 个基本量纲 $D_1, D_2, \cdots, D_k$，根据 2.1 节的分析，自变量和因变量的量纲皆可以表示为如下幂次形式：

$$\begin{cases} [X_1] = [D_1]^{\kappa_{11}} [D_2]^{\kappa_{12}} \cdots [D_k]^{\kappa_{1k}} \\ [X_2] = [D_1]^{\kappa_{21}} [D_2]^{\kappa_{22}} \cdots [D_k]^{\kappa_{2k}} \\ \quad\quad\quad\quad \vdots \\ [X_n] = [D_1]^{\kappa_{n1}} [D_2]^{\kappa_{n2}} \cdots [D_k]^{\kappa_{nk}} \\ [Y] = [D_1]^{\kappa_1} [D_2]^{\kappa_2} \cdots [D_k]^{\kappa_k} \end{cases} \tag{2.33}$$

根据第 1 章的分析可知，我们可以对应找出 k 个独立的参考物理量，不妨将这 k 个参考物理量放在式 (2.32) 中右端前 k 项，即

$$Y = f(X_1, X_2, \cdots, X_k, X_{k+1}, \cdots, X_n) \tag{2.34}$$

同样，参考物理量的量纲与基本量纲之间的关系为

$$\begin{cases} [X_1] = [D_1]^{\kappa_{11}} [D_2]^{\kappa_{12}} \cdots [D_k]^{\kappa_{1k}} \\ [X_2] = [D_1]^{\kappa_{21}} [D_2]^{\kappa_{22}} \cdots [D_k]^{\kappa_{2k}} \\ \quad\quad\quad\quad \vdots \\ [X_k] = [D_1]^{\kappa_{k1}} [D_2]^{\kappa_{k2}} \cdots [D_k]^{\kappa_{kk}} \end{cases} \tag{2.35}$$

对式 (2.35) 中所有方程两端分别取对数，即可以得到

$$\begin{cases} \ln[X_1] = \kappa_{11} \ln[D_1] + \kappa_{12} \ln[D_2] + \cdots + \kappa_{1k} \ln[D_k] \\ \ln[X_2] = \kappa_{21} \ln[D_1] + \kappa_{22} \ln[D_2] + \cdots + \kappa_{2k} \ln[D_k] \\ \quad\quad\quad\quad \vdots \\ \ln[X_k] = \kappa_{k1} \ln[D_1] + \kappa_{k2} \ln[D_2] + \cdots + \kappa_{kk} \ln[D_k] \end{cases} \tag{2.36}$$

将式 (2.36) 写为矩阵形式，有

$$\begin{bmatrix} \ln[X_1] \\ \ln[X_2] \\ \vdots \\ \ln[X_k] \end{bmatrix} = \begin{bmatrix} \kappa_{11} & \kappa_{12} & \cdots & \kappa_{1k} \\ \kappa_{21} & \kappa_{22} & \cdots & \kappa_{2k} \\ \vdots & \vdots & & \vdots \\ \kappa_{k1} & \kappa_{k2} & \cdots & \kappa_{kk} \end{bmatrix} \begin{bmatrix} \ln[D_1] \\ \ln[D_2] \\ \vdots \\ \ln[D_k] \end{bmatrix} \tag{2.37}$$

式 (2.37) 有解：

$$
\begin{bmatrix} \ln[D_1] \\ \ln[D_2] \\ \vdots \\ \ln[D_k] \end{bmatrix} = \begin{bmatrix} \kappa_{11} & \kappa_{12} & \cdots & \kappa_{1k} \\ \kappa_{21} & \kappa_{22} & \cdots & \kappa_{2k} \\ \vdots & \vdots & & \vdots \\ \kappa_{k1} & \kappa_{k2} & \cdots & \kappa_{kk} \end{bmatrix}^{-1} \begin{bmatrix} \ln[X_1] \\ \ln[X_2] \\ \vdots \\ \ln[X_k] \end{bmatrix} \tag{2.38}
$$

根据矩阵理论，我们可以求出

$$
\begin{bmatrix} \kappa_{11} & \kappa_{12} & \cdots & \kappa_{1k} \\ \kappa_{21} & \kappa_{22} & \cdots & \kappa_{2k} \\ \vdots & \vdots & & \vdots \\ \kappa_{k1} & \kappa_{k2} & \cdots & \kappa_{kk} \end{bmatrix}^{-1} = \begin{bmatrix} \kappa'_{11} & \kappa'_{12} & \cdots & \kappa'_{1k} \\ \kappa'_{21} & \kappa'_{22} & \cdots & \kappa'_{2k} \\ \vdots & \vdots & & \vdots \\ \kappa'_{k1} & \kappa'_{k2} & \cdots & \kappa'_{kk} \end{bmatrix} \tag{2.39}
$$

此时，式 (2.38) 可以写为

$$
\begin{bmatrix} \ln[D_1] \\ \ln[D_2] \\ \vdots \\ \ln[D_k] \end{bmatrix} = \begin{bmatrix} \kappa'_{11} & \kappa'_{12} & \cdots & \kappa'_{1k} \\ \kappa'_{21} & \kappa'_{22} & \cdots & \kappa'_{2k} \\ \vdots & \vdots & & \vdots \\ \kappa'_{k1} & \kappa'_{k2} & \cdots & \kappa'_{kk} \end{bmatrix} \begin{bmatrix} \ln[X_1] \\ \ln[X_2] \\ \vdots \\ \ln[X_k] \end{bmatrix} \tag{2.40}
$$

即

$$
\begin{cases} \ln[D_1] = \kappa'_{11}\ln[X_1] + \kappa'_{12}\ln[X_2] + \cdots + \kappa'_{1k}\ln[X_k] \\ \ln[D_2] = \kappa'_{21}\ln[X_1] + \kappa'_{22}\ln[X_2] + \cdots + \kappa'_{2k}\ln[X_k] \\ \qquad\qquad \vdots \\ \ln[D_k] = \kappa'_{k1}\ln[X_1] + \kappa'_{k2}\ln[X_2] + \cdots + \kappa'_{kk}\ln[X_k] \end{cases} \tag{2.41}
$$

式 (2.41) 也可以写为

$$
\begin{cases} [D_1] = [X_1]^{\kappa'_{11}}[X_2]^{\kappa'_{12}}\cdots[X_k]^{\kappa'_{1k}} \\ [D_2] = [X_1]^{\kappa'_{21}}[X_2]^{\kappa'_{22}}\cdots[X_k]^{\kappa'_{2k}} \\ \qquad\qquad \vdots \\ [D_k] = [X_1]^{\kappa'_{k1}}[X_2]^{\kappa'_{k2}}\cdots[X_k]^{\kappa'_{kk}} \end{cases} \tag{2.42}
$$

式 (2.42) 表明，这 k 个基本量纲也可以利用 k 个独立的参考物理量的量纲来表达，这个结论其实在第 1 章中已经得到应用。对比分析式 (2.33) 和式 (2.42)，并将式 (2.42) 代入式 (2.33)，容易看到，物理问题 (2.32) 中所有物理量的量纲皆可以表示为参考物理量量纲的幂次表达形式：

$$
\begin{cases}
[X_1] = [X_1]^{\delta_{11}} [X_2]^0 \cdots [X_k]^0 \\
[X_2] = [X_1]^0 [X_2]^{\delta_{22}} \cdots [X_k]^0 \\
\qquad\qquad \vdots \\
[X_k] = [X_1]^0 [X_2]^0 \cdots [X_k]^{\delta_{kk}} \\
[X_{k+1}] = [X_1]^{\delta_{(k+1)1}} [X_2]^{\delta_{(k+1)2}} \cdots [X_k]^{\delta_{(k+1)k}} \\
\qquad\qquad \vdots \\
[X_n] = [X_1]^{\delta_{n1}} [X_2]^{\delta_{n2}} \cdots [X_k]^{\delta_{nk}} \\
[Y] = [X_1]^{\delta_1} [X_2]^{\delta_2} \cdots [X_k]^{\delta_k}
\end{cases}
\tag{2.43}
$$

根据物理问题量纲一致性条件, 我们可以对该物理问题进行无量纲化处理, 即可以得到

$$
\frac{Y}{X_1^{\delta_1} X_2^{\delta_2} \cdots X_k^{\delta_k}} = f\left(1, 1, \cdots, 1, \frac{X_{k+1}}{X_1^{\delta_{(k+1)1}} X_2^{\delta_{(k+1)2}} \cdots X_k^{\delta_{(k+1)k}}}, \cdots, \frac{X_n}{X_1^{\delta_{n1}} X_2^{\delta_{n2}} \cdots X_k^{\delta_{nk}}}\right)
\tag{2.44}
$$

简化后, 有

$$
\frac{Y}{X_1^{\delta_1} X_2^{\delta_2} \cdots X_k^{\delta_k}} = f\left(\frac{X_{k+1}}{X_1^{\delta_{(k+1)1}} X_2^{\delta_{(k+1)2}} \cdots X_k^{\delta_{(k+1)k}}}, \cdots, \frac{X_n}{X_1^{\delta_{n1}} X_2^{\delta_{n2}} \cdots X_k^{\delta_{nk}}}\right)
\tag{2.45}
$$

容易看出, 此时自变量数量由 n 个减少为 $n-k$ 个, 如令

$$
\begin{cases}
\Pi_1 = \dfrac{X_{k+1}}{X_1^{\delta_{(k+1)1}} X_2^{\delta_{(k+1)2}} \cdots X_k^{\delta_{(k+1)k}}} \\
\Pi_2 = \dfrac{X_{k+2}}{X_1^{\delta_{(k+2)1}} X_2^{\delta_{(k+2)2}} \cdots X_k^{\delta_{(k+2)k}}} \\
\qquad\qquad \vdots \\
\Pi_{n-k} = \dfrac{X_n}{X_1^{\delta_{n1}} X_2^{\delta_{n2}} \cdots X_k^{\delta_{nk}}} \\
\Pi = \dfrac{Y}{X_1^{\delta_1} X_2^{\delta_2} \cdots X_k^{\delta_k}}
\end{cases}
\tag{2.46}
$$

则式 (2.45) 可简写为

$$
\Pi = f(\Pi_1, \Pi_2, \cdots, \Pi_{n-k})
\tag{2.47}
$$

或

$$
f(\Pi_1, \Pi_2, \cdots, \Pi_{n-k}; \Pi) = 0
\tag{2.48}
$$

根据以上分析, 1914 年 Buckingham 认为: 每一个物理问题都可以用几个无量纲幂次的量来表示, Buckingham 将这些无量纲量标记为 "π", 因此 1922 年 Bridgman 将其称为 π 定理或 Π 定理。

利用式 (2.47) 所示形式, 我们可以更加简单地给出相似律的定义, 即对于一个如式 (2.47)

所示问题,如果两个不同的模型中,满足无量纲自变量一一对应相等条件:

$$\begin{cases} (\Pi_1)_p = (\Pi_1)_m \\ (\Pi_2)_p = (\Pi_2)_m \\ \quad\vdots \\ (\Pi_{n-k})_p = (\Pi_{n-k})_m \end{cases} \tag{2.49}$$

式中,下标 "p" 表示原型中的量;下标 "m" 表示模型中的对应量,则原型和模型中的无量纲因变量也必然相等:

$$(\Pi)_p = (\Pi)_m \tag{2.50}$$

此物理问题中,这两个模型为相似模型,其所遵循的规律称为相似律,对应的无量纲自变量常称为该物理问题的相似准数。

例 1 简单溢流问题

如图 2.1 所示,有一个库容足够大的流体库,通过溢洪道流过铅垂挡墙,溢洪道断面形状为倒等腰三角形,其高为 h,底边宽 w;求解单位时间内通过溢洪道的流体质量流量 Q。

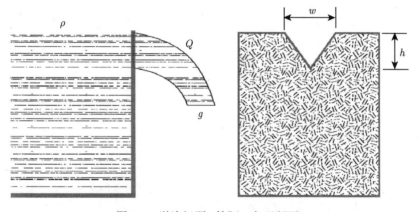

图 2.1　溢流问题 (等腰三角形断面)

容易判断,当流体库容足够大时,流体的水头 h 可以认为是一个与时间无关的值,同时底边宽度 w 也应与时间无关,因此单位时间内流体的质量流量 Q 与时间无关;而且,对应质量流量而言,除了尺寸,还应有密度 ρ;另外,容易理解,如果没有重力,则流体并不一定会流出,因此重力加速度 g 也必是主要因素之一。因此,此物理问题可以表达为

$$Q = f(\rho, g, h, w) \tag{2.51}$$

此物理问题中只有三个基本量纲:M、L 和 T;这 5 个变量的量纲幂次系数如表 2.3 所示。

从 Ⅱ 定理可知,该物理问题中有三个独立的参考物理量,这里我们选取密度 ρ、重力加速度 g 和三角形高度 h 为参考物理量;基本量纲对应的物理量如表 2.4 所示。

表 2.3 溢流问题中变量的量纲幂次系数

物理量	M	L	T
ρ	1	-3	0
g	0	1	-2
h	0	1	0
w	0	1	0
Q	1	0	-1

表 2.4 溢流问题中基本量纲对应的物理量

基本量纲	物理量
M	ρh^3
L	h
T	$\sqrt{h/g}$

因此，我们可以给出其他物理量的量纲用参考物理量表达的幂次形式：

$$\begin{cases} [w] = [h] \\ [Q] = \left[\rho h^3\right]\left[\sqrt{\dfrac{h}{g}}\right]^{-1} = \left[\rho g^{\frac{1}{2}} h^{\frac{5}{2}}\right] \end{cases} \tag{2.52}$$

根据 Π 定理可知，该物理问题经过量纲分析后，只存在 $5 - 3 = 2$ 个无量纲物理量：

$$\begin{cases} \Pi_1 = \dfrac{w}{h} \\ \Pi = \dfrac{Q}{\rho g^{\frac{1}{2}} h^{\frac{5}{2}}} \end{cases} \tag{2.53}$$

因而，我们可以给出该物理问题的无量纲表达形式：

$$\frac{Q}{\rho g^{\frac{1}{2}} h^{\frac{5}{2}}} = f\left(\frac{w}{h}\right) \quad \text{或} \quad Q = \rho g^{\frac{1}{2}} h^{\frac{5}{2}} \cdot f\left(\frac{w}{h}\right) \tag{2.54}$$

对比式 (2.54) 和式 (2.51) 容易看出，经过量纲分析，物理函数中自变量由 4 个减小为 1 个，而且经过简单的分析即求解出流体的质量流量与 $\rho g^{1/2} h^{5/2}$ 项呈线性关系这一接近理论解的形式，在式 (2.54) 所示简单形式的函数表达式基础上，开展理论分析或实验研究即可以给出更加科学准确的物理表达式。

上面我们求解导出物理量的量纲幂次表达式，特别是利用参考物理量的幂次形式表示时，先给出表 2.4 然后将其代入对应的基本量纲幂次形式。当导出物理量即无量纲物理量较多时，这样步骤较复杂且容易出错；我们可以采用以下矩阵初等变换方法实现。为了与表 2.3 对应，我们可以将式 (2.33) 写为如下矩阵形式：

$$\begin{bmatrix} \ln[X_1] \\ \ln[X_2] \\ \vdots \\ \ln[X_n] \\ \ln[Y] \end{bmatrix}^{\mathrm{T}} = \begin{bmatrix} \ln[D_1] \\ \ln[D_2] \\ \vdots \\ \ln[D_k] \end{bmatrix}^{\mathrm{T}} \begin{bmatrix} \kappa_{11} & \kappa_{21} & \cdots & \kappa_{n1} & \kappa_1 \\ \kappa_{12} & \kappa_{22} & \cdots & \kappa_{n2} & \kappa_2 \\ \vdots & \vdots & & \vdots & \vdots \\ \kappa_{1k} & \kappa_{2k} & \cdots & \kappa_{nk} & \kappa_k \end{bmatrix} \tag{2.55}$$

对于该物理问题而言，其矩阵为

$$
\begin{bmatrix}
\kappa_{11} & \kappa_{21} & \cdots & \kappa_{n1} & \kappa_1 \\
\kappa_{12} & \kappa_{22} & \cdots & \kappa_{n2} & \kappa_2 \\
\vdots & \vdots & & \vdots & \vdots \\
\kappa_{1k} & \kappa_{2k} & \cdots & \kappa_{nk} & \kappa_k
\end{bmatrix}
\rightarrow
\begin{bmatrix}
1 & 0 & 0 & 0 & 1 \\
-3 & 1 & 1 & 1 & 0 \\
0 & -2 & 0 & 0 & -1
\end{bmatrix}
\tag{2.56}
$$

将以上矩阵进行简单的初等变换可以得到

$$
\begin{bmatrix}
1 & 0 & 0 & 0 & 1 \\
-3 & 1 & 1 & 1 & 0 \\
0 & -2 & 0 & 0 & -1
\end{bmatrix}
\rightarrow
\begin{bmatrix}
1 & 0 & 0 & 0 & 1 \\
0 & 1 & 0 & 0 & \dfrac{1}{2} \\
0 & 0 & 1 & 1 & \dfrac{5}{2}
\end{bmatrix}
\tag{2.57}
$$

对比式 (2.43) 容易看出，将参考物理量转换为单位矩阵后即可以得到无量纲表达形式中导出参数量的幂次形式，即表 2.3 所示系数值和式 (2.52)。式 (2.57) 根据简单的矩阵初等变换即可求出，形式和过程简单，将表 2.3 中的系数值进行类似矩阵行变换即可以给出表 2.4 中幂次系数。

上面的量纲分析给出了该问题的无量纲表达式为

$$
Q = \rho g^{\frac{1}{2}} h^{\frac{5}{2}} \cdot f\left(\frac{w}{h}\right)
\tag{2.58}
$$

然而，我们经过简单的物理分析就可以知道，流体的质量流量 (以上物理问题和结论并没有特指流体为水，因此流体也可以是其他物质) 应该与密度和断面面积呈正比关系 (不一定是线性正比关系)，而断面底边宽度与高度的量纲完全相同，因此，我们可以在不改变量纲前提下将式 (2.58) 写为

$$
Q = \rho g^{\frac{1}{2}} h^{\frac{3}{2}} w \cdot f\left(\frac{w}{h}\right) = \rho (wh) \sqrt{gh} \cdot f\left(\frac{w}{h}\right)
\tag{2.59}
$$

式中，(wh) 表示与断面面积相关的项；$\sqrt{gh}$ 为与流速相关的项。

事实上，以上两式是完全一致的，不存在冲突；如果我们将式 (2.58) 中函数形式写为

$$
f\left(\frac{w}{h}\right) = \frac{w}{h} f_1\left(\frac{w}{h}\right)
\tag{2.60}
$$

则式 (2.58) 可以写为

$$
Q = \rho g^{\frac{1}{2}} h^{\frac{5}{2}} \cdot \frac{w}{h} f_1\left(\frac{w}{h}\right) = \rho g^{\frac{1}{2}} h^{\frac{3}{2}} w f_1\left(\frac{w}{h}\right)
\tag{2.61}
$$

式 (2.61) 与式 (2.59) 是一致的。

从以上的分析可以看出，式 (2.58) 和式 (2.59) 其实是更进一步地确定其中的未知函数形式满足 (2.60) 所示关系。因此，我们进行量纲分析的过程中应该融入初步理论分析，会给出更准确和更科学合理的物理规律无量纲表达式。

当然，断面形状为倒等腰三角形，其顶角如果设为 α，那么该参数也是几何参数之一，且为无量纲参数，类似以上分析，我们可以得到

$$
Q = \rho g^{\frac{1}{2}} h^{\frac{3}{2}} w \cdot f\left(\frac{w}{h}, \alpha\right)
\tag{2.62}
$$

此时，无量纲表达式中函数存在两个无量纲自变量；我们简单分析即可判断，式 (2.62) 中的顶角是冗余自变量，式 (2.62) 应该更进一步简化为式 (2.59) 所示形式。原因很简单：通过自变量 w 和 h 容易求出顶角 α，因此，顶角并不能作为独立的自变量。该问题中很容易找出非独立的衍生自变量，而在很多物理问题特别是较复杂的物理问题中，这些衍生自变量不容易直观看出，因此，需要读者在应用量纲分析工具前，除了第 1 章所讲对问题的核心把握到位，还要对自变量之间的因果关系有着较深的理解，否则容易给出复杂的无量纲表达式，甚至与第 1 章的实例一样给出错误的结论。

如果本例中溢洪道的断面形状是矩形，如图 2.2 所示，容易知道，其物理问题的控制方程与倒三角形断面完全一致，根据 Ⅱ 定理，我们所给出的无量纲方程也是式 (2.62)；但实际上，两个问题所得到的最终结果应该不一样，因此，我们认为，量纲分析可以给出相对简单科学的结论，但纯粹依靠量纲分析工具来给出最终的方程形式基本很难实现，它只是一种非常科学实用的试验或理论分析的辅助工具。

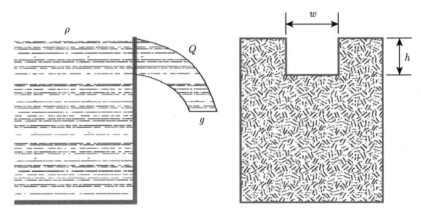

图 2.2　溢流问题 (矩形断面)

本实例所推导的结论从相似律角度上看，容易判断该溢流模型满足几何相似律，即我们可以缩小或放大模型尺寸，所得出的结论对于该物理问题而言完全一致；换个角度看，就是说我们可以通过缩比模型试验给出表达式 (2.62) 的具体形式，再应用到大尺寸模型上，这就是相似律或模型律的强大之处。

例 2　悬臂梁受力弯曲问题

如图 2.3 所示，长度为 l 的水平梁一端固定 (不含嵌入固定边界内部部分的长度)，另一端受到垂直向下的集中力 F 而产生弹性变形，梁的惯性矩为 I，梁材料的杨氏模量为 E，梁截面积为 S；在不考虑重力影响条件下求解梁受力端的挠度 δ。

容易看出，在不考虑重力 (质量和重力加速度)，且弹性弯曲变形较小时，假设截面仍保持近似平面，也可不考虑材料的泊松比；此时，影响受力端挠度 δ 的主要因素有 5 个：梁的长度 l、截面积 S、梁截面的惯性矩 I、梁材料的杨氏模量 E 和受力 F。对于细长梁而言，截面积 S 和惯性矩 I 满足函数关系 $S = g(I)$，因此，其独立的影响因素主要有 4 个。即此物理问题可以表达为

$$\delta = f(l, I, E, F) \tag{2.63}$$

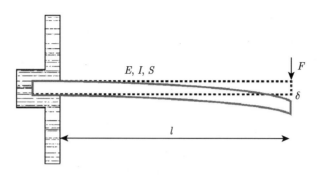

图 2.3 一端固支梁端面受力挠曲问题

此物理问题中只有三个基本量纲：M、L 和 T；这 5 个变量的量纲幂次系数如表 2.5 所示。

表 2.5 一端固支梁端面受力挠曲问题中变量的量纲幂次系数

物理量	M	L	T
l	0	1	0
I	0	4	0
E	1	−1	−2
F	1	1	−2
δ	0	1	0

由 Π 定理可知，该物理问题中有三个独立的参考物理量，这里我们选取长度 l、杨氏模量 E 和受力 F 为参考物理量，将表 2.5 进行调整，得到表 2.6。

表 2.6 一端固支梁端面受力挠曲问题中变量的量纲幂次系数 (调整)

	E	l	F	I	δ
M	1	0	1	0	0
L	−1	1	1	4	1
T	−2	0	−2	0	0

将表 2.6 按式 (2.56) 和式 (2.57) 进行矩阵的初等转换，可以得到表 2.7。

表 2.7 一端固支梁端面受力挠曲问题中变量的量纲幂次系数 (初等转换)

	E	l	F	I	δ
E	1	0	1	0	0
l	0	1	2	4	1
F	0	0	0	0	0

表 2.7 意味着该物理问题中基本量纲只有两个，参考表 2.7，我们以杨氏模量 E 和长度 l 为基本参考物理量，此时根据 Π 定理，式 (2.63) 可写为

$$\Pi = f(\Pi_1, \Pi_2) \tag{2.64}$$

式中

$$\begin{cases} \Pi = \dfrac{\delta}{l} \\[2mm] \Pi_1 = \dfrac{F}{El^2} \\[2mm] \Pi_2 = \dfrac{I}{l^4} \end{cases} \tag{2.65}$$

即有

$$\frac{\delta}{l} = f\left(\frac{F}{El^2}, \frac{I}{l^4}\right) \tag{2.66}$$

根据其平衡方程可知,杨氏模量 E 和惯性矩 I 之间总是以乘积 EI 的形式出现,因此,无量纲准数 Π_1 和 Π_2 总是以 Π_1/Π_2 形式出现。此时,式 (2.66) 即可进一步简化为

$$\frac{\delta}{l} = f\left(\frac{Fl^2}{EI}\right) \quad \text{或} \quad \delta = l \cdot f\left(\frac{Fl^2}{EI}\right) \tag{2.67}$$

式 (2.67) 说明,对于一端固支梁而言,其挠度的主要影响因素只有两个:梁的长度 l 和无量纲准数 $Fl^2/(EI)$。进一步分析可知,对于弹性小变形而言,挠度与集中力呈正比关系,即

$$\delta = \frac{Fl^3}{EI} \tag{2.68}$$

由此,我们仅仅根据初步理论和量纲分析给出了此悬臂梁情况挠度的解析解。事实上,通过理论分析我们已经知道杨氏模量 E 和惯性矩 I 之间总是以乘积 EI 的形式出现,因此,我们完全可以把 EI 作为一个变量考虑,此时该物理问题的方程即可写为

$$\delta = f\left(l, EI, F\right) \tag{2.69}$$

表 2.6 也随之改变并经过初等转换后得到表 2.8。

表 2.8　一端固支梁端面受力挠曲问题中变量与组合变量的量纲幂次系数

	EI	l	F	δ
EI	1	0	1	0
l	0	1	-2	1
F	0	0	0	0

根据 Π 定理,式 (2.69) 可写为

$$\Pi = f\left(\Pi_1\right) \tag{2.70}$$

式中

$$\begin{cases} \Pi = \dfrac{\delta}{l} \\[2mm] \Pi_1 = \dfrac{Fl^2}{EI} \end{cases} \tag{2.71}$$

即

$$\frac{\delta}{l} = f\left(\frac{Fl^2}{EI}\right) \tag{2.72}$$

同样也可以给出其相同解。这说明，量纲分析工具的使用也需要结合理论分析，在初步理论分析的基础上进行量纲分析能够简化分析步骤和提高结论的科学性。如例 2 中，两个因素总是以乘积的形式出现，我们完全可以将之视为一个等效物理量，从而减少一个无量纲准数，使得结论更加深入和简单。

例 3 液体自由表面波传播问题

如图 2.4 所示，在一个完全平静的水面上施加一个小扰动，使得水面某处质点偏离平衡位置而产生运动。在运动过程中，质点受到重力作用使其恢复到原始平衡位置；同时，质点的惯性使得其保持原有方向运动；因此，质点在平衡位置附近呈振动形式运动，并向相邻的质点传递，以此类推，质点振动的传递使得水面上形成波纹，即水波传播。已知水波的波长为 λ、波幅为 a，水的密度为 ρ，求解水波的传播速度 c。

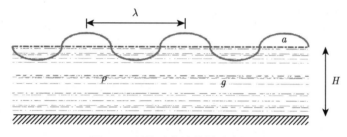

图 2.4　弱扰动水波传播速度问题

对于波长较短的水波而言，其表面张力 T 也是使水面恢复平衡状态的不可忽视的因素；另外，水深 H 也是影响因素之一；作为一个重力水波，重力加速度 g 也是不可缺少的因素。因此，该物理问题可以描述为

$$c = f(\lambda, a, H, \rho, g, T) \tag{2.73}$$

此物理问题中同样只有三个基本量纲：M、L 和 T；这 7 个变量的量纲幂次系数如表 2.9 所示。

表 2.9　弱扰动水波传播问题中变量的量纲幂次系数

物理量	M	L	T
c	0	1	−1
λ	0	1	0
a	0	1	0
H	0	1	0
ρ	1	−3	0
g	0	1	−2
T	1	0	−2

从 Ⅱ 定理可知，该物理问题中有三个独立的参考物理量，这里我们选取密度 ρ、水深 H 和重力加速度 g 为参考物理量；并将表 2.9 进行调整，将基本量纲与导出量纲用虚线隔开，如表 2.10 所示。

表 2.10　弱扰动水波传播问题中变量的量纲幂次系数 (调整)

	ρ	H	g	λ	a	c	T
M	1	0	0	0	0	0	1
L	−3	1	1	1	1	1	0
T	0	0	−2	0	0	−1	−2

将表 2.10 进行类似矩阵的初等转换, 可以得到表 2.11。

表 2.11　弱扰动水波传播问题中变量的量纲幂次系数 (初等转换)

	ρ	H	g	λ	a	c	T
ρ	1	0	0	0	0	0	1
H	0	1	0	1	1	1/2	2
g	0	0	1	0	0	1/2	1

此时根据 Π 定理, 式 (2.73) 可写为

$$\Pi = f\left(\Pi_1, \Pi_2, \Pi_3\right) \tag{2.74}$$

式中

$$\begin{cases} \Pi = \dfrac{c}{\sqrt{gH}} \\[2mm] \Pi_1 = \dfrac{\lambda}{H} \\[2mm] \Pi_2 = \dfrac{a}{H} \\[2mm] \Pi_3 = \dfrac{T}{\rho H^2 g} \end{cases} \tag{2.75}$$

即有

$$\frac{c}{\sqrt{gH}} = f\left(\frac{\lambda}{H}, \frac{a}{H}, \frac{T}{\rho H^2 g}\right) \tag{2.76}$$

根据第 1 章相关分析, 可知式 (2.76) 也可以写为

$$\frac{c}{\sqrt{gH}} = f\left(\frac{\lambda}{H}, \frac{a}{\lambda}, \frac{T}{\rho \lambda^2 g}\right) \quad \text{或} \quad \frac{c}{\sqrt{gH}} = f\left(\frac{\lambda}{H}, \frac{a}{\lambda}, \frac{\rho \lambda^2 g}{T}\right) \tag{2.77}$$

事实上, 该问题的无量纲形式也可以写为多种其他形式, 其中部分如:

$$\frac{c}{\sqrt{gH}} = f\left(\frac{a}{H}, \frac{a}{\lambda}, \frac{\rho \lambda^2 g}{T}\right) \quad \text{或} \quad \frac{c}{\sqrt{gH}} = f\left(\frac{a}{H}, \frac{a}{\lambda}, \frac{\rho a^2 g}{T}\right) \tag{2.78}$$

$$\frac{c}{\sqrt{g\lambda}} = f\left(\frac{\lambda}{H}, \frac{a}{\lambda}, \frac{\rho \lambda^2 g}{T}\right) \quad \text{或} \quad \frac{c}{\sqrt{g\lambda}} = f\left(\frac{a}{H}, \frac{a}{\lambda}, \frac{\rho a^2 g}{T}\right) \tag{2.79}$$

$$\frac{c}{\sqrt{T/(\rho\lambda)}} = f\left(\frac{\lambda}{H}, \frac{a}{\lambda}, \frac{\rho \lambda^2 g}{T}\right) \quad \text{或} \quad \frac{c}{\sqrt{T/(\rho\lambda)}} = f\left(\frac{a}{H}, \frac{a}{\lambda}, \frac{\rho a^2 g}{T}\right) \tag{2.80}$$

等等, 还有一些其他形式的无量纲方程。从这些形式中容易看出, 自变量中皆包含 2 个几何量和 1 个物理量; 2 个无量纲几何量无论是何种形式皆表示水深、波长和波幅之间的关系,

意义比较明确；无量纲物理量有 3 种表达形式：

$$\frac{\rho\lambda^2 g}{T}、\frac{\rho a^2 g}{T}、\frac{\rho H^2 g}{T} \tag{2.81}$$

其中，第三种形式物理意义并不明确，可以不予考虑；而前两种形式皆具有一定的物理意义，其主要表征波的形态、重力和表面张力。事实上，对于波的形态而言，独立地使用波长 λ 和波幅 a 皆显片面，利用波的曲率半径 r 更为科学合理。容易计算出曲率半径为

$$r = \frac{1}{2}\left(\frac{\lambda^2}{16a} + a\right) \tag{2.82}$$

一般情况下，由于 $a < \lambda/4$，因此，曲率半径 r 随着波幅 a 的增加而减小。此时式 (2.77) 可以写为

$$\frac{c}{\sqrt{gH}} = f\left(\frac{\lambda}{H}, \frac{a}{\lambda}, \frac{\rho r^2 g}{T}\right) \tag{2.83}$$

式中，第三个无量纲变量 $\rho r^2 g / T$ 一般称为 Bond 数 (简称为 Bo)，它的物理意义是重力与表面张力的比值。对于水而言，其表面张力值为 0.074N/m，此时：

$$\frac{T}{\rho r^2 g} = \frac{7.55 \times 10^{-6}\text{m}^2}{r^2} \tag{2.84}$$

当 $r = 2.75\text{mm}$ 时，式 (2.84) 的值等于 1。对于其他一般液体而言，当曲率半径较大时，即此时波幅相对于波长而言小得多 ($\lambda \gg a$)，有

$$\frac{T}{\rho r^2 g} \to 0 \tag{2.85}$$

此时，式 (2.77) 中最后一个无量纲自变量可以不予考虑，即我们不考虑液体表面张力对自由表面波传播的影响，这种液体自由表面波一般称为重力波。再考虑到 $\lambda \gg a$，此时该式可简化为

$$\frac{c}{\sqrt{gH}} = f\left(\frac{\lambda}{H}\right) \tag{2.86}$$

从式 (2.86) 容易看出，对于液体表面重力波而言，其波速与密度 ρ 无关。因此实际主要影响因素除了重力加速度外，还有水深 H、波长 λ。此时，根据水深又可以分为两种情况。

1) 深水重力波：水深远大于波长，$H \gg \lambda$

此时水深相对过大，不应作为参考物理量，式 (2.86) 写为

$$\frac{c}{\sqrt{g\lambda}}\sqrt{\frac{\lambda}{H}} = f\left(\frac{\lambda}{H}\right) \Rightarrow \frac{c}{\sqrt{g\lambda}} = f\left(\frac{\lambda}{H}\right) \tag{2.87}$$

当 $H \gg \lambda$ 时，式 (2.87) 可以进一步简化为

$$\frac{c}{\sqrt{g\lambda}} = \text{const} \tag{2.88}$$

式 (2.88) 说明在深水中，水波的传播速度与波长相关，波速随着波长的变化而变化，属于一种色散波。事实上，根据水波理论，我们可以推导出

$$\frac{c}{\sqrt{g\lambda}} = \frac{1}{\sqrt{2\pi}} \Leftrightarrow c = \sqrt{\frac{g\lambda}{2\pi}} \tag{2.89}$$

对比以上两式，我们可以看出利用量纲分析和根据条件进行必要的假设可以给出与理论解非常接近的结论。

2) 浅水波：波长远大于水深，$\lambda \gg H$

式 (2.86) 也可以写为

$$\frac{c}{\sqrt{gH}} = f\left(\frac{H}{\lambda}\right) \tag{2.90}$$

当水深远小于波长时，即对于浅水中水波的传播情况，有

$$\frac{c}{\sqrt{gH}} = \text{const} \tag{2.91}$$

根据水波理论，我们也可以推导出，理论上该常数为 1，即

$$c = \sqrt{gH} \tag{2.92}$$

式 (2.92) 意味着对于浅水微幅水波的传播而言，其波速只是水深的函数，其传播过程并不出现色散现象。以上两式也显示，对于浅水波而言，其波速与水深的平方根呈线性正比关系，此时水波波峰点的波速与波谷点的波速之比为

$$\frac{c_{\text{crest}}}{c_{\text{base}}} = \frac{\sqrt{gH_{\text{crest}}}}{\sqrt{gH_{\text{base}}}} = \sqrt{\frac{\bar{H}+a}{\bar{H}-a}} > 1 \tag{2.93}$$

式中，$\bar{H}$ 表示平均水深。

式 (2.93) 说明，对于浅水波而言，波峰上的传播速度高于波谷。这可以定性地解释水波冲击海滩的原因。

当波长 λ 极短，且

$$\sqrt{\frac{T}{\rho g}} \gg \lambda \quad \text{或} \quad \sqrt{\frac{T}{\rho g}} \gg r \tag{2.94}$$

时，即波动过程中自由面的曲率半径较小、曲率较大，此时表面张力很大，远大于重力的影响；因此有

$$\frac{\rho r^2 g}{T} \to 0 \tag{2.95}$$

此时重力的影响可以忽略，因此，不适于利用重力加速度作为参考物理量，此时该问题的无量纲表达形式应为

$$\frac{c}{\sqrt{T/(\rho\lambda)}} = f\left(\frac{\lambda}{H}, \frac{\lambda}{a}\right) \tag{2.96}$$

这种液体自由表面波一般称为毛细波或涟波。考虑到波长极小这一条件，式 (2.96) 可以进一步简化为

$$\frac{c}{\sqrt{T/(\rho\lambda)}} = \text{const} \tag{2.97}$$

此时波速也与波长相关，是一种色散波。然而，与重力波中深水波传播色散现象不同的是，毛细波的传播速度与波长的平方根呈线性反比关系。

以上实例表明，对于量纲分析而言，不仅需要在分析之前进行初步的理论分析和调研确定合理的变量和基本量，还需要在分析过程和分析结果中根据实际情况进行简化分析，以期给出更加合理的结果。

2.3 典型流体力学基础问题的量纲分析与相似律

第 1 章和 2.1 节、2.2 节对于量纲分析的作用、地位和本质进行了阐述和说明，推导并给出了量纲分析中最重要的定理 —— Ⅱ 定理，同时利用实例对量纲分析工具的使用和原则进行了系统的说明。本节利用流体力学中的某些典型基础性问题作为实例，对量纲分析和相似理论做进一步的讲解。

2.3.1 管流摩擦系数分析

在第 1 章中我们对管流问题进行了初步分析，并给出了一个关键的无量纲准数 —— Reynolds 数。管流问题是量纲分析历史上最具有代表性的一个例子，因此，在此我们进行更深入的讨论分析。

例 1 水平光滑圆管内流体低速流动阻力与摩擦系数问题

根据第 1 章的分析可知，对于光滑内壁圆管而言，单位长度管中流体受到的阻力 h 可以表示为

$$h = \frac{\rho v^2}{d} f(Re) \tag{2.98}$$

式中，Re 为 Reynolds 数：

$$Re = \frac{\rho v d}{\mu} \tag{2.99}$$

我们可定义流体通过管道时单位面积管内壁上的摩擦阻力与其动压之比的 4 倍为管道的摩擦系数，即有

$$\lambda = \frac{4\left(hl \cdot \frac{\pi d^2}{4}\right) \Big/ (\pi dl)}{\rho v^2/2} \tag{2.100}$$

将式 (2.98)、式 (2.99) 代入式 (2.100)，可以得到

$$\lambda = f(Re) \tag{2.101}$$

当 Reynolds 数足够小时，管内的流体比较规则，流体质点均沿着管道方向做平行运动，称为平流或层流。此时流体中质点运动方向为一系列的平行直线，管道的内壁粗糙度的影响可以忽略不计，且其加速度可以不予考虑，即流体的惯性力对其压力下降的影响可以不予考虑；因此此时流体的密度 ρ 对于单位长度管流摩擦阻力 h 和摩擦系数 λ 的影响可以不予考虑。此时根据公式

$$h = \frac{\rho v^2}{d} f\left(\frac{\rho v d}{\mu}\right) \tag{2.102}$$

容易看出，要满足单位长度管流摩擦阻力 h 与密度 ρ 无关这一条件，其中未知函数的形式应为

$$f\left(\frac{\rho v d}{\mu}\right) = \Lambda \cdot \frac{\mu}{\rho v d} \tag{2.103}$$

式中，Λ 表示一个常量。

此时，式 (2.102) 即可进一步简化为

$$h = \frac{\rho v^2}{d} \cdot \Lambda \cdot \frac{\mu}{\rho v d} = \Lambda \cdot \frac{\mu v}{d^2} \tag{2.104}$$

根据式 (2.104)，我们开展一个有效试验即可给出其常数值 Λ，从图 2.5 任意一个试验结果即可给出：

$$\Lambda \approx 64 \tag{2.105}$$

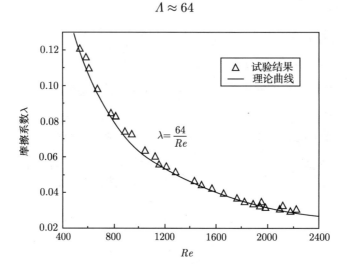

图 2.5 层流状态下管道的摩擦系数与 Reynolds 数之间的关系

由此，我们可以将其代入式 (2.101)，即可以得到

$$\lambda = \frac{64}{Re} \tag{2.106}$$

试验结果也表明，如图 2.6 所示，当流速较小且其 Reynolds 数较小时，管道的摩擦系数 λ 与 Reynolds 数的倒数呈线性关系。

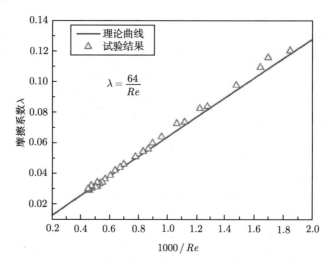

图 2.6 层流状态下管道的摩擦系数与 Reynolds 倒数之间的线性关系

此时，式 (2.104) 可写为

$$h = 64\frac{\mu v}{d^2} \tag{2.107}$$

因此，长度为 l 的管流压力应为

$$H_l = h \cdot l = 64\frac{\mu l v}{d^2} = (16\pi\mu)\frac{l}{\pi d^2/4}v = R \cdot v \tag{2.108}$$

式中

$$R = \rho_\mu \frac{l}{S} \tag{2.109}$$

其中

$$\begin{cases} \rho_\mu = 16\pi\mu \\ S = \pi d^2/4 \end{cases} \tag{2.110}$$

对于电学中电压和电流之间的关系和本质，我们容易发现电压的内涵与阻力的内涵之间本质上是类似的，电流的内涵和流体速度的内涵在本质上也是类似的，式 (2.108) 中 R 相当于电阻对应的流体的"流阻"了。从式 (2.110) 更是可以看出，所谓"流阻"与电阻在本质上是一样的，电阻率对应流体的黏性系数。

上面我们对水平光滑管流问题中阻力和摩擦系数进行了量纲分析，并给出了其简化的无量纲函数关系；以求解单位长度管流阻力 h 问题为例，从式 (2.108) 可以看出，该问题中只有一个相似准数：Re。也就是说，对于两个不同的模型，如果满足

$$(Re)_m = (Re)_p \tag{2.111}$$

则有

$$\left(\frac{hd}{\rho v^2}\right)_m = \left(\frac{hd}{\rho v^2}\right)_p \tag{2.112}$$

以上两式中，下标 m 和 p 分别代表模型中的物理量和原型中的物理量，下面同。

我们现假设有一个缩比模型 (包含缩小和放大模型，统一称为缩比模型)，其几何缩比为

$$\gamma = \frac{(d)_m}{(d)_p} \tag{2.113}$$

即对于缩小的模型而言，几何缩比小于 1；对于放大的模型而言，几何缩比大于 1。设其密度 ρ、黏性系数 μ 的缩比分别为

$$\gamma_\rho = \frac{(\rho)_m}{(\rho)_p}, \quad \gamma_\mu = \frac{(\rho)_m}{(\rho)_p} \tag{2.114}$$

若要满足式 (2.111) 中相似准数相等的条件，其流速缩比必须满足

$$\gamma_v = \frac{(v)_m}{(v)_p} = \frac{\left(\dfrac{\mu}{\rho d}\right)_m}{\left(\dfrac{\mu}{\rho d}\right)_p} = \frac{\dfrac{(\mu)_m}{(\mu)_p}}{\dfrac{(\rho)_m}{(\rho)_p}\dfrac{(d)_m}{(d)_p}} = \frac{\gamma_\mu}{\gamma_\rho \cdot \gamma} \tag{2.115}$$

式中，μ/ρ 表示流体的运动黏度，一般用 ν 来表示，这里为了避免与流速 v 混淆，用 κ 来表示。则其运动黏度的缩比为

$$\gamma_\kappa = \frac{(\kappa)_m}{(\kappa)_p} = \frac{(\mu/\rho)_m}{(\mu/\rho)_p} = \frac{\gamma_\mu}{\gamma_\rho} \tag{2.116}$$

则式 (2.115) 可以简化为

$$\gamma_v = \frac{(v)_m}{(v)_p} = \frac{\gamma_\kappa}{\gamma} \tag{2.117}$$

式 (2.117) 即为光滑管流问题中求解单位长度上的阻力缩比模型满足相似律的必要条件。在此基础上，可以知道，相似模型与原型对应的单位长度上的阻力 h 也同时满足

$$\gamma_h = \frac{(h)_m}{(h)_p} = \frac{\left(\dfrac{\rho v^2}{d}\right)_m}{\left(\dfrac{\rho v^2}{d}\right)_p} = \frac{\gamma_\rho \cdot \gamma_v^2}{\gamma} = \gamma_\rho \cdot \left(\frac{\gamma_\kappa}{\gamma}\right)^2 \tag{2.118}$$

当缩比模型和原型中流体运动黏度相等时，$\gamma_\kappa = 1$，以上两式可以进一步简化为

$$\gamma_v = \frac{1}{\gamma}, \quad \gamma_h = \frac{\gamma_\rho}{\gamma^2} \tag{2.119}$$

特别地，当缩比模型与原型中流体相同时，在以上基础上，进一步有 $\gamma_\rho = 1$，此时，式 (2.119) 可写为

$$\gamma_v = \frac{1}{\gamma}, \quad \gamma_h = \frac{1}{\gamma^2} \tag{2.120}$$

容易看出，相似条件显示缩比模型中流体流速一般根据比例大于原型，所给出的单位长度上的阻力也是如此。

上面的分析表明，当所研究的水平管流问题中 Reynolds 数较小时，其流体处于层裂状态，此时该问题满足严格的几何相似律，即流体不变，通过研究缩小原型尺寸所得到的缩比模型中的阻力和摩擦系数，我们就能够给出原型中的对应量。

例 2 水平粗糙圆管内流体较高速流动阻力与摩擦系数问题

当管流中的 Reynolds 数继续增加，且管内壁相对粗糙时，管内的流体不再保持如此稳定均匀的层流流场，此时流体的密度或管内壁的粗糙度不可忽视，如图 2.7 所示，此时流体的运动处于过渡区域。假设管道内壁存在凸起，并定义其凸起高度 k 为其粗糙度，此时有

$$h = f(\rho, \mu, v, d, k) \tag{2.121}$$

同样可以得到其无量纲形式：

$$h = \frac{\rho v^2}{d} f\left(Re, \frac{k}{d/2}\right) \tag{2.122}$$

式中，$\bar{k} = k/(d/2)$ 为相对粗糙度。同理，也可以得到模型系数的无量纲表达式：

$$\lambda = f(Re, \bar{k}) \tag{2.123}$$

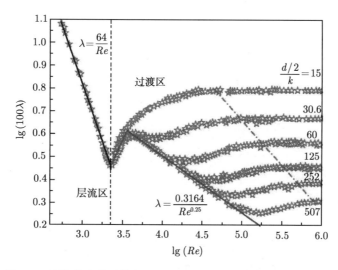

图 2.7 管道的摩擦系数与 Reynolds 数、相对粗糙度之间的关系

即摩擦系数和阻力是 Reynolds 数和管内壁相对粗糙度的函数，该函数的增加，管道内流体的运动逐渐从层裂向湍流或紊流转变，此时管道内部的相对粗糙度对于摩擦系数有着不可忽视的影响，而且随着相对粗糙度的增加，其影响程度越来越明显。从图 2.7 中可以看出，当 Reynolds 数超过层裂区极限值时，摩擦系数 λ 与 Reynolds 数之间的关系突变，进入所谓的过渡区；该区可以划分为两个小阶段。第一个小阶段中，摩擦系数 λ 仍只是 Reynolds 数的函数，但其值随着 Reynolds 数的增大呈近似线性增大的关系；第二个小阶段中，摩擦系数 λ 符合式 (2.123) 所示函数关系，但从图 2.7 中容易看出，其中起着主要影响的因素却为相对粗糙度；此时相对粗糙度越小的管流中摩擦系数越小，且 Reynolds 数影响的区间越大，即此时影响摩擦系数的两个影响因素之间相互耦合。

随着 Reynolds 数的进一步增加，此时我们可以发现管流中的摩擦系数 λ 与 Reynolds 数并没有明显的函数关系，其值只是相对粗糙度的函数：

$$\lambda = f\left(\bar{k}\right) \tag{2.124}$$

也就是说，此时单位长度管流所受的阻力可以近似为

$$h = \frac{\rho v^2}{d} f\left(\bar{k}\right) \tag{2.125}$$

我们可以给出长度为 l 的管流中流体所受的阻力 (或压降) 为

$$H_l = h \cdot l = \frac{\rho l v^2}{d} f\left(\bar{k}\right) = \frac{\rho f\left(\bar{k}\right) l}{\left(\frac{\pi}{4}\right)^2 d^5} Q^2 = R Q^2 \tag{2.126}$$

式中

$$R = \frac{16 \rho l}{\pi^2 d^5} f\left(\bar{k}\right) \tag{2.127}$$

我们可以在紊流阶段将其称为流体的 "流阻"。容易看出，对于一个特定的管流问题和流体密度而言，该值也是一个常量，该量对于标定紊流状态下的管流耗能有着重要的价值；例如，

在煤矿井下通风工程中，表达式 (2.127) 是非常重要的一个基本方程。综合以上分析，我们可以得到以下规律：

$$\begin{cases} H_l = R_1 v = R'Q, & \text{层流} \\ H_l = R_2 Q^2, & \text{紊流} \end{cases} \tag{2.128}$$

以单位长度管流阻力 h 问题为例，从式 (2.122) 可以看出，与光滑管壁时不同，该问题中有两个相似准数：Re 和相对粗糙度 $\bar{k}$。也就是说，对于两个不同的模型，需要满足

$$\begin{cases} (Re)_m = (Re)_p \\ (\bar{k})_m = (\bar{k})_p \end{cases} \tag{2.129}$$

才有

$$\left(\frac{hd}{\rho v^2} \right)_m = \left(\frac{hd}{\rho v^2} \right)_p \tag{2.130}$$

我们现假设有一个缩比模型，其几何缩比为

$$\gamma = \frac{(d)_m}{(d)_p} = \frac{(k)_m}{(k)_p} \Rightarrow (\bar{k})_m = (\bar{k})_p \tag{2.131}$$

式 (2.131) 说明，只要满足几何相似 (包含管内壁凸起高度也必须满足缩比关系)，水平光滑管流中的相似律与该问题是相同的。

特别需要指出的是，当所研究的原型管流问题中 Reynolds 数足够大时，管流处于完全紊流 (湍流) 状态，根据以上分析可知，此时单位长度上的阻力只是相对粗糙度 $\bar{k}$ 的函数，此时方程组 (2.129) 中第一式并不需要考虑，即对两个模型中阻力问题是否满足相似律与两个模型中流体流速并没有关系；此时两个模型中阻力的缩比关系满足

$$\gamma_h = \frac{(h)_m}{(h)_p} = \frac{\left(\dfrac{\rho v^2}{d} \right)_m}{\left(\dfrac{\rho v^2}{d} \right)_p} = \frac{\gamma_\rho \cdot \gamma_v^2}{\gamma} \tag{2.132}$$

但缩比模型与原型中单位长度管流的阻力缩比系数却与流速缩比相关。

例 3 倾斜粗糙圆管内流体较高速流动阻力与摩擦系数问题

从以上的分析可知，对于水平放置的圆管而言，我们皆可以通过根据尺寸要求找到一个缩比的相似模型。由于假设圆管水平放置，流体完全在水平方向流动，因此并不需要考虑重力的影响，但工作生活中很多时候管体是倾斜放置的，如图 2.8 所示，此时重力所引起的势能不能忽视，由此，该问题中重力加速度也是主要影响因素之一。

设圆管的倾斜角为 α，圆管的长度为 l，此时单位长度管体中流体的阻力可以表达为

$$h = f(\rho, \mu, v, d, l, k, \alpha, g) \tag{2.133}$$

该问题中基本量纲有 3 个，对应独立的参考物理量有 3 个，这里我们分别同样取流体的黏性系数 μ、密度 ρ 和管内壁直径 d 为参考物理量，各物理量的量纲幂次系数如表 2.12 所示。

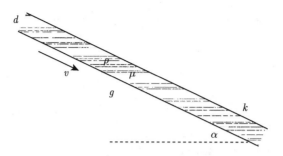

图 2.8　倾斜管道中流体的单位长度流动阻力问题

表 2.12　倾斜管道中流体的单位长度流动阻力问题中变量的量纲幂次系数

	ρ	d	μ	v	l	k	α	g	h
M	1	0	1	0	0	0	0	0	1
L	−3	1	−1	1	1	1	0	1	−2
T	0	0	−1	−1	0	0	0	−2	−2

利用以上所讲类似矩阵初等变换方法, 对表 2.12 进行初等变换, 可以得到表 2.13。

表 2.13　倾斜管道中流体的单位长度流动阻力问题中变量的量纲幂次系数 (初等变换)

	ρ	d	μ	v	l	k	α	g	h
ρ	1	0	0	−1	0	0	0	−2	−1
d	0	1	0	−1	1	1	0	−3	−3
μ	0	0	1	1	0	0	0	2	2

从表 2.13 中容易看出, 该问题中无量纲变量共 5 个, 根据 Π 定理, 式 (2.133) 可写为

$$\Pi = f\left(\Pi_1, \Pi_2, \Pi_3, \Pi_4, \Pi_5\right) \tag{2.134}$$

式中

$$\begin{cases} \Pi = \dfrac{h\rho d^3}{\mu^2} \\ \Pi_1 = \dfrac{\rho v d}{\mu} = Re \end{cases}, \begin{cases} \Pi_2 = \dfrac{l}{d} \\ \Pi_3 = \dfrac{k}{d} = \bar{k} \end{cases}, \begin{cases} \Pi_4 = \alpha \\ \Pi_5 = \dfrac{\rho^2 d^3 g}{\mu^2} \end{cases} \tag{2.135}$$

其中无量纲因变量可以写为

$$\Pi' = \frac{\Pi \cdot \Pi_2}{\Pi_1^2} = \frac{hl}{\rho v^2} \tag{2.136}$$

结合物理意义, 式 (2.136) 可进一步写为

$$\Pi'' = \frac{hl}{\dfrac{1}{2}\rho v^2} \tag{2.137}$$

式 (2.137) 的物理意义即为: 长度为 l 的管体中阻力与惯性力 (动压) 之比。

同样, 最后一个无量纲自变量也可以写为

$$\Pi_5' = \frac{\Pi_1^2}{\Pi_5 \cdot \Pi_2} = \frac{v^2}{gl} \tag{2.138}$$

式 (2.138) 皆为表示流体惯性力与重力的比值, 常称为 Froude 数[①], 通常简写为 Fr。

因此, 该问题的无量纲表达式为

$$\frac{hl}{\frac{1}{2}\rho v^2} = f\left(Re, \frac{l}{d}, \bar{k}, \alpha, Fr\right) \tag{2.139}$$

即

$$h = \frac{1}{2}\frac{\rho v^2}{l} \cdot f\left(Re, \frac{l}{d}, \bar{k}, \alpha, Fr\right) \tag{2.140}$$

考虑一个几何缩比为 γ 的缩比模型, 其与原型满足几何相似且倾斜角相同, 即

$$\begin{cases} \gamma = \dfrac{(l)_m}{(l)_p} = \dfrac{(d)_m}{(d)_p} \Rightarrow \dfrac{(l/d)_m}{(l/d)_p} = \dfrac{(\bar{k})_m}{(\bar{k})_p} = 1 \\ \dfrac{(\alpha)_m}{(\alpha)_p} = 1 \end{cases} \tag{2.141}$$

如果要求这两个模型物理相似, 则还需要另外两个相似准数满足相等的关系:

$$\begin{cases} (Re)_m = (Re)_p \\ (Fr)_m = (Fr)_p \end{cases} \tag{2.142}$$

则有

$$\begin{cases} \left(\dfrac{\rho vd}{\mu}\right)_m = \left(\dfrac{\rho vd}{\mu}\right)_p \\ \left(\dfrac{v^2}{gl}\right)_m = \left(\dfrac{v^2}{gl}\right)_p \end{cases} \tag{2.143}$$

如果缩比模型也在常规条件下, 则其重力加速度与原型中应该相等, 除非将缩比模型放置于特殊装置如离心机中, 这里不考虑这种特殊情况。此时, 式 (2.143) 可以简化为

$$\begin{cases} \left(\dfrac{\rho vd}{\mu}\right)_m = \left(\dfrac{\rho vd}{\mu}\right)_p \\ \left(\dfrac{v^2}{l}\right)_m = \left(\dfrac{v^2}{l}\right)_p \end{cases} \tag{2.144}$$

根据式 (2.144) 可以给出满足相似律条件下, 其他物理量的缩比情况如下:

$$\begin{cases} \gamma_\mu = \gamma_\rho \gamma_v \gamma \\ \gamma_v^2 = \gamma \end{cases} \Rightarrow \begin{cases} \gamma_\kappa = \gamma^{3/2} \\ \gamma_v^2 = \gamma \end{cases} \tag{2.145}$$

当缩比模型与原型中流体材料相同时, 有

$$\gamma = \gamma_v = 1 \tag{2.146}$$

[①] 标准的 Froude 数应该是其平方根值, 但由于其本质是惯性力与重力的比值, 因此在很多时候, 此值也常称为 Froude 数。

式 (2.146) 表明，此时没有缩比模型满足相似律，因此该物理问题并不满足严格的几何相似律。根据式 (2.146) 可以看出，只有当缩比模型中流体的运动黏度等于缩比的 3/2 次幂时，此两个模型才是相似模型。而事实上，对此类问题进行缩比研究，选用满足条件的缩比模型中流体是不实际的，因此我们一般都是基于某些假设的前提对问题进行简化或近似分析，给出相对合理准确的准相似缩比模型。

事实上，容易知道，单位长度圆管中流体的阻力应该与管体的长度无关，因此有

$$h = \frac{1}{2} \frac{\rho v^2}{l} \cdot \frac{l}{d} \cdot f\left(Re, \bar{k}, \alpha, Fr\right) = \frac{1}{2} \frac{\rho v^2}{d} \cdot f\left(Re, \bar{k}, \alpha, Fr\right) \tag{2.147}$$

式中，此时 Froude 数为

$$Fr = \frac{v^2}{gd} \tag{2.148}$$

同时，通过初步分析我们可以看出，重力在平行于流体流动方向和垂直于流动方向上有两个分量，而第二个分量对流体的流动阻力可以不予考虑，而第一个分量为 $g_v = g \cdot \sin \alpha$；式 (2.147) 中角度 α 一直是以此形式存在，因此我们可以将 Froude 数与角度视为一个无量纲自变量：

$$Fr' = \frac{v^2}{g \cdot \sin \alpha \cdot d} \tag{2.149}$$

此时，式 (2.147) 可进一步简化为

$$h = \frac{1}{2} \frac{\rho v^2}{d} \cdot f\left(Re, \bar{k}, Fr'\right) \tag{2.150}$$

式中，第一个无量纲自变量 Re 表示流体惯性力与黏性系数之比，表征流体黏性系数对流体运动的影响程度；第二个无量纲自变量 $\bar{k}$ 表征圆管内壁的粗糙度；第三个无量纲自变量 Fr' 表示流体惯性力与重力之比，表征重力对流体运动的影响程度。

参考本节例 1 的分析结论，当流体的 Re 较小时，此时圆管内壁的粗糙度对流体阻力的影响可以忽略不计，此时式 (2.150) 可写为

$$h = \frac{1}{2} \frac{\rho v^2}{d} \cdot f\left(Re, Fr'\right) \tag{2.151}$$

而且，同以上水平圆管中层流问题中的分析，此时密度应该可以忽略，即其形式应该为

$$h = \frac{1}{2} \frac{\rho v^2}{d} \frac{1}{Re} \cdot f\left(Fr'\right) = \frac{1}{2} \frac{\mu v}{d^2} \cdot f\left(Fr'\right) \tag{2.152}$$

此时该问题的相似准数只有一个，对于缩比模型而言，其相似条件只有

$$\left(\frac{v^2}{l}\right)_m = \left(\frac{v^2}{l}\right)_p \Rightarrow \gamma_v^2 = \gamma \Rightarrow \gamma_v = \sqrt{\gamma} \tag{2.153}$$

此时两个模型中单位长度圆管中流体阻力的缩比为

$$\gamma_h = \frac{(h)_m}{(h)_p} = \frac{\left(\frac{\mu v}{d^2}\right)_m}{\left(\frac{\mu v}{d^2}\right)_p} = \frac{\gamma_\mu \cdot \gamma_v}{\gamma^2} = \frac{\gamma_\mu}{\gamma^{3/2}} \tag{2.154}$$

当缩比相似模型与原型中的流体相同时，式 (2.154) 即简化为

$$\gamma_h = \frac{\gamma_\mu}{\gamma^{3/2}} = \frac{1}{\gamma^{3/2}} \tag{2.155}$$

当管道中流体流动 Re 足够大时，此时结合式 (2.125) 有

$$h = \frac{1}{2}\frac{\rho v^2}{d} \cdot f\left(\bar{k}, Fr'\right) \tag{2.156}$$

此时缩比模型及原型的相似条件与以上相同，皆为

$$\gamma_v = \sqrt{\gamma} \tag{2.157}$$

只是此时两个模型中单位长度圆管的阻力缩比为

$$\gamma_h = \frac{(h)_m}{(h)_p} = \frac{\left(\dfrac{\rho v^2}{d}\right)_m}{\left(\dfrac{\rho v^2}{d}\right)_p} = \frac{\gamma_\rho \cdot \gamma_v^2}{\gamma} = \gamma_\rho \tag{2.158}$$

当缩比模型与原型中的流体相同时，式 (2.158) 即简化为

$$\gamma_h = \gamma_\rho = 1 \tag{2.159}$$

例 4 水平圆管内给定压力时流体流动速度问题

管流问题中涉及的另一个重要的物理问题是，已知单位长度管流两端的压差 Δh，管内壁直径为 d，流体的黏性系数为 μ，流体的密度为 ρ，管内壁粗糙度为 k，求管中流体的流速 v。此问题与以上求解摩擦系数 γ 和单位长度上的阻力 h 类似，其所涉及的物理量有 6 个：

$$v = f\left(\mu, \rho, d, k, \Delta h\right) \tag{2.160}$$

该问题中基本量纲有 3 个，对应独立的参考物理量有 3 个，这里我们分别取流体的黏性系数 μ、密度 ρ 和管内壁直径 d 为参考物理量，各物理量的量纲幂次系数如表 2.14 所示。

表 2.14　管流求解流速问题中变量的量纲幂次系数

	μ	ρ	d	Δh	k	v
M	1	1	0	1	0	0
L	−1	−3	1	−2	1	1
T	−1	0	0	−2	0	−1

利用以上所讲类似矩阵初等变换方法，对表 2.14 进行初等变换，可以得到表 2.15。

表 2.15　管流求解流速问题中变量的量纲幂次系数 (初等变换)

	μ	ρ	d	Δh	k	v
μ	1	0	0	2	0	1
ρ	0	1	0	−1	0	−1
d	0	0	1	−3	1	−1

从表 2.15 中容易看出，该问题中无量纲变量共 3 个，根据 Π 定理，式 (2.160) 可写为

$$\Pi = f\left(\Pi_1, \Pi_2\right) \tag{2.161}$$

式中

$$\begin{cases} \Pi = \dfrac{\rho d}{\mu} v \\[2mm] \Pi_1 = \bar{k} \\[2mm] \Pi_2 = \dfrac{\rho d^3}{\mu} \Delta h \end{cases} \tag{2.162}$$

此时，即有

$$v = \frac{\mu}{\rho d} \cdot f\left(\frac{\rho d^3}{\mu} \Delta h, \bar{k}\right) \tag{2.163}$$

我们现假设有一个缩比模型，其几何缩比为

$$\gamma = \frac{(d)_m}{(d)_p} = \frac{(k)_m}{(k)_p} \Rightarrow (\bar{k})_m = (\bar{k})_p \tag{2.164}$$

即式 (2.163) 中第二个相似准数此时恒满足相等这一条件。若要满足式 (2.163) 中第一个相似准数相等的条件，则有

$$\left(\frac{\rho d^3}{\mu} \Delta h\right)_m = \left(\frac{\rho d^3}{\mu} \Delta h\right)_p \Rightarrow \gamma_\mu = \gamma_\rho \cdot \gamma^3 \cdot \gamma_h \Rightarrow \gamma_\kappa = \gamma^3 \cdot \gamma_h \tag{2.165}$$

此时，缩比模型与原型满足相似关系，此时两个模型中流体速度比应为

$$\gamma_v = \frac{(v)_m}{(v)_p} = \frac{\left(\dfrac{\mu}{\rho d}\right)_m}{\left(\dfrac{\mu}{\rho d}\right)_p} = \frac{\gamma_\mu}{\gamma_\rho \cdot \gamma} = \gamma^2 \cdot \gamma_h \tag{2.166}$$

特别是当两个相似模型中流体相同时，以上两式即可分别简化为

$$\gamma_h = \frac{1}{\gamma^3} \tag{2.167}$$

$$\gamma_v = \frac{1}{\gamma} \tag{2.168}$$

例 5 **垂直烟囱中流体的运动问题**

以上的管流问题中，随着管道倾斜角度的增大，重力的影响日益增大，特别是当管道竖直放置时，其重力的影响在很多情况下不可忽视。设有一个竖直放置的烟囱，如图 2.9 所示，其截面形状为直径为 D 的圆形，高度为 h，设烟囱外部环境中气体的密度为 ρ_0、温度为 T_0、烟囱内外气体为理想气体，烟囱内温度为 T，即内外温差为 $\Delta T = T - T_0$，求烟囱中气体的流速 v。

对于理想气体而言，其状态方程可以写为

$$p = \rho \gamma T = \rho \frac{R}{M} T \tag{2.169}$$

式中，R 表示气体比例常数；M 表示气体的摩尔质量；p 表示气体压力。

从式 (2.169) 容易看出，烟囱内的气体受热而导致温度增高瞬间，气体压力增大，从而导致体积膨胀和密度减小，因而导致烟囱内外形成压力差，驱使内外气体出现相对流动；又由于内部密度小于外部，从而气体上浮而底部形成负压区，吸取底部外面的气体，形成稳定流场，这种现象我们常称为 "烟囱效应"。对于管径不变的情况，烟囱入口和出口的动压应该相对恒定，因此，其静压差应该等于势压与阻力之和。

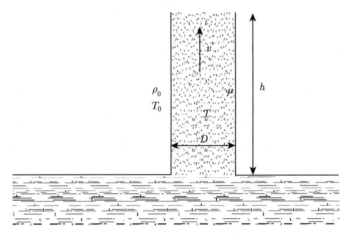

图 2.9 烟囱气体流动问题

假设烟囱内外的温度差不是太大，温度升高导致体积膨胀或密度减小视为在等压过程中完成，根据式 (2.169) 可以得到

$$\left.\frac{\mathrm{d}(\rho\gamma\Delta T)}{\mathrm{d}T}\right|_p = 0 \Rightarrow \left.\left(\frac{\mathrm{d}\rho}{\mathrm{d}T}\gamma\Delta T + \rho\gamma\right)\right|_p = 0 \tag{2.170}$$

即可以给出密度减小系数或热膨胀系数：

$$\beta = -\frac{1}{\rho}\left.\left(\frac{\mathrm{d}\rho}{\mathrm{d}T}\right)\right|_p = \frac{1}{\Delta T} \tag{2.171}$$

设烟囱中气体的黏性系数为 μ，内壁相对粗糙度为 $\bar{k}$；因此，我们可以给出烟囱内气体的流速表达式为

$$v = f\left(\mu, \bar{k}, D, h, \rho_0, \beta, \Delta T, g\right) \tag{2.172}$$

一般烟囱流动属于紊流，因此我们在此不考虑气体的黏性系数 μ，同时，假设烟囱内部足够光滑，其粗糙度也可以不予考虑。因此，式 (2.172) 可以简化为

$$v = f\left(D, h, \rho_0, \beta, \Delta T, g\right) \tag{2.173}$$

而对于等截面面积烟囱，且不考虑流体的阻力系数时，根据 Bernoulli 方程可知，此时直径 D 对于流速的影响可以不予考虑，此时有

$$v = f\left(h, \rho_0, \beta, \Delta T, g\right) \tag{2.174}$$

根据 Bernoulli 方程容易知道，烟囱中气体的流动由于温度增高导致密度减小，所产生的浮力用于抵消其重力，其重力加速度总是与热膨胀系数以乘积的形式出现；式 (2.174) 即可以进一步简化为

$$v = f(g\beta, \rho_0, h, \Delta T) \tag{2.175}$$

该问题中基本量纲有 4 个，对应独立的参考物理量有 4 个，即此 4 个自变量皆为参考物理量。各物理量的量纲幂次系数如表 2.16 所示。

表 2.16 烟囱中气体流速问题中变量的量纲幂次系数

	ρ_0	h	$g\beta$	ΔT	v
M	1	0	0	0	0
L	−3	1	1	0	1
T	0	0	−2	0	−1
Θ	0	0	−1	1	0

利用以上所讲类似矩阵初等变换方法，对表 2.16 进行初等变换，可以得到表 2.17。

表 2.17 烟囱中气体流速问题中变量的量纲幂次系数 (初等变换)

	ρ_0	h	$g\beta$	ΔT	v
ρ_0	1	0	0	0	0
h	0	1	0	0	1/2
$g\beta$	0	0	1	0	1/2
ΔT	0	0	0	1	1/2

根据 Π 定理，式 (2.175) 可写为

$$\frac{v}{\sqrt{gh\beta\Delta T}} = \text{const} = K \tag{2.176}$$

即

$$v = K\sqrt{gh\beta\Delta T} \tag{2.177}$$

式 (2.177) 显示，烟囱中气体的流速与高度的平方根呈线性正比关系，也与烟囱内外温差的平方根呈线性正比关系。

同以上各例的分析，容易看出，对于一个缩比模型而言，如果其中的材料与原型一致，由于重力加速度的存在，很难给出其相似模型，也就是说，该模型并不满足严格的几何相似律。

2.3.2 绕流相关问题

例 1 低速绕流问题

黏性流体的低速绕流问题是一个常见的物理问题，在很多实际问题中都存在，如潜艇在水中的运动、抛掷物体在空气中的低速运动。所谓低速，是指流体相对于固体的运动速度远小于流体中的声速，从而可以不考虑运动过程中的流体可压缩性，其密度视为一个常量。为

了简化问题的分析过程,我们假设固体是固定的 (这个假设不影响问题的本质,即使流体和固体同时运动,我们也可以将其考虑为流体相对于固体运动,将参考系建立在固体上;对于匀速运动的固体而言,其分析结果是相同的),且利用椭圆表征固体障碍物的外形特征 (其他外形特征类似,只是其几何特征参数较多一些而已,问题的本质类似),其几何参数分别为 l_1 和 l_2,如图 2.10 所示;设固体方位角为 α,流体相对固体的速度为 v,流体的密度和黏性系数分别为 ρ 和 μ;求固体所承受的作用力 F。

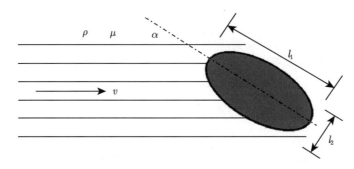

图 2.10 低速绕流问题

对于此低速绕流问题,可以看出其中重力对问题的分析过程与结论没有明显的影响。因此,该物理问题可以表达为

$$F = f\left(l_1, l_2, \alpha, v, \rho, \mu\right) \tag{2.178}$$

该问题中物理量有 7 个,其中基本量纲有 3 个,对应的独立的参考物理量有 3 个,这里我们分别取流体的黏性系数 μ、密度 ρ 和固体的特征长度 l_1 为参考物理量,各物理量的量纲幂次系数如表 2.18 所示。

表 2.18 低速绕流问题中变量的量纲幂次系数

	μ	ρ	l_1	l_2	α	v	F
M	1	1	0	0	0	0	1
L	−1	−3	1	1	0	1	1
T	−1	0	0	0	0	−1	−2

对表 2.18 进行类似矩阵初等变换,可以得到表 2.19。

表 2.19 低速绕流问题中变量的量纲幂次系数 (初等变换)

	μ	ρ	l_1	l_2	α	v	F
μ	1	0	0	0	0	0	2
ρ	0	1	0	0	0	−1	−1
l_1	0	0	1	1	0	−1	0

根据 Ⅱ 理论,可以给出无量纲函数:

$$\frac{F\rho}{\mu^2} = f\left(\frac{l_2}{l_1}, \alpha, Re\right) \tag{2.179}$$

或

$$F = \frac{\mu^2}{\rho} \cdot f\left(\frac{l_2}{l_1}, \alpha, Re\right) \tag{2.180}$$

式中

$$Re = \frac{\rho v l_1}{\mu} \tag{2.181}$$

从式 (2.180) 可以看出, 该问题无量纲自变量或相似准数有 3 个: 形状准数、位置准数和流体黏性准数:

$$\begin{cases} \Pi_1 = \dfrac{l_2}{l_1} \\ \Pi_2 = \alpha \\ \Pi_3 = Re = \dfrac{\rho v l_1}{\mu} \end{cases} \tag{2.182}$$

我们假设现在有一个缩比模型, 其固体形状和方位角与原型一致, 即有

$$\begin{cases} (\Pi_1)_m = (\Pi_1)_p \\ (\Pi_2)_m = (\Pi_2)_p \end{cases} \tag{2.183}$$

设其几何缩比为

$$\gamma = \frac{(l_1)_m}{(l_1)_p} = \frac{(l_2)_m}{(l_2)_p} \tag{2.184}$$

同时, 流体的黏性系数缩比、流体的密度缩比和流体的速度缩比分别为

$$\gamma_\mu = \frac{(\mu)_m}{(\mu)_p}, \quad \gamma_\rho = \frac{(\rho)_m}{(\rho)_p}, \quad \gamma_v = \frac{(v)_m}{(v)_p} \tag{2.185}$$

由此可以得到

$$\gamma_{Re} = \frac{(\Pi_3)_m}{(\Pi_3)_p} = \frac{(Re)_m}{(Re)_p} = \frac{\gamma \cdot \gamma_\rho \cdot \gamma_v}{\gamma_\mu} \tag{2.186}$$

也就是说, 当缩比模型与原型相似时, 三个无量纲自变量必须满足一一相等的关系。由式 (2.183) 可知, 对于该缩比模型而言, 前两个几何和方位无量纲量满足相等的关系, 因此, 只需要第三个无量纲量相等, 则两个模型是相似的。此时, 两个模型的流体流速缩比必须满足

$$\gamma_v = \frac{\gamma_\mu}{\gamma \cdot \gamma_\rho} = \frac{\gamma_\kappa}{\gamma} \tag{2.187}$$

式中, 同前面管流问题, γ_κ 表示运动黏度的缩比系数。

此时, 流体对固体作用力的缩比满足

$$\gamma_F = \frac{(F)_m}{(F)_p} = \frac{\gamma_\mu^2}{\gamma_\rho} \tag{2.188}$$

在缩比模型和原型中流体是相同的情况下, 式 (2.187) 即可简化为

$$\gamma_v = \frac{\gamma_\mu}{\gamma \cdot \gamma_\rho} = \frac{1}{\gamma} \tag{2.189}$$

即当把原型缩小 γ 倍时，缩比模型的流速必须扩大 γ 倍，才能使得两个模型物理相似。此时，缩比模型中固体所承受的压力与原型比为

$$\gamma_F = \frac{(F)_m}{(F)_p} = 1 \Leftrightarrow (F)_m = (F)_p \tag{2.190}$$

即此时两个模型中固体受力是相对的。

由以上分析可以看出，即使固体形状不是简单的椭圆形而是复杂形状，只要缩比模型中的固体形状与原型一致，其推导过程和结论与以上是相同的，读者可以试推导之，在此不做详述。

例 2 低速行驶船体阻力问题

以上问题是针对水中固体相对运动时所承受的阻力而言，其条件是水体相对足够深，固体离水面和水底有相对足够的距离。当固体在近水面或半水下半水面上相对运动时，水面波浪的耗能也不可忽视。这里我们以水面船舶在水面行驶为例，分析近水面固体相对运动所受的阻力问题。假设有一个截面为近似矩形 (即将船舶简化为长方体) 的船舶以速度 v 在静止水面上匀速行驶，如图 2.11 所示。设船舶的宽度为 l_1，吃水深度为 l_2；流体的密度为 ρ，由于流体相对于船舶的速度远小于流体中的声速，我们可以认为流体是不可压缩的，其密度在整个运动过程中是常量；流体的黏性系数为 μ；由于在水面行驶时所产生的水面波浪耗能在此不可忽视，而其与重力相关，因此重力加速度 g 也是一个重要的影响因素。由此我们可以给出船舶所受阻力的函数表达式：

$$F = f(l_1, l_2, v, \rho, \mu, g) \tag{2.191}$$

以上问题并没有涉及热力学问题，是一个传统的流体力学问题，因此，7 个物理量中有 3 个基本量纲，对应 3 个独立的参考物理量。我们在此选取船舶宽度 l_1、流体密度 ρ 和流体的黏性系数 μ 三个物理量为基本参考物理量。

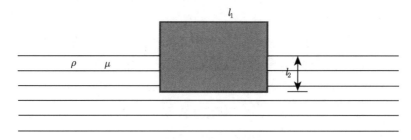

图 2.11 船舶运动阻力问题

此 7 个物理量的量纲幂次系数如表 2.20 所示。

表 2.20 船舶运动阻力问题中变量的量纲幂次系数

	μ	ρ	l_1	l_2	g	v	F
M	1	1	0	0	0	0	1
L	-1	-3	1	1	1	1	1
T	-1	0	0	0	-2	-1	-2

对表 2.20 进行类似矩阵初等变换，可以得到表 2.21。

表 2.21 船舶运动阻力问题中变量的量纲幂次系数 (初等变换)

	μ	ρ	l_1	l_2	g	v	F
μ	1	0	0	0	2	1	2
ρ	0	1	0	0	-2	-1	-1
l_1	0	0	1	1	-3	-1	0

根据 II 理论，可以给出无量纲函数：

$$\frac{F\rho}{\mu^2} = f\left(\frac{l_2}{l_1}, \frac{\rho v l_1}{\mu}, \frac{\rho^2 g l_1^3}{\mu^2}\right) \tag{2.192}$$

或

$$F = \frac{\mu^2}{\rho} f\left(\frac{l_2}{l_1}, \frac{\rho v l_1}{\mu}, \frac{\rho^2 g l_1^3}{\mu^2}\right) \tag{2.193}$$

可以简化写为

$$F = \frac{\mu^2}{\rho} f\left(\frac{l_2}{l_1}, Re, \frac{\rho^2 g l_1^3}{\mu^2}\right) \tag{2.194}$$

该问题中有 3 个无量纲相似准数：

$$\begin{cases} \Pi_1 = \dfrac{l_2}{l_1} \\ \Pi_2 = Re \\ \Pi_3 = \dfrac{\rho^2 g l_1^3}{\mu^2} \end{cases} \tag{2.195}$$

我们现在考虑一个缩比模型，该模型与原型船舶形状一致，只是尺寸缩小，缩小比例为

$$\gamma = \frac{(l_1)_m}{(l_1)_p} = \frac{(l_2)_m}{(l_2)_p} \tag{2.196}$$

容易看出

$$\left(\frac{l_1}{l_2}\right)_m = \left(\frac{l_1}{l_2}\right)_p \tag{2.197}$$

即缩比模型中无视几何缩比值大小，只要其与原型满足几何相似，则式 (2.195) 中第一个几何相似准数恒满足相似条件。

根据式 (2.195) 中第二个相似准数的相似条件，可以得到

$$\left(\frac{\rho v l_1}{\mu}\right)_m = \left(\frac{\rho v l_1}{\mu}\right)_p \tag{2.198}$$

因此，速度缩比需要满足

$$\gamma_v = \frac{(v)_m}{(v)_p} = \frac{\gamma_\mu}{\gamma_\rho \cdot \gamma} \tag{2.199}$$

根据式 (2.195) 中第三个相似准数的相似条件，可以得到

$$\left(\frac{\rho^2 g l_1^3}{\mu^2}\right)_m = \left(\frac{\rho^2 g l_1^3}{\mu^2}\right)_p \tag{2.200}$$

因此，必须满足

$$\frac{(g)_m}{(g)_p} = \frac{\gamma_\mu^2}{\gamma_\rho^2 \cdot \gamma^3} \equiv 1 \Rightarrow \gamma_\mu = \gamma_\rho \cdot \sqrt{\gamma^3} \tag{2.201}$$

以上公式表明，如果需要缩比模型与原型满足物理相似，则缩比模型中流体不能够选取与原型中同样的流体，其黏性系数缩比 γ_μ 与密度缩比 γ_ρ 必须满足式 (2.201)；也就是说，船舶运动阻力问题并不满足严格的几何相似律。

将式 (2.201) 代入式 (2.199)，可以得到

$$\gamma_v = \sqrt{\gamma} \tag{2.202}$$

此时，缩比模型与原型中船舶的阻力满足

$$\gamma_F = \frac{(F)_m}{(F)_p} = \frac{\gamma_\mu^2}{\gamma_\rho} \Rightarrow (F)_m = \frac{\gamma_\mu^2}{\gamma_\rho}(F)_p \tag{2.203}$$

将式 (2.201) 代入式 (2.203)，即可以得到

$$(F)_m = \gamma^3 (F)_p \tag{2.204}$$

以上公式表明缩比模型与原型中船舶阻力只与几何缩比相关。

当船舶外表面并不满足理想光滑条件时，我们还要考虑外表面的相对粗糙度 $\bar{k}$；而且，若船舶并不是理想的长方体，还要考虑船舶的形状系数；当然，这些我们可以通过几何相似实现缩比模型与原型中的相似条件，具体分析与以上基本类似。

从以上分析可以看出，该物理问题并不满足几何相似律，其原因可以明显看出就是重力加速度在两个模型中无法满足缩比条件。然而，在实际研究中，我们不可能皆用原型试验来研究，其成本和代价过大，因此必须利用几何相似缩比模型开展试验；从以上分析过程和结论容易看出，实现准确相似的途径有两个：其一，寻找一种流体，其黏性系数和密度与原型中对应的量满足式 (2.201) 所示关系；其二，使用原型中的流体，通过离心机实现重力加速度也能够实现缩比关系：

$$\frac{(g)_m}{(g)_p} = \frac{1}{\gamma^3} \tag{2.205}$$

上述两种途径中第一种非常难实现，第二种暂时实验条件很难实现；此两种途径一般工程实际中很难使用。此时，我们利用缩比模型进行原型中规律性问题的研究唯一的方法就是通过近似和校正来实现，即将船舶阻力假设为摩擦阻力与水波耗能阻力代数之和，前者由前面分析结论可知满足严格的几何相似律，后者与重力加速度相关，因此需要进行试验校正，这里又涉及流体动力学的一个重要的无量纲量——Froude 数 (Fr)。

例 3 船舶行进时水波的传播问题

假设我们向一个静止的液体中垂直扔下一块小石子，此时会在水面形成一个从中心向四周呈同心圆形状传播的微幅波，如图 2.12 所示。设液体的密度为 ρ，黏性系数为 μ，液体的表面张力为 T，水深为 H。

图 2.12　小扰动下液面波的传播

容易知道，扰动后 t 时刻，波峰传播的位移即具有圆心的距离 r 为

$$r = f\left(\mu, \rho, g, T, H, t\right) \tag{2.206}$$

对于该问题而言，液体的黏性系数不能解释此类现象，在此不予考虑；另外，对于微幅波而言，液体的表面张力也可以忽略；还有，我们假设水深足够大。此时，式 (2.206) 可以简化为

$$r = f\left(\rho, g, t\right) \tag{2.207}$$

以上问题是一个传统的流体力学问题，因此，4 个物理量有 3 个基本量纲，对应 3 个独立的参考物理量。此 4 个物理量的量纲幂次系数如表 2.22 所示。

表 2.22　小扰动液体自由表面波传播距离问题中变量的量纲幂次系数

	ρ	g	t	r
M	1	0	0	0
L	-3	1	0	1
T	0	-2	1	0

对表 2.22 进行类似矩阵初等变换，可以得到表 2.23。

表 2.23　小扰动液体自由表面波传播距离问题中变量的量纲幂次系数 (初等变换)

	ρ	g	t	r
ρ	1	0	0	0
g	0	1	0	1
t	0	0	1	2

根据 Π 理论，可以给出无量纲函数：

$$\frac{r}{gt^2} = \text{const} = K \quad \text{或} \quad r = K \cdot gt^2 \tag{2.208}$$

式 (2.208) 表明，在这段时间内液体自由面波传播的距离与液体的密度无关；因此，我们只分析水波问题就能解释其他情况，下面我们仅对局部扰动下水波的传播问题进行分析。从式 (2.208) 还可以看出，水波传播位移与时间的平方呈线性正比关系，也就是说，传播的速度随着时间的增加而增大,因此,我们经常可以看到扔一块小石头到水中后,波离开中心距离越远波速向外移动的速度越快。

当然,扰动所激起的水波可能包含不同频率或波长的波,根据前面的分析可知,这些波的波速不尽相同,不同频率水波传播问题的不同对应在式 (2.208) 中的区别即为常数 K 值的不同。

以上扰动源是一个静止的点,现在我们考虑扰动是由一个以匀速线性运动的源头激起的情况,如鸭子在水面匀速运动或船舶在水面匀速运动时水面的扰动。设物体沿着 X 轴负方向以匀速 U 运动,如图 2.13 所示;此时扰动圆心的坐标为 $(x_o(t),0)$,如果我们站在移动的物体上观察,此时该圆心正好沿着 X 轴正方向以匀速 U 运动,如果以移动的物体为原点,即有

$$x_o(t) = Ut \tag{2.209}$$

此时,结合式 (2.208) 可以给出圆上的点坐标 (x,y) 满足方程:

$$\Phi \equiv [x - x_o(t)]^2 + y^2 - r^2(t) = 0 \tag{2.210}$$

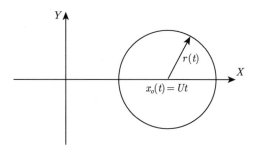

图 2.13　t 时刻波峰到达的位置

将式 (2.208) 代入式 (2.210),有

$$\Phi \equiv [x - x_o(t)]^2 + y^2 - (K \cdot gt^2)^2 = 0 \tag{2.211}$$

对于不同时间而言,式 (2.211) 恒成立,即

$$\frac{\partial \Phi}{\partial t} = 0 \Rightarrow [x - x_o(t)]\left(\frac{\partial x}{\partial t} - U\right) + y\frac{\partial y}{\partial t} - 2(Kg)^2 t^3 = 0 \tag{2.212}$$

Spurk 将上述两个方程联立并给出解:

$$\begin{cases} x = Ut \cdot \left[1 - 2\left(\dfrac{Kgt}{U}\right)^2\right] \\ y = \pm Kgt^2 \cdot \sqrt{1 - 4\left(\dfrac{Kgt}{U}\right)^2} \end{cases} \tag{2.213}$$

从式 (2.213) 可以看出,对于不同频率的波而言,由于 K 值不同,其坐标值也是不同的。对于同一频率的波而言,其坐标值是时间的函数,我们容易给出不同时间波峰的坐标曲线及其包络线,如图 2.14 所示。

式 (2.213) 分别对时间求导, 可以得到

$$
\begin{cases}
\dfrac{\mathrm{d}x}{\mathrm{d}t} = U \cdot \left[1 - 6\left(\dfrac{Kgt}{U}\right)^2\right] \\[4mm]
\left|\dfrac{\mathrm{d}y}{\mathrm{d}t}\right| = 2Kgt \cdot \left[1 - 6\left(\dfrac{Kgt}{U}\right)^2\right] \Big/ \sqrt{1 - 4\left(\dfrac{Kgt}{U}\right)^2}
\end{cases}
\tag{2.214}
$$

容易看出, 当

$$
1 - 6\left(\frac{Kgt}{U}\right)^2 = 0 \Rightarrow t = \frac{U}{\sqrt{6}Kg}
\tag{2.215}
$$

时, 包络线的斜率达到最大值, 此时

$$
\begin{cases}
x_m = \dfrac{2}{3\sqrt{6}}\dfrac{U^2}{Kg} \\[4mm]
y_m = \pm\dfrac{1}{6\sqrt{3}}\dfrac{U^2}{Kg}
\end{cases}
\tag{2.216}
$$

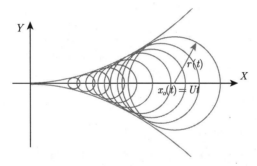

图 2.14 相同频率不时刻波峰的坐标曲线及其包络线

而对于不同频率的水波而言, 其波峰对应的圆半径、横坐标和纵坐标皆不一定相同。从式 (2.208) 可以看出, 随着 K 值的减小, 相同时刻其对应的半径值也逐渐减小, 我们把不同频率水波波峰包络线放在同一个坐标系中, 即可以得到图 2.15 所示曲线。

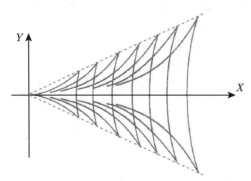

图 2.15 不同频率水波波峰包络线

根据式 (2.216) 可以得到, 不同频率水波波峰包络线的最大斜率为

$$
\frac{\mathrm{d}y_m}{\mathrm{d}x_m} = \frac{\sqrt{2}}{4}
\tag{2.217}
$$

容易看出，其最大斜率竟然与物体如船舶、鸭子等水面物体的匀速运动速度、重力加速度和水波频率无关，其角度容易计算出为 19.47°，这个角度我们常称为船舶的 Kelvin 角；也就是说，图 2.15 中包络线顶点的连线应该是两条与 X 轴夹角为 19.47° 的直线。我们在船舶行驶和鸭子游水中容易观察到 Kelvin 角，如图 2.16 所示。

图 2.16 船舶和鸭子游水中的 Kelvin 角

对于船舶而言，根据式 (2.208) 可知，其波峰包络线和 Kelvin 角与流体的黏性系数、密度等无明显联系，但其扰动传播距离与重力加速度呈线性关系，但由于重力加速度的存在，一般很难进行缩比试验，然而，该问题对材料相似并没有要求，因此对比缩比试验而言其必要性不大。

例 4 流体中小球下坠速度问题

设在静止流体中放置一个小球，小球的直径为 d、密度为 ρ_b；流体的黏性系数为 μ、密度为 ρ_l；小球由于重力作用会从静止状态开始垂直向下运动，设小球从静止到当前垂直下降距离为 L，如图 2.17 所示。求小球当前的速度 v。

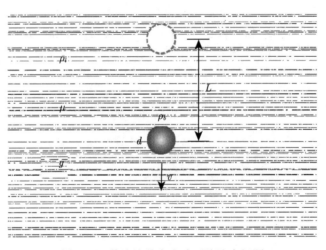

图 2.17 静止流体中小球下坠速度问题

在该问题中的自变量除了以上的 5 个外，还需要考虑重力加速度 g，因为如果没有重力小球会一直保持静止。因此，该问题可以表达为

$$v = f(\rho_b, d, \mu, \rho_l, L, g) \tag{2.218}$$

由于小球速度较小，不考虑其附近流体密度的变化即认为流体的密度为常量；另外，本问题中没有考虑热传导和生热问题，因此本问题中基本量纲也只有 3 个；我们这里选取小球的密度 ρ_b、直径 d 和流体的黏性系数 μ 这 3 个物理量为参考物理量。该问题中 7 个物理量的量纲幂次系数如表 2.24 所示。

表 2.24 静止流体中小球下坠速度问题中变量的量纲幂次系数

	ρ_b	d	μ	ρ_l	L	g	v
M	1	0	1	1	0	0	0
L	−3	1	−1	−3	1	1	1
T	0	0	−1	0	0	−2	−1

对表 2.24 进行类似矩阵初等变换，可以得到表 2.25。

表 2.25 静止流体中小球下坠速度问题中变量的量纲幂次系数 (初等变换)

	ρ_b	d	μ	ρ_l	L	g	v
ρ_b	1	0	0	1	0	−2	−1
d	0	1	0	0	1	−3	−1
μ	0	0	1	0	0	2	1

根据 Π 定理和表 2.25 容易知道，最终表达式中无量纲量有 4 个，包含 1 个无量纲因变量和 3 个无量纲自变量：

$$\Pi = f(\Pi_1, \Pi_2, \Pi_3) \tag{2.219}$$

式中

$$\Pi = \frac{\rho_b v d}{\mu}, \quad \Pi_1 = \frac{\rho_l}{\rho_b}, \quad \Pi_2 = \frac{L}{d}, \quad \Pi_3 = \frac{g\rho_b^2 d^3}{\mu^2} \tag{2.220}$$

考虑一个缩比模型，其小球的直径与下坠的距离几何缩比为

$$\gamma = \frac{(d)_m}{(d)_p} = \frac{(L)_m}{(L)_p} \Rightarrow \left(\frac{L}{d}\right)_m = \left(\frac{L}{d}\right)_p \tag{2.221}$$

即式 (2.219) 中第二个无量纲自变量恒满足相等的条件，如果缩比模型与原型满足物理相似，此时必须满足

$$\begin{cases} (\Pi_1)_m = (\Pi_1)_p \\ (\Pi_3)_m = (\Pi_3)_p \end{cases} \Rightarrow \begin{cases} \left(\dfrac{\rho_l}{\rho_b}\right)_m = \left(\dfrac{\rho_l}{\rho_b}\right)_p \\ \left(\dfrac{g\rho_b^2 d^3}{\mu^2}\right)_m = \left(\dfrac{g\rho_b^2 d^3}{\mu^2}\right)_p \end{cases} \tag{2.222}$$

即有

$$\begin{cases} \gamma_{\rho_l} = \gamma_{\rho_b} \\ \gamma_{\rho_b}^2 \gamma^3 = \gamma_\mu^2 \Leftrightarrow \gamma_\kappa = \gamma^{3/2} \end{cases} \tag{2.223}$$

可以看出，必须找到一种流体，其运动黏度和密度与原型中的流体参数量满足以上关系，此时两个模型才是严格相似的。当缩比模型中流体和原型中相同时，式 (2.223) 即为

$$\begin{cases} \gamma_{\rho_b} = 1 \\ \gamma = 1 \end{cases} \tag{2.224}$$

即不可能找到相似的缩比模型。

该问题的反问题是，我们检测到小球的下坠速度 v，求当前下坠的距离 L。该问题可以表达为

$$L = f(\rho_b, d, \mu, \rho_l, v, g) \tag{2.225}$$

参考表 2.25，容易给出其无量纲表达形式：

$$\frac{L}{d} = f\left(\frac{\rho_l}{\rho_b}, \frac{\rho_b v d}{\mu}, \frac{g\rho_b^2 d^3}{\mu^2}\right) \tag{2.226}$$

式 (2.226) 可以进一步写为

$$\frac{L}{d} = f\left(\frac{\rho_l}{\rho_b}, \frac{\rho_b v d}{\mu}, \frac{v^2}{gd}\right) \Leftrightarrow \frac{L}{d} = f\left(\frac{\rho_l}{\rho_b}, Re, Fr\right) \tag{2.227}$$

式中，第一个无量纲自变量代表了流体的浮力；第二个无量纲自变量为 Reynolds 数，代表流体对小球运动的阻力；第三个无量纲自变量为 Froude 数，代表小球重力的影响。容易知道，对于该问题而言，我们无法找到完全相似的缩比模型，即该问题不具有严格的几何相似律。

例 5 空气绕机翼高速流体问题

以上是针对低速绕流问题进行量纲分析，当流体的相对速度较高时，特别是对于空气此类低密度流体而言，其密度不再是常量，而是变量；这类问题在空气动力学中比较基础，本例就是针对机翼相对于空气以较高相对速度 (但小于声速) 运动时机翼所承受的阻力开展量纲分析，对机翼承受的力进行初步探讨。为简化分析过程，此处我们不考虑机翼沿着垂直于纸面方向的形状或尺寸变化，而采用二维模型进行分析。

设机翼与空气的相对速度为 v，此处我们可以假设机翼静止，空气速度为 v，这种假设并不影响分析过程与结论。设机翼的形状可以用 3 个几何尺寸来标定：迎面的弧度半径 r_1、上表面的曲率半径 r_2 和下表面的曲率半径 r_3；机翼的迎面角为 α，如图 2.18 所示。空气的初始密度为 ρ_0，黏性系数为 μ，热传导系数为 k，比热容为 c_p，比热容比为 γ，声速为 C；空气和机翼的温度分别为 T_a 和 T_f；设不考虑空气和机翼的重力，求解空气相对运动对机翼的作用力 F。

该物理问题可以表达为

$$F = f(r_1, r_2, r_3, \alpha, \rho_0, \mu, k, c_p, \gamma, C, T_a, T_f, v) \tag{2.228}$$

该问题中有 14 个物理量，包含几何物理量 3 个、位置物理量 1 个、空气特性物理量 6 个、热力学参数 2 个、速度量纲 1 个和力的量纲 1 个。可以看出，该问题含热力学问题，含温度量纲，其基本量纲应该为 4 个；同样，我们可以从此 14 个物理量中选取 4 个独立物理

量为参考物理量,这里我们取空气的密度 ρ_0、相对速度 v、特征尺寸 r_1 和比热容 c_p 这 4 个物理量为参考物理量。此 14 个物理量的量纲幂次系数如表 2.26 所示。

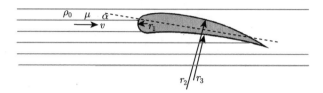

图 2.18 空气对机翼的高速绕流问题

表 2.26 空气对机翼的高速绕流问题中变量的量纲幂次系数

	ρ_0	v	r_1	c_p	r_2	r_3	α	μ	k	γ	C	T_a	T_f	F
M	1	0	0	0	0	0	0	1	1	0	0	0	0	1
L	−3	1	1	2	1	1	0	−1	1	0	1	0	0	1
T	0	−1	0	−2	0	0	0	−1	−3	0	−1	0	0	−2
Θ	0	0	0	−1	0	0	0	0	−1	0	0	1	1	0

对表 2.26 进行类似矩阵初等变换,可以得到表 2.27。

表 2.27 空气对机翼的高速绕流问题中变量的量纲幂次系数 (初等变换)

	ρ_0	v	r_1	c_p	r_2	r_3	α	μ	k	γ	C	T_a	T_f	F
ρ_0	1	0	0	0	0	0	0	1	1	0	0	0	0	1
v	0	1	0	0	0	0	0	1	1	0	1	2	2	2
r_1	0	0	1	0	1	1	0	1	1	0	0	0	0	2
c_p	0	0	0	1	0	0	0	0	1	0	0	−1	−1	0

根据 Π 定理和表 2.27 容易知道,最终表达式中无量纲量有 10 个,包含 1 个无量纲因变量和 9 个无量纲自变量:

$$\Pi = f(\Pi_1, \Pi_2, \Pi_3, \Pi_4, \Pi_5, \Pi_6, \Pi_7, \Pi_8, \Pi_9) \tag{2.229}$$

式中

$$\Pi = \frac{F}{\rho_0 v^2 r_1^2} \tag{2.230}$$

和

$$
\begin{cases}
\Pi_1 = \dfrac{r_2}{r_1} \\[4pt]
\Pi_2 = \dfrac{r_3}{r_1} \\[4pt]
\Pi_3 = \alpha
\end{cases}
,\quad
\begin{cases}
\Pi_4 = \dfrac{\mu}{\rho_0 v r_1} \\[4pt]
\Pi_5 = \dfrac{k}{\rho_0 v r_1 c_p} \\[4pt]
\Pi_6 = \gamma
\end{cases}
,\quad
\begin{cases}
\Pi_7 = \dfrac{C}{v} \\[4pt]
\Pi_8 = \dfrac{T_a c_p}{v^2} \\[4pt]
\Pi_9 = \dfrac{T_f c_p}{v^2}
\end{cases}
\tag{2.231}
$$

其中,前三个无量纲自变量是标准几何与方位物理量;为方便分析,第四个无量纲自变量我们可以写为

$$\Pi_4' = \frac{1}{\Pi_4} = \frac{\rho_0 v r_1}{\mu} = Re \tag{2.232}$$

式 (2.232) 即为流体的 Reynolds 数，这里即指空气的 Reynolds 数。对照 Π_4'，我们可以将 Π_5 写为

$$\Pi_5' = \frac{1}{\Pi_5 \cdot \Pi_4'} = \frac{\mu c_p}{k} = Pr \tag{2.233}$$

式 (2.233) 即为标准流体运动过程中动量交换和热交换的一个重要无量纲参数，称为 Prandtl 数。结合物理意义，将 Π_7' 写为

$$\Pi_7' = \frac{1}{\Pi_7} = \frac{v}{C} = Ma \tag{2.234}$$

即为 Mach 数。对照 Π_8，我们可以将 Π_9 写为

$$\Pi_9' = \frac{\Pi_9}{\Pi_8} = \frac{T_a}{T_f} \tag{2.235}$$

结合物理意义我们可以将 Π 写为

$$\Pi' = \frac{F}{\frac{1}{2}\rho_0 v^2 r_1^2} \tag{2.236}$$

即作用力与流体的惯性力之比。

因此，该物理问题的无量纲表达式可写为

$$\frac{F}{\frac{1}{2}\rho_0 v^2 r_1^2} = f\left(\frac{r_2}{r_1}, \frac{r_3}{r_1}, \alpha; Re, Pr, Ma; \gamma, \frac{T_a c_p}{v^2}, \frac{T_a}{T_f}\right) \tag{2.237}$$

试验表明，对于超声速飞行即机翼与空气的相对速度大于其声速时，式 (2.237) 的后 3 项比较重要，需要在分析过程中考虑进去；但对于本例中亚声速条件而言，此 3 个参数可以忽略。因此，以上无量纲方程可以简化为

$$\frac{F}{\frac{1}{2}\rho_0 v^2 r_1^2} = f\left(\frac{r_2}{r_1}, \frac{r_3}{r_1}, \alpha; Re, Pr, Ma\right) \tag{2.238}$$

而且，对于所有通常气体而言，Prandtl 数基本相同，因此，以上方程可以进一步简化为

$$\frac{F}{\frac{1}{2}\rho_0 v^2 r_1^2} = f\left(\frac{r_2}{r_1}, \frac{r_3}{r_1}, \alpha; Re, Ma\right) \tag{2.239}$$

式 (2.239) 无量纲自变量中，前两个为几何参数，第三个为方位参数，第四个为流体的流动性能参数，第五个为流体的相对速度参数。

我们考虑一个缩比模型，该模型中的机翼形状与原型相似，即满足几何相似条件；同时，设机翼的方位角也与原型相同，容易知道此时有

$$\begin{cases} \left(\dfrac{r_2}{r_1}\right)_m = \left(\dfrac{r_2}{r_1}\right)_p \\ \left(\dfrac{r_3}{r_1}\right)_m = \left(\dfrac{r_3}{r_1}\right)_p \end{cases} \text{和} \quad (\alpha)_m = (\alpha)_p \tag{2.240}$$

事实上, 这些条件都较容易实现。设几何缩比为

$$\lambda = \frac{(r_1)_m}{(r_1)_p} \tag{2.241}$$

为了避免用 γ 表示与本例中的比热容比 γ 相混淆, 这里我们利用 λ 表示几何缩比。若要求缩比模型与原型物理相似, 则需要其他两个相似准数满足相等的关系, 即

$$\begin{cases} (Re)_m = (Re)_p \\ (Ma)_m = (Ma)_p \end{cases} \tag{2.242}$$

即需要满足

$$\begin{cases} \left(\dfrac{\rho_0 v r_1}{\mu}\right)_m = \left(\dfrac{\rho_0 v r_1}{\mu}\right)_p \\ \left(\dfrac{v}{C}\right)_m = \left(\dfrac{v}{C}\right)_p \end{cases} \tag{2.243}$$

设

$$\lambda_\mu = \frac{(\mu)_m}{(\mu)_p}, \quad \lambda_\rho = \frac{(\rho_0)_m}{(\rho_0)_p}, \quad \lambda_v = \frac{(v)_m}{(v)_p}, \quad \lambda_C = \frac{(C)_m}{(C)_p} \tag{2.244}$$

则根据式 (2.243), 有

$$\begin{cases} \lambda_\rho \lambda_v \lambda = \lambda_\mu \\ \lambda_v = \lambda_C \end{cases} \tag{2.245}$$

若缩比模型与原型中所用空气材料一致, 则式 (2.245) 可以给出

$$\begin{cases} \lambda_v = \dfrac{1}{\lambda} \\ \lambda_v = 1 \end{cases} \Rightarrow \lambda = 1 \tag{2.246}$$

也就是说此物理问题并不满足严格的几何相似律, 在压力和温度相同的条件下, 对于缩比模型而言 Reynolds 数和 Mach 数不能同时满足。只有在缩比模型与原型气体材料不同, 并满足

$$\lambda = \frac{\lambda_\mu}{\lambda_\rho \lambda_C} \tag{2.247}$$

条件下, 我们可以认为两个模型是相似的, 此时缩比模型与原型所得到的作用力比为

$$\lambda_F = \frac{(F)_m}{(F)_p} = \frac{(\rho_0 v^2 r_1^2)_m}{(\rho_0 v^2 r_1^2)_p} = \lambda_\rho \lambda_v^2 \lambda^2 = \lambda_\mu \lambda_C \lambda \tag{2.248}$$

或虽然两个模型中皆用空气作为流体材料, 但其压力和温度有很大差异, 使得其性能参数不同且满足式 (2.245) 所示条件。

若该物理问题原型中相对速度 Mach 数小于 0.3, 此时我们可以不考虑空气在高速绕流过程中的压缩行为, 假设其为不可压缩流体, 此时相似准数 Mach 数可以不予考虑, 式 (2.239) 可以进一步简化为

$$\frac{F}{\frac{1}{2}\rho_0 v^2 r_1^2} = f\left(\frac{r_2}{r_1}, \frac{r_3}{r_1}, \alpha; Re\right) \tag{2.249}$$

对比以上缩比模型, 在满足几何相似的条件下, 若满足

$$(Re)_m = (Re)_p \Leftrightarrow \left(\frac{\rho_0 v r_1}{\mu}\right)_m = \left(\frac{\rho_0 v r_1}{\mu}\right)_p \Rightarrow \lambda = \frac{\lambda_\mu}{\lambda_\rho \lambda_v} = \frac{\lambda_\kappa}{\lambda_v} \tag{2.250}$$

则两个模型是相似的, 特别是当流体材料相同时, 即有

$$\lambda_v = \frac{1}{\lambda} \tag{2.251}$$

式 (2.251) 意味着此时只需要流体的相对速度比是几何缩比的倒数即可, 此时两个模型满足几何相似律, 而且此时有

$$\lambda_F = 1 \tag{2.252}$$

即流体对机翼的作用力在两个模型中是相等的。需要注意的是, 当几何尺寸缩小到原型的 $1/n$ 后, 相似缩比模型中的相对速度相应地扩大 n 倍, 但前面的假设是相对速度对应的 Mach 数必须小于 0.3, 因此, 这也限制了几何缩比。

在上述基础上, 如果流体的 Reynolds 数足够大, 从管流中相关分析可知, 此时 Reynolds 数对流体的流动形状和阻力影响较小, 此时式 (2.249) 可以进一步简化为

$$\frac{F}{\frac{1}{2}\rho_0 v^2 r_1^2} = f\left(\frac{r_2}{r_1}, \frac{r_3}{r_1}, \alpha\right) \tag{2.253}$$

此时缩比模型与原型完全满足物理相似, 即该问题满足严格的几何相似律。式 (2.253) 中前两个相似准数是机翼的形状系数, 对于特定的机翼而言, 其值是常数值, 此时式 (2.253) 就给出

$$\frac{F}{\frac{1}{2}\rho_0 v^2 r_1^2} = f(\alpha) \tag{2.254}$$

如果考虑三维情况, 无量纲因变量也可以写为

$$\frac{F}{\frac{1}{2}\rho_0 v^2 S} = f(\alpha) \tag{2.255}$$

式中, S 表示机翼的面积。容易知道, 以上两式对应的物理问题是一致的, 其变换不影响对物理问题的分析过程与结论。同时, 我们也知道其在垂直与水平两个方向分量, 其对应的是机翼的升力和阻力:

$$\begin{cases} F_L = F \cdot g_1(\alpha) \\ F_D = F \cdot g_2(\alpha) \end{cases} \tag{2.256}$$

将式 (2.256) 代入式 (2.255) 可以得到

$$\begin{cases} \dfrac{F_L}{\frac{1}{2}\rho_0 v^2 S} = g_1(\alpha) \cdot f(\alpha) = f_1(\alpha) \\ \dfrac{F_D}{\frac{1}{2}\rho_0 v^2 S} = g_2(\alpha) \cdot f(\alpha) = f_2(\alpha) \end{cases} \tag{2.257}$$

容易看出，上述方程组中第一式正是升力系数 C_L，第二式为阻力系数 C_D。也就是说两个系数皆是方位角 α 的函数。而且，我们可以通过缩比模型给出机翼的升力系数和阻力系数，如图 2.19 所示。从图中可以看出，当方位角较小时，升力系数与方位角呈近似线性关系；随着方位角的增大，升力系数和阻力系数逐渐增大，但两者之比逐渐减小；当方位角约大于 $16°$ 时，升力系数随着方位角的增大则逐渐减小。

当空气的相对速度 v 较高时，Reynolds 数也足够大，但 Mach 数不可忽视，因此，式 (2.239) 则可以简化为

$$\frac{F}{\frac{1}{2}\rho_0 v^2 r_1^2} = f\left(\frac{r_2}{r_1}, \frac{r_3}{r_1}, \alpha; Ma\right) \tag{2.258}$$

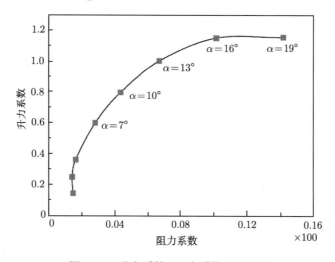

图 2.19 升力系数、阻力系数与方位角

对比以上缩比模型而言，在满足几何相似的条件下，若满足

$$(Ma)_m = (Ma)_p \Leftrightarrow \left(\frac{v}{C}\right)_m = \left(\frac{v}{C}\right)_p \Rightarrow \lambda_v = \lambda_C \tag{2.259}$$

则两个模型是相似的，特别是当流体材料相同时，即有

$$\lambda_v = 1 \tag{2.260}$$

式 (2.260) 意味着此时缩比模型与原型满足严格的几何相似律，其他条件不变，按照尺寸缩小所给出的阻力与原型中的值满足关系：

$$\lambda_F = \frac{(F)_m}{(F)_p} = \frac{(r_1^2)_m}{(r_1^2)_p} = \lambda^2 \tag{2.261}$$

2.3.3 颗粒流流动与磨蚀问题

例 1 颗粒流中颗粒受力问题

现考虑一种水平放置的圆管中含颗粒流体流动问题，设圆管的直径为 D；流体的密度为 ρ，水平方向上的流速为 v，黏性系数为 μ；假设流体中的颗粒近似为球形且粒径皆为 d，其

密度为 ρ_p，其水平方向上的运动速度为 v_p；如图 2.20 所示，此时颗粒所受的力主要有 4 个：流体对颗粒的推力或阻力 F、颗粒两端静压差造成的压力 F_h、重力 G 和浮力 F_b。其中，垂直方向上受力即为重力与浮力的代数和：

$$\sum F_V = G - F_b = \frac{(\rho_p - \rho)\,\pi d^3 g}{6} \tag{2.262}$$

水平方向的受力为流体对颗粒的推力与压差造成的压力的代数和：

$$\sum F_H = F + F_h \tag{2.263}$$

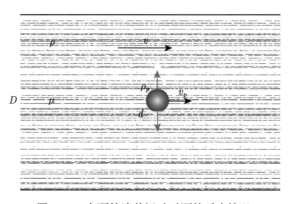

图 2.20 含颗粒流体运动时颗粒受力情况

根据以上管流中单位长度上的阻力 h 问题量纲分析可知，其无量纲方程为

$$h = \frac{\rho v^2}{D} f\left(Re, \bar{k}\right) \tag{2.264}$$

容易知道，颗粒球沿着流速方向两端表面上由于静压差受到的水平方向上的力 F_h 为

$$F_h = h \cdot g\left(d^3\right) = \frac{\rho v^2}{D} f\left(Re, \bar{k}\right) \cdot g\left(d^3\right) = \frac{\rho v^2 d^3}{D} f\left(Re, \bar{k}\right) \tag{2.265}$$

当流体的流速 v 较小时，其 Reynolds 数足够小，流体呈层裂状态流动，此时根据以上管流中的层流分析可知，式 (2.265) 即可以简化为

$$F_h = \frac{\rho v^2 d^3}{D} f\left(Re\right) = K_1 \frac{\rho v^2 d^3}{D} \cdot \frac{\mu}{\rho v^2 d^3} = K_1 \frac{\mu v d^2}{D} = K_1' \mu v d \tag{2.266}$$

式中，K_1 和 K_1' 分别表示待定常数。

对于流体对颗粒施加力的计算，也可以参考前面的分析，此问题中流体相对于颗粒的速度为 $v - v_p$，当相对速度大于零时，施加力的方向与流速方向相同；反之亦然。此时，所施加的力 F 为

$$F = \frac{\mu^2}{\rho} \cdot f\left(Re\right) \tag{2.267}$$

式中

$$Re = \frac{\rho\left(v - v_p\right) d}{\mu} \tag{2.268}$$

通过简单的物理分析可知，当颗粒的速度远小于流体流速时，该作用力较大，颗粒加速运动；但其速度接近于流体速度时，Reynolds 数足够小，此时的惯性力影响可以忽略，即密度项可以消去，即式 (2.268) 可以简化为

$$F = \frac{\mu^2}{\rho} \cdot f(Re) = K_2 \cdot \frac{\mu^2}{\rho} \cdot \frac{\rho(v - v_p)d}{\mu} = K_2 \mu(v - v_p)d \qquad (2.269)$$

式中，K_2 表示某一待定常数。

此时，流速方向上的合力即可以写为

$$\sum F_H = F + F_h = K_2 \mu(v - v_p)d + K_1' \mu v d \qquad (2.270)$$

当颗粒的速度达到恒定值从而水平匀速运动时，即 $\sum F_H = 0$，此时有

$$\frac{v - v_p}{v} = -\frac{K_1'}{K_2} = K_3 \qquad (2.271)$$

一般而言，颗粒速度应该与流体流速非常接近，即 $|v - v_p| \ll |v|$。

当颗粒数量足够多时，并假设其均匀分布，此时根据能量守恒或 Bernoulli 方程可知，此时颗粒对于流体的动态状态有一定的影响。我们将颗粒与流体作为一个整体来研究，即将其视为颗粒流，设此时混合流体的密度为 ρ'，黏性系数为 μ'，对于所施加的单位长度上的压差 Δh，此时根据以上管流中层流问题的研究结论，有

$$\Delta h = \frac{\rho' v'^2}{D} f(Re', \bar{k}) = \frac{\rho' v'^2}{D} f(Re') = \frac{v'}{D}\frac{\mu}{d} = K'\frac{\mu v'}{d^2} \Rightarrow v' = \frac{\Delta h d^2}{K'\mu} \qquad (2.272)$$

即，我们可以认为

$$v \approx v_p \approx v' \qquad (2.273)$$

然而，对于大多数相关实际问题而言，含颗粒流体的运动速度 v 都足够大，以至于其流动呈紊乱状态，根据上面管流中的分析结论可知，此时 Reynolds 数的影响可以忽略不计，即

$$\Delta h = \frac{\rho' v'^2}{D} f(Re', \bar{k}) = \frac{\rho' v'^2}{D} f(\bar{k}) \Rightarrow v' = \sqrt{\frac{\Delta h D}{\rho \cdot f(\bar{k})}} \qquad (2.274)$$

以上计算给出了紊乱时颗粒流水平的平均流速表达式。如果我们将颗粒与流体视为独立的两种介质来研究，此时颗粒的相对速度可以表达为

$$v - v_p = f(v, \rho, \rho_p, d, D, \mu) \qquad (2.275)$$

该问题中有 7 个物理量，且属于经典力学问题，其中基本量纲有 3 个；同样，我们可以从此 7 个物理量中选取 3 个独立物理量为参考物理量，这里我们取流体的密度 ρ、流体的速度 v 和流体黏性系数 μ 这 3 个物理量为参考物理量。此 7 个物理量的量纲幂次系数如表 2.28 所示。

表 2.28　颗粒流颗粒相对速度问题中变量的量纲幂次系数

	ρ	v	μ	ρ_p	d	D	$v-v_p$
M	1	0	1	1	0	0	0
L	-3	1	-1	-3	1	1	1
T	0	-1	-1	0	0	0	-1

对表 2.28 进行类似矩阵初等变换，可以得到表 2.29。

表 2.29　颗粒流颗粒相对速度问题中变量的量纲幂次系数 (初等变换)

	ρ	v	μ	ρ_p	d	D	$v-v_p$
ρ	1	0	0	1	-1	-1	0
v	0	1	0	0	-1	-1	1
μ	0	0	1	0	1	1	0

根据 Ⅱ 定理和表 2.29 容易知道，最终表达式中无量纲量有 4 个，包含 1 个因无量纲因变量和 3 个无量纲自变量：

$$\Pi = f(\Pi_1, \Pi_2, \Pi_3) \tag{2.276}$$

式中

$$\Pi = \frac{v - v_p}{v} \tag{2.277}$$

和

$$\Pi_1 = \frac{\rho_p}{\rho}, \quad \Pi_2 = \frac{\rho v d}{\mu}, \quad \Pi_3 = \frac{\rho v D}{\mu} \tag{2.278}$$

对于紊流状态，可以知道式 (2.278) 中后两个无量纲量所代表的 Reynolds 数对于流速的影响可以忽略不计，因此，该问题的无量纲表达式可以简化为

$$\frac{v - v_p}{v} = f\left(\frac{\rho_p}{\rho}\right) \tag{2.279}$$

此时，我们也可以给出流体和颗粒的瞬时速度满足

$$v \approx v_p = Kv' \tag{2.280}$$

式中，K 表示某一待定常数。

例 2　颗粒流磨蚀率问题

设单位流体中含有均匀分布的粒子数量为 N；设其强度和硬度相对于管壁和其中的构架材料而言足够大，以至于我们可以认为其为刚体；设被冲击磨蚀材料的屈服强度为 Y，被磨蚀面面积为 A；其他条件同上，求质量磨蚀率 $\dot{m}$。

容易看出，该问题中自变量主要有 6 个：颗粒的速度 v_p，颗粒的直径 d，颗粒的密度 ρ_p，材料的屈服强度 Y，磨蚀面面积 A 和颗粒均匀分布浓度 N。因此，其表达式可写为

$$\dot{m} = f(v_p, d, \rho_p, Y, A, N) \tag{2.281}$$

此问题是一个典型的纯力学问题，其基本量纲有 3 个；我们取颗粒的密度 ρ_p、颗粒的速度 v_p 和颗粒的直径 d 这 3 个物理量为参考物理量。此 7 个物理量的量纲幂次系数如表 2.30 所示。

表 2.30　颗粒流磨蚀率问题中变量的量纲幂次系数

	ρ_p	d	v_p	Y	A	N	$\dot{m}$
M	1	0	0	1	0	0	1
L	−3	1	1	−1	2	−3	0
T	0	0	−1	−2	0	0	−1

对表 2.30 进行类似矩阵初等变换，可以得到表 2.31。

表 2.31　颗粒流磨蚀率问题中变量的量纲幂次系数（初等变换）

	ρ_p	d	v_p	Y	A	N	$\dot{m}$
ρ_p	1	0	0	1	0	0	1
d	0	1	0	0	2	−3	2
v_p	0	0	1	2	0	0	1

根据 Π 定理和表 2.31 容易知道，最终表达式中无量纲量有 4 个，包含 1 个因无量纲因变量和 3 个无量纲自变量：

$$\frac{\dot{m}}{\rho_p v_p d^2} = f\left(\frac{Y}{\rho_p v_p^2}, \frac{A}{d^2}, Nd^3\right) \tag{2.282}$$

如假设在磨蚀面范围内，颗粒均匀分布，即磨蚀率与面积呈线性关系，此时，式 (2.282) 可以简化为

$$\frac{\dot{m}}{\rho_p v_p d^2} = \frac{A}{d^2} f\left(\frac{Y}{\rho_p v_p^2}, Nd^3\right) \tag{2.283}$$

即

$$\frac{\dot{m}}{\rho_p v_p A} = f\left(\frac{Y}{\rho_p v_p^2}, Nd^3\right) \tag{2.284}$$

如果不考虑多个颗粒对表面的耦合磨蚀作用，认为各个颗粒独立作用，此时式 (2.284) 可以写为

$$\frac{\dot{m}}{\rho_p v_p A} = Nd^3 f\left(\frac{Y}{\rho_p v_p^2}\right) \tag{2.285}$$

即

$$\frac{\dot{m}}{\rho_p d^3 v_p AN} = f\left(\frac{Y}{\rho_p v_p^2}\right) \tag{2.286}$$

式 (2.286) 可以写为

$$\frac{\dot{m}}{\left(\rho_p \dfrac{4\pi}{3} d^3\right) v_p (AN)} = g\left(\frac{Y}{\dfrac{1}{2}\rho_p v_p^2}\right) \tag{2.287}$$

容易看出，式 (2.287) 左端分母表示单位面积上均匀分布颗粒动量和，右端函数中自变量的分母表示单位体积颗粒材料的动能。

研究表明，磨蚀率与材料的屈服强度呈反比关系，即有

$$\frac{\dot{m}}{\rho_p d^3 v_p A N} = K \frac{\rho_p v_p^2}{Y} \tag{2.288}$$

式中，K 表示某一待定常数。

式 (2.288) 可以写为

$$\dot{m} = K \frac{\rho_p^2 d^3 v_p^3 A N}{Y} \tag{2.289}$$

结合式 (2.280)，式 (2.289) 可写为

$$\dot{m} = K' \frac{\rho_p^2 d^3 v'^3 A N}{Y} \tag{2.290}$$

式 (2.290) 表明，磨蚀率与颗粒直径的立方呈线性正比关系，与颗粒密度的平方、速度的立方均呈线性正比关系。

2.3.4 其他几个流体力学问题

例 1 水泵流体力学问题

设有一个如图 2.21 所示的水泵，对于该问题由于压力和速度并不足够大，因此流体运动过程中的压缩性可以忽略不计，设流体的密度为 ρ，黏性系数为 μ；叶片的旋转速度为 w，流体的体积流量为 Q，水泵内径为 d，求叶片旋转给流体所施加的压力 Δp。

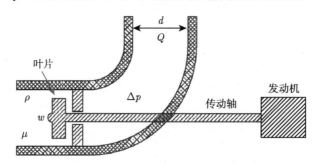

图 2.21 水泵抽取流体问题

根据以上条件，我们可以给出压力 Δp 的函数表达式为

$$\Delta p = f(\rho, \mu, Q, w, d) \tag{2.291}$$

该问题中物理量有 6 个，其中基本量纲有 3 个，对应的独立的参考物理量有 3 个，这里我们分别取叶片的转速 w、密度 ρ 和水泵内径 d 为参考物理量，各物理量的量纲幂次系数如表 2.32 所示。

表 2.32 水泵问题中变量的量纲幂次系数

	ρ	d	w	μ	Q	Δp
M	1	0	0	1	0	1
L	−3	1	0	−1	3	−1
T	0	0	−1	−1	−1	−2

对表 2.32 进行类似矩阵初等变换, 可以得到表 2.33。

表 2.33 水泵问题中变量的量纲幂次系数 (初等变换)

	ρ	d	w	μ	Q	Δp
ρ	1	0	0	1	0	1
d	0	1	0	2	3	2
w	0	0	1	1	1	2

根据 Π 理论, 可以给出无量纲函数:

$$\frac{\Delta p}{\rho d^2 w^2} = f\left(\frac{Q}{wd^3}, \frac{\rho d^2 w}{\mu}\right) \tag{2.292}$$

式 (2.292) 中有两个无量纲相似准数:

$$\begin{cases} \Pi_1 = \dfrac{Q}{wd^3} \\ \Pi_2' = \dfrac{\rho d^2 w}{\mu} \end{cases} \tag{2.293}$$

式 (2.293) 考虑第一式, 第二式可以进一步写为

$$\Pi_2' = \frac{1}{\Pi_1} \frac{\rho d}{\mu} \frac{Q}{d^2} \tag{2.294}$$

容易知道

$$\frac{Q}{d^2} = \frac{\pi}{4} v \tag{2.295}$$

式中, v 表示流体的流速。

因此, 该相似准数其实就是 Reynolds 数, 因此式 (2.292) 可以写为

$$\frac{\Delta p}{\rho d^2 w^2} = f\left(\frac{Q}{wd^3}, Re\right) \tag{2.296}$$

对于水泵中流体的运动而言, 由于其 Reynolds 数足够大, 从前面章节中的相关结论可知, 对于某种特定的粗糙度而言, Reynolds 数的影响可以不予考虑, 此时, 式 (2.296) 可以简化为

$$\frac{\Delta p}{\rho d^2 w^2} = f\left(\frac{Q}{wd^3}\right) \tag{2.297}$$

此时该问题就简化为只有一个无量纲自变量, 通过简单的试验我们即可以给出具体的函数关系及其曲线。

我们假设现在有一个缩比模型, 其形状与原型一致, 即满足几何相似关系, 设其几何缩比为

$$\gamma = \frac{(d)_m}{(d)_p} \tag{2.298}$$

那么, 缩比模型与原型满足物理相似的充要条件即为

$$\left(\frac{Q}{wd^3}\right)_m = \left(\frac{Q}{wd^3}\right)_p \Rightarrow \gamma_Q = \frac{(Q)_m}{(Q)_p} = \frac{(wd^3)_m}{(wd^3)_p} = \gamma_w \cdot \gamma^3 \tag{2.299}$$

事实上，由式 (2.295) 可知，当缩比模型与原型几何相似时，式 (2.299) 恒成立。因此，该问题是满足严格的几何相似律的，此时有

$$\left(\frac{\Delta p}{\rho d^2 w^2}\right)_m = \left(\frac{\Delta p}{\rho d^2 w^2}\right)_p \Rightarrow \gamma_{\Delta p} = \frac{(\Delta p)_m}{(\Delta p)_p} = \frac{(\rho d^2 w^2)_m}{(\rho d^2 w^2)_p} = \gamma_\rho \cdot \gamma^2 \cdot \gamma_w^2 \tag{2.300}$$

式 (2.300) 表明，当缩比模型与原型满足几何相似律，且转速相同时，量纲模型压差与密度比、尺寸比的平方呈正比关系。

例 2 风车相似律问题

现在考虑一个风力发电机中风车叶片旋转产生轴功率问题，假设风车的转速为 w，风车的直径为 d，空气的密度为 ρ，黏性系数为 μ，风速为 v，求风车叶片旋转产生的轴功率 P。容易看出，该问题的函数表达式为

$$P = f(\rho, \mu, v, w, d) \tag{2.301}$$

该问题中物理量有 6 个，其中基本量纲有 3 个，对应的独立的参考物理量有 3 个，这里我们分别取流体的风车转速 w、空气密度 ρ 和风车直径 d 为参考物理量，各物理量的量纲幂次系数如表 2.34 所示。

表 2.34 风车问题中变量的量纲幂次系数

	ρ	d	w	μ	v	P
M	1	0	0	1	0	1
L	−3	1	0	−1	1	−1
T	0	0	−1	−1	−1	−2

对表 2.34 进行类似矩阵初等变换，可以得到表 2.35。

表 2.35 风车问题中变量的量纲幂次系数 (初等变换)

	ρ	d	w	μ	v	P
ρ	1	0	0	1	0	1
d	0	1	0	2	1	2
w	0	0	1	1	1	2

根据 Ⅱ 理论，可以给出无量纲函数：

$$\frac{P}{\rho d^2 w^2} = f\left(\frac{v}{wd}, \frac{\rho d^2 w}{\mu}\right) \tag{2.302}$$

参考上一个实例，式 (2.302) 可以简化为

$$\frac{P}{\rho d^2 w^2} = f\left(\frac{v}{wd}\right) \quad \text{或} \quad P = \rho d^2 w^2 \cdot f\left(\frac{v}{wd}\right) \tag{2.303}$$

其他分析和相似性关系同上例，在此不做详述。

2.4 典型固体力学基础问题的量纲分析与相似律

量纲分析在流体力学中的应用比较广泛,2.3 节对其中典型的基础问题进行了简要分析。事实上,量纲分析工具在固体力学中的应用也不在少数,本节对其中一些典型的问题进行量纲分析。

2.4.1 弹塑性变形问题

其实在第 1 章中,我们已经对简单的弹性变形问题进行了量纲分析;一般情况下,在流体力学和复杂的非线性问题中,我们很难给出解析解,而且影响因素的影响规律与机理很复杂,很难直观判断,此时量纲分析显得格外重要;而在弹性力学问题中,不少情况皆可以给出解析解或直接判断出相关规律,从而导致在此类问题的分析中较少使用量纲分析工具。事实上,利用量纲分析也能够很大程度地简化此类问题的分析过程,或利用简单的量纲分析使得问题更加容易直观判断,下面我们对几种典型的弹性问题实例进行量纲分析。

例 1 弹性梁的弯曲变形问题

2.2 节中已对悬臂梁的弯曲问题进行了简要分析,在该问题的分析中,我们没有考虑到梁的重力影响,本实例中对该问题做进一步分析。同该例,如图 2.22 所示,设长度为 l 的水平梁一端固定,另一端受到垂直向下的集中应力 F 而产生弹性变形,梁的惯性矩为 I,梁材料的杨氏模量为 E,梁截面积为 S,梁的密度为 ρ,求解梁受力端的挠度 δ。结合以上该例的分析结论,我们可以给出该问题的函数表达式为

$$\delta = f(EI, F, \rho, g, l) \tag{2.304}$$

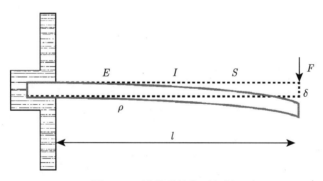

图 2.22 梁的弹性变形问题

该问题中物理量有 6 个,其中基本量纲有 3 个,对应的独立的参考物理量有 3 个,这里我们分别取集中应力 F、梁的材料密度 ρ 和梁的长度 l 为参考物理量,各物理量的量纲幂次系数如表 2.36 所示。

对表 2.36 进行类似矩阵初等变换,可以得到表 2.37。

根据 Π 理论,可以给出无量纲函数表达式:

$$\frac{\delta}{l} = f\left(\frac{EI}{Fl^2}, \frac{\rho g l^3}{F}\right) \tag{2.305}$$

表 2.36 梁的弹性变形问题中变量的量纲幂次系数

	ρ	l	F	g	EI	δ
M	1	0	1	0	1	0
L	−3	1	1	1	3	1
T	0	0	−2	−2	−2	0

表 2.37 梁的弹性变形问题中变量的量纲幂次系数 (初等变换)

	ρ	l	F	g	EI	δ
ρ	1	0	0	−1	0	0
l	0	1	0	−3	2	1
F	0	0	1	1	1	0

当重力远小于集中应力 F 时,式 (2.305) 即可简化为 2.2 节中该例的结论:

$$\frac{\delta}{l} = f\left(\frac{Fl^2}{EI}\right) \tag{2.306}$$

在此基础上,假设梁的变形极小,属于 "小变形" 情况,即有

$$\delta = K \cdot \frac{Fl^3}{EI} \tag{2.307}$$

式中,K 表示某一常数。

假设梁只受自身重力影响,此时式 (2.305) 即可以简化为

$$\frac{\delta}{l} = f\left(\frac{\rho g l^5}{EI}\right) \tag{2.308}$$

如考虑梁的截面形状为圆形,结合重力和圆截面惯性矩的特征,式 (2.308) 可以写为

$$\frac{\delta}{l} = f\left(\frac{\rho g l^3}{ES}\right) \tag{2.309}$$

我们假设现在有一个缩比模型,其与原型满足几何相似关系,设其几何缩比为

$$\gamma = \frac{(l)_m}{(l)_p} \tag{2.310}$$

那么,缩比模型与原型满足物理相似的充要条件即为

$$\left(\frac{\rho g l^3}{ES}\right)_m = \left(\frac{\rho g l^3}{ES}\right)_p \Rightarrow \frac{\gamma_\rho \cdot \gamma_g}{\gamma_E} = \frac{\gamma_S}{\gamma^3} = \frac{1}{\gamma} \tag{2.311}$$

一般情况下,重力加速度缩比为 1,此时式 (2.311) 可以简化为

$$\frac{\gamma_\rho}{\gamma_E} = \frac{1}{\gamma} \Leftrightarrow \gamma_{\rho/E} = \frac{1}{\gamma} \tag{2.312}$$

此时,两个模型中无量纲因变量即单位长度梁端部的挠度相等。容易看出,如果缩比模型中材料与原型中的相同,则式 (2.312) 成立的条件就是缩比为 1,也就是不可能同时满足材料相似和几何相似的条件下得到相似缩比模型。

当缩比模型与原型材料相同，且梁的长度缩比为 γ，则两个模型满足物理相似的条件为

$$\left(\frac{\rho g l^3}{ES}\right)_m = \left(\frac{\rho g l^3}{ES}\right)_p \Rightarrow \frac{\gamma_\rho \cdot \gamma_g}{\gamma_E} = \frac{\gamma_S}{\gamma^3} \Rightarrow \gamma_S = \gamma^3 \tag{2.313}$$

也就是说，如果我们希望缩比模型单位长度梁的挠度与原型相同，其直径比 γ_d 与长度比 γ 之间的关系必须满足

$$\gamma_d = \gamma^{3/2} \tag{2.314}$$

例 2 弹性杆的垂直变形问题

同上，如果杆是垂直放置，且受力方向平行于杆的轴线，如图 2.23 所示，在杆直径较大的情况下，我们不考虑其屈曲变形，此时杆的变形量可以表达为

$$\delta = f\left(E, \frac{F}{S}, \rho, g, l\right) \tag{2.315}$$

该问题中物理量有 7 个，其中基本量纲有 3 个，对应的独立的参考物理量有 3 个，这里我们分别取集中应力 F、梁的材料密度 ρ 和梁的长度 l 为参考物理量，各物理量的量纲幂次系数如表 2.38 所示。

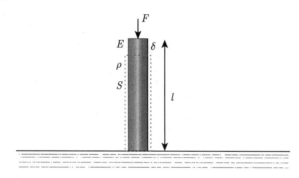

图 2.23 弹性杆的垂直变形问题

表 2.38 弹性杆的垂直变形问题中变量的量纲幂次系数

	ρ	l	F/S	g	E	δ
M	1	0	1	0	1	0
L	-3	1	-1	1	-1	1
T	0	0	-2	-2	-2	0

对表 2.38 进行类似矩阵初等变换，可以得到表 2.39。

表 2.39 弹性杆的垂直变形问题中变量的量纲幂次系数 (初等变换)

	ρ	l	F/S	g	E	δ
ρ	1	0	0	-1	0	0
l	0	1	0	-1	0	1
F/S	0	0	1	1	1	0

根据 Ⅱ 理论, 可以给出无量纲函数表达式:

$$\frac{\delta}{l} = f\left(\frac{F}{ES}, \frac{\rho g l S}{F}\right) \tag{2.316}$$

式 (2.316) 也可以写为

$$\varepsilon = f\left(\frac{\sigma}{E}, \frac{\rho g l}{\sigma}\right) \tag{2.317}$$

当重力远小于所施加的外力时, 式 (2.317) 可以简化为

$$\varepsilon = f\left(\frac{\sigma}{E}\right) \tag{2.318}$$

式中, ε 表示工程应变。根据弹性 Hooke 定律, 我们知道, 理论上有

$$\varepsilon = \frac{\sigma}{E} \tag{2.319}$$

当无外力, 只有重力作用时, 式 (2.317) 可以写为

$$\varepsilon = f\left(\frac{\rho g l}{E}\right) \tag{2.320}$$

例 3 柱体的结构失稳问题

同上例模型, 在工程中很多时候, 轴向压力并没有达到其压缩屈服强度却可能由于侧向变形产生失稳现象, 本例也假设柱体的截面近似为圆形, 并考虑一般情况下重力 ρg 远小于外力 F, 对失稳受力进行量纲分析。容易判断, 该问题的函数表达式与本节例 1 相同, 即为

$$\delta = f(EI, F, l) \tag{2.321}$$

根据 Ⅱ 理论, 可以给出无量纲函数表达式:

$$\frac{\delta}{l} = f\left(\frac{Fl^2}{EI}\right) \tag{2.322}$$

考虑一个足够高的柱体如树, 对于树干下部截面上受力应该其上部分的重力, 这部分重力包含树干和树冠, 一般情况对某一类树而言, 我们可以认为树冠的直径与树干的直径呈正比关系, 因此, 下部树干截面上所受的力可以表达为

$$\frac{F}{\rho g d^2 l} = \text{const} \tag{2.323}$$

再考虑到圆截面惯性矩的定义, 式 (2.322) 可以写为

$$\frac{\delta}{l} = f\left(\frac{\rho g l^3}{E d^2}\right) \tag{2.324}$$

式中, d 表示截面直径。

如果假设:对于某一类树而言,自然规律决定其承受的应变对于不同生长周期和尺寸而言是相等的。即对于同一类树而言,上述问题总是满足材料相似和物理相似,即对于两棵不同尺寸的树而言,设其高度比为

$$\gamma = \frac{(l)_1}{(l)_2} \tag{2.325}$$

那么,两棵树的直径比必须满足

$$\left(\frac{\rho g l^3}{E d^2}\right)_m = \left(\frac{\rho g l^3}{E d^2}\right)_p \Rightarrow \left(\frac{l^3}{d^2}\right)_m = \left(\frac{l^3}{d^2}\right)_p \Rightarrow \gamma_d = \gamma^{3/2} \tag{2.326}$$

式 (2.326) 表明,随着树木的成长,其直径总是比高度增加得快,且满足以上关系。

对于动物和人类也是如此,对于肌肉力学性能参数相近的动物而言,躯体特别是腿部肌肉的直径比与其质量比 γ_m 之间也应满足

$$\gamma_d = \gamma^{3/2} \Rightarrow \gamma_m = \frac{(\gamma_d^2 \gamma)_1}{(\gamma_d^2 \gamma)_2} = \gamma_d^{8/3} \tag{2.327}$$

或

$$\begin{cases} \gamma_d = \gamma_m^{3/8} \\ \gamma_S = \gamma_m^{3/4} \end{cases} \tag{2.328}$$

式 (2.328) 说明,动物尺寸与其质量之间应该满足以上关系,但并不是线性关系,这种关系就是著名的 Kleiber 定律。

例 4 悬臂梁塑性弯曲变形问题

为了讲解量纲分析在试验数据处理和相似理论在模型试验中的应用,Baker 等开展了悬臂梁自由落体变形问题的缩比试验,如图 2.24 所示。系统由质量块、金属薄片、加厚金属片、导轨、弹簧和底座构成,当质量块沿着导轨自由落体后,会碰到下端的弹簧,其减速度较大

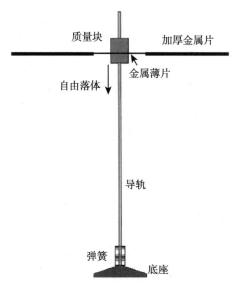

图 2.24 悬臂梁变形问题

从而使得金属薄片产生塑性弯曲变形。容易知道,当质量块高度不同时,其下降到弹簧上方的速度也相应的不同,从而导致其减速度也不同,其薄片部分的弯曲变形挠度也相应不同。

金属片的材料分别为 1015/1018 钢和 5052-0 铝两种材料,主要系统参数如表 2.40 所示。需要说明的是,金属薄片和加厚部分是一体的,加厚部分下方紧密粘接了一块同样材料、同样宽度的厚片,只是为方便起见,我们在参数表中将其分开为薄片和加厚片。

表 2.40 悬臂梁弯曲变形试验系统参数

物理量		符号	1015/1018 钢	5052-0 铝
金属薄片部分	长度 (mm)	L_1	12.70	25.40
	宽度 (mm)	W	6.35	12.70
	厚度 (mm)	D	0.51	1.02
加厚金属片部分	长度 (mm)	L_2	114.30	228.60
	宽度 (mm)	W	6.35	12.70
	厚度 (mm)	D	0.51	1.02
杨氏模量	GPa	E	207	69
屈服强度	MPa	Y	317	90
密度	g/cm^3	ρ	7.81	2.74
质量块质量	kg	M	0.77	3.81
弹簧系数	kg/mm	K	24.82	24.82

从表 2.40 可以看出,两种模型材料不同,但悬臂梁的形状满足几何相似关系,其比为 1/2;设质量块的高度为 H,对于金属薄片顶端的弯曲变形量为 δ。试验得到其数据如图 2.25 所示。从图中可以看出,两种材料之间并未显示明显的联系。

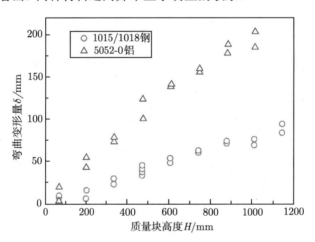

图 2.25 悬臂梁变形问题

对于求弯曲变形的问题,假设不考虑材料的塑性硬化影响,即认为材料为理想弹塑性材料,此时其弯曲变形量可以表达为

$$\delta = f(E, Y, M, K, L_1, L_2, W, H, D, \rho, g) \tag{2.329}$$

该问题中物理量有 12 个,其中基本量纲有 3 个,对应的独立的参考物理量有 3 个,这里我们分别取金属材料密度 ρ、金属薄片部分长度 L_1 和材料屈服强度 Y 为参考物理量,各物理量的量纲幂次系数如表 2.41 所示。

表 2.41 悬臂梁弯曲变形问题中变量的量纲幂次系数

	ρ	L_1	Y	g	E	M	K	H	L_2	W	D	δ
M	1	0	1	0	1	1	1	0	0	0	0	0
L	−3	1	−1	1	−1	0	−1	1	1	1	1	1
T	0	0	−2	−2	−2	0	0	0	0	0	0	0

对表 2.41 进行类似矩阵初等变换，可以得到表 2.42。

表 2.42 悬臂梁弯曲变形问题中变量的量纲幂次系数 (初等变换)

	ρ	L_1	Y	g	E	M	K	H	L_2	W	D	δ
ρ	1	0	0	−1	0	1	1	0	0	0	0	0
L_1	0	1	0	−1	0	3	2	1	1	1	1	1
Y	0	0	1	1	1	0	0	0	0	0	0	0

根据 Π 理论，可以给出无量纲函数表达式：

$$\frac{\delta}{L_1} = f\left(\frac{Y}{E}, \frac{\rho L_1^3}{M}, \frac{\rho L_1^2}{K}, \frac{L_1}{H}, \frac{L_2}{L_1}, \frac{W}{L_1}, \frac{D}{L_1}, \frac{\rho g H}{Y}\right) \tag{2.330}$$

对于大变形问题而言，其弹性变形可以忽略不计，试验也显示其塑性变形较大，弹性变形在此可以忽略不计；同时，金属薄片的质量远小于质量块的质量；弹簧系数项和式 (2.330) 右端函数中第四项也远小于 1 可以忽略不计；此时式 (2.330) 可以简化为

$$\frac{\delta}{L_1} = f\left(\frac{L_2}{L_1}, \frac{W}{L_1}, \frac{D}{L_1}; \frac{\rho g H}{Y}\right) \tag{2.331}$$

可以看出，当两个模型满足几何相似条件时，式 (2.331) 中 4 个无量纲自变量的前 3 个恒相等，因此，仅有最后一个无量纲量是影响其无量纲因变量的关键因素。我们利用此无量纲函数关系对图 2.25 进一步整理，即可得到图 2.26。

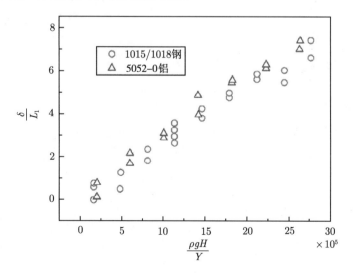

图 2.26 悬臂梁无量纲弯曲变形

从图 2.26 可以看出，两种不同金属材料，其结果的无量纲特征具有很好的一致性，而且近似满足线性正比关系；此种利用量纲分析方法对试验数据进行整理很大程度上融合了理论分析。

该实例表明：通过量纲分析并根据实际条件进行简化，给出了其无量纲函数关系，利用该无量纲函数关系对试验数据进行整理，所给出的规律更具有普适性和理论价值。

2.4.2 弹性体的振动与波动

例 1 弹性杆的自然频率

自然频率是弹性体的一个重要物理参数，以一个弹性杆为例，其杨氏模量为 E，密度为 ρ，杆长为 L，直径或等效直径为 D；其自然频率 n 可以表达为

$$n = f(E, L, \rho, D) \tag{2.332}$$

该问题中物理量有 5 个，其中基本量纲有 3 个，对应的独立的参考物理量有 3 个，这里我们分别取杨氏模量 E、杆的长度 L 和材料密度 ρ 为参考物理量，各物理量的量纲幂次系数如表 2.43 所示。

表 2.43 弹性杆自然频率问题中变量的量纲幂次系数 Ⅰ

	E	L	ρ	D	n
M	1	0	1	0	0
L	−1	1	−3	1	0
T	−2	0	0	0	−1

对表 2.43 进行类似矩阵初等变换，可以得到表 2.44。

表 2.44 弹性杆自然频率问题中变量的量纲幂次系数 (初等变换) Ⅰ

	E	L	ρ	D	n
E	1	0	0	0	1/2
L	0	1	0	1	−1
ρ	0	0	1	0	−1/2

根据 Ⅱ 理论，可以给出无量纲函数表达式：

$$\frac{nL}{\sqrt{E/\rho}} = f\left(\frac{L}{D}\right) \tag{2.333}$$

式 (2.333) 可以根据弹性梁理论更进一步简化。由弹性梁相关理论知，直径 D 总是与杨氏模量 E 以乘积 EI 的形式出现，其中，I 表示惯性矩；同时直径 D 也与杆长 L、密度 ρ 以乘积即质量 m 的形式出现。也就是说，式 (2.332) 可以进一步简化为

$$n = f(EI, L, m) \tag{2.334}$$

该问题中物理量有 4 个，其中基本量纲有 3 个，对应的独立的参考物理量有 3 个，这里我们分别取杆质量 m、杆的长度 L 和组合量 EI 为参考物理量，各物理量的量纲幂次系数如表 2.45 所示。

表 2.45 弹性杆自然频率问题中变量的量纲幂次系数 II

	m	L	EI	n
M	1	0	1	0
L	0	1	3	0
T	0	0	-2	-1

对表 2.45 进行类似矩阵初等变换, 可以得到表 2.46。

表 2.46 弹性杆自然频率问题中变量的量纲幂次系数 (初等变换)II

	m	L	EI	n
m	1	0	0	$-1/2$
L	0	1	0	$-3/2$
EI	0	0	1	$1/2$

根据 II 理论, 可以给出无量纲函数表达式:

$$\frac{n}{\sqrt{\dfrac{EI}{mL^3}}} = \text{const} \tag{2.335}$$

一般来讲, $I \propto D^4$, $m \propto \rho D^2 L$; 因此式 (2.335) 可以进一步写为

$$\frac{n}{\sqrt{E/\rho}} \frac{L^2}{D} = \text{const} \tag{2.336}$$

式 (2.336) 是在式 (2.333) 基础上进一步分析所给出的更加具体的形式。式 (2.336) 表明, 杆的自然频率与杆长的平方呈反比关系、与杆直径呈线性正比关系。这个现象在日常生活中常常能够观测到, 直径大、长度小的弹性杆振动所发出的声音往往更加刺耳。

例 2 气体中的声速

声音在气体中的传播一般可以视为是一个绝热过程, 理论上容易知道, 影响其声速 c 的主要因素有气体的压力 p、密度 ρ 和绝热系数 γ, 即

$$c = f(p, \rho, \gamma) \tag{2.337}$$

该问题中物理量有 4 个, 其中基本量纲有 3 个, 对应的独立的参考物理量有 3 个, 这里我们分别取气体的压力 p、密度 ρ 和绝热系数 γ 为参考物理量, 各物理量的量纲幂次系数如表 2.47 所示。

表 2.47 气体中声速问题中变量的量纲幂次系数

	p	ρ	γ	c
M	1	1	0	0
L	-1	-3	0	1
T	-2	0	0	-1

对表 2.47 进行类似矩阵初等变换, 可以得到表 2.48。

表 2.48　气体中声速问题中变量的量纲幂次系数 (初等变换)

	p	ρ	γ	c
p	1	0	0	1/2
ρ	0	1	0	$-1/2$
γ	0	0	0	0

根据 Ⅱ 理论，可以给出无量纲函数表达式:

$$\frac{c}{\sqrt{p/\rho}} = \text{const} \tag{2.338}$$

事实上，根据理论我们可以给出其解析解为

$$c = \sqrt{\frac{\gamma p}{\rho}} \tag{2.339}$$

例 3　一维杆中的纵波声速

该问题与上一个问题非常相近，其主要影响因素为杆的杨氏模量 E、密度 ρ 和泊松比 ν。

$$c = f(E, \rho, \nu) \tag{2.340}$$

同理，我们也可以给出无量纲函数表达式:

$$\frac{c}{\sqrt{E/\rho}} = \text{const} \tag{2.341}$$

而根据理论我们可以给出其解析解为

$$c = \sqrt{\frac{E}{\rho}} \tag{2.342}$$

2.5　几个典型基础问题的量纲分析与相似律

上面对经典的流体力学和固体力学中若干问题进行量纲分析，并对其中部分问题的相似律问题进行了初步分析。事实上，量纲分析并不是一个仅用于传统物理学或传统力学问题的工具，绝大多数涉及量纲以及量纲之间转换的问题皆能够利用量纲分析进行处理，如热力学、生物力学、天文学、电学，甚至日常生活中的烹饪问题，等等。本节对几个非传统流体力学和固体力学问题进行量纲分析，让读者更加深入地了解量纲分析的使用方法和内涵。

2.5.1　理想气体的状态方程问题

我们知道，容器内气体压力的本质是气体分子的运动撞击器壁而产生的力，因此我们可以认为容器内理想气体的压力 p 由气体分子的质量 m、分子的平均速度 v 和单位体积气体分子的数量 n 所决定。因此，气体压力可以表达为

$$p = f(m, v, n) \tag{2.343}$$

该问题中物理量有 4 个, 其中基本量纲有 3 个, 我们这三个自变量为参考物理量, 各物理量的量纲幂次系数如表 2.49 所示。

表 2.49 理想气体压力问题中变量的量纲幂次系数

	m	n	v	p
M	1	0	0	1
L	0	-3	1	-1
T	0	0	-1	-2

对表 2.49 进行类似矩阵初等变换, 可以得到表 2.50。

表 2.50 理想气体压力问题中变量的量纲幂次系数 (初等变换)

	m	n	v	p
m	1	0	0	1
n	0	1	0	1
v	0	0	1	2

根据 Π 理论, 可以给出无量纲函数关系:

$$\frac{p}{mnv^2} = \text{const} \tag{2.344}$$

根据理想气体的动力学理论, 可知气体的温度 T 与其分子的平均动能呈正比关系:

$$\frac{Tk_{\text{B}}}{mv^2/2} = \text{const} \tag{2.345}$$

式中, k_{B} 为 Boltzmann 常量。理想气体的密度满足

$$\frac{\rho}{mn} = \text{const} \tag{2.346}$$

将以上两式代入式 (2.344), 消去个数浓度 n 和分子平均速度 v, 可以得到

$$\frac{pm}{\rho Tk_{\text{B}}} = \text{const} \Rightarrow p = K'\frac{k_{\text{B}}\rho T}{m} \tag{2.347}$$

式中, K' 为某一常数。

容易知道, 分子的质量 m 与其分子量 M 呈正比关系, 因此式 (2.347) 可以进一步写为

$$\frac{pm}{\rho Tk_{\text{B}}} = \text{const} \Rightarrow p = K\frac{k_{\text{B}}\rho T}{M} \tag{2.348}$$

式中, K 为某一常数。

令

$$R = K \cdot k_{\text{B}} \tag{2.349}$$

式 (2.348) 可以写为

$$p = \frac{\rho RT}{M} \tag{2.350}$$

对于一般气体而言, 常数 R 为 8.314J/(mol·K)。

2.5.2 鸟类飞行速度问题

以上所分析的问题基本皆是传统的物理问题,事实上,在日常生活中很多问题也可以利用量纲分析工具来解释。以生物力学中鸟的飞行问题为例,已知鸟的翅膀形状与飞机的机翼相似,根据以上空气对机翼的绕流分析结论,在通常鸟的飞行速度范围内,影响鸟翅膀的升力和阻力的影响因子中,Reynolds 数、Mach 数和 Prandtl 数皆可以忽略,此时升力和阻力的主要影响因素仅有翅膀的形状系数 ζ、尺寸 A(这里以翅膀面积来表征) 和迎面角 α;对于鸟飞行问题而言,容易知道,空气的密度 ρ_0、重力加速度 g 和质量 m 也是其飞行速度的几个主要影响因素。因此,我们可以给出鸟飞行速度 v 的函数表达式:

$$v = f(\zeta, A, \alpha, \rho_0, g, m) \tag{2.351}$$

该问题中有 7 个物理量,该问题是一个典型的纯力学问题,其中基本量纲有 3 个;这里我们取鸟的质量 m、翅膀的面积 A 和重力加速度 g 为参考物理量。此 7 个物理量的量纲幂次系数如表 2.51 所示。

表 2.51　鸟的飞行速度问题中变量的量纲幂次系数

	m	A	g	ζ	α	ρ_0	v
M	1	0	0	0	0	1	0
L	0	2	1	0	0	-3	1
T	0	0	-2	0	0	0	-1

对表 2.51 进行类似矩阵初等变换,可以得到表 2.52。

表 2.52　鸟的飞行速度问题中变量的量纲幂次系数 (初等变换)

	m	A	g	ζ	α	ρ_0	v
m	1	0	0	0	0	1	0
A	0	1	0	0	0	-3/2	1/4
g	0	0	1	0	0	0	1/2

根据 Ⅱ 定理和表 2.52 容易知道,最终表达式中无量纲量有 4 个,包含 1 个无量纲因变量和 3 个无量纲自变量:

$$\frac{v}{A^{1/4}g^{1/2}} = f\left(\zeta, \alpha, \frac{\rho_0 A^{3/2}}{m}\right) \tag{2.352}$$

式 (2.352) 也可以写为

$$\frac{v^2}{g\sqrt{A}} = f\left(\zeta, \alpha, \frac{\rho_0 A^{3/2}}{m}\right) \tag{2.353}$$

设缩比模型与原型满足几何相似,即

$$\begin{cases} (\zeta)_m = (\zeta)_p \\ (\alpha)_m = (\alpha)_p \end{cases} \tag{2.354}$$

则这两个模型满足相似的另一个必要条件是

$$\left(\frac{\rho_0 A^{3/2}}{m}\right)_m = \left(\frac{\rho_0 A^{3/2}}{m}\right)_p \tag{2.355}$$

如果两个模型皆在同一个空气介质中，则式 (2.355) 可以进一步简化为

$$\left(\frac{A^{3/2}}{m}\right)_m = \left(\frac{A^{3/2}}{m}\right)_p \tag{2.356}$$

且其几何缩比为 λ，则其翅膀面积缩比为

$$\lambda_A = \lambda^2 \tag{2.357}$$

根据相似律，当缩比模型与原型相似时，必须满足

$$\lambda_A{}^{3/2} = \frac{\left(A^{3/2}\right)_m}{\left(A^{3/2}\right)_p} = \frac{(m)_m}{(m)_p} = \lambda_m \tag{2.358}$$

即

$$\begin{cases} \lambda_m = \lambda^3 \\ \lambda_A = \lambda^2 \end{cases} \tag{2.359}$$

事实上，当缩比模型与原型材料密度相同，且满足几何相似时，式 (2.359) 恒成立，即该问题满足严格的几何相似律。

此时两个相似模型中的无量纲因变量也应相等：

$$\left(\frac{v^2}{g\sqrt{A}}\right)_m = \left(\frac{v^2}{g\sqrt{A}}\right)_p \tag{2.360}$$

结合式 (2.359)，可以得到

$$\lambda_v^2 = \frac{(v^2)_m}{(v^2)_p} = \frac{\left(g\sqrt{A}\right)_m}{\left(g\sqrt{A}\right)_p} = \lambda_g \cdot \sqrt{\lambda_A} = \lambda_g \cdot \lambda \tag{2.361}$$

一般情况下，当缩比模型与原型处于同一环境时，式 (2.361) 可写为

$$\lambda_v = \lambda^{1/2} = \lambda_m^{1/6} \tag{2.362}$$

上面的分析表明，即使两个鸟的体形完全一致，即满足几何相似关系，大鸟的飞行速度还是比小鸟的快，其速度比是体形尺寸比的平方根。

2.5.3 炮弹的飞行距离问题

假设一个炮弹以仰角 α 向前方发射出，炮弹的出膛初速度为 V_0，不考虑炮弹在飞行过程中的空气阻力，设发射点与目标点的高差为 h，炮弹的质量为 m，如图 2.27 所示。

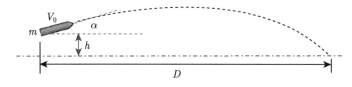

图 2.27 炮弹飞行轨迹问题

我们可以给出求炮弹飞行的水平距离 D 的函数表达式:

$$D = f(V_0, \alpha, h, g, m) \tag{2.363}$$

该问题中有 6 个物理量, 其中基本量纲有 3 个; 这里我们取炮弹的质量 m、高差 h 和重力加速度 g 为参考物理量。此 6 个物理量的量纲幂次系数如表 2.53 所示。

表 2.53 炮弹飞行水平距离问题中变量的量纲幂次系数

	m	h	g	V_0	α	D
M	1	0	0	0	0	0
L	0	1	1	1	0	1
T	0	0	−2	−1	0	0

对表 2.53 进行类似矩阵初等变换, 可以得到表 2.54。

表 2.54 炮弹飞行水平距离问题中变量的量纲幂次系数 (初等变换)

	m	h	g	V_0	α	D
m	1	0	0	0	0	0
h	0	1	0	1/2	0	1
g	0	0	1	1/2	0	0

根据 II 定理对式 (2.363) 进行无量纲化, 即可以得到

$$\frac{D}{h} = f\left(\frac{V_0}{\sqrt{gh}}, \alpha\right) \tag{2.364}$$

特别是当高差为 0, 即飞行点与着地点在同一个水平上时, 式 (2.364) 即简化为

$$\frac{Dg}{V_0^2} = f(\alpha) \quad 或 \quad D = f(\alpha) \cdot \frac{V_0^2}{g} \tag{2.365}$$

从式 (2.363) 可以看出, 炮弹的水平飞行距离与发射点/着地点高差相关; 从式 (2.365) 可以看出, 当两点水平高度一致时, 炮弹的水平飞行距离与炮弹的质量无关; 对于恒定的重力加速度而言, 炮弹的水平飞行距离只与发射初速度及发射仰角相关。事实上, 通过理论计算我们也可以得到相同的结论。

2.5.4 行星的振动与公转问题

例 1 星体的振动频率问题

一般来讲, 星体也具有其固有的振动模式, 其振动频率 ω 受星体的质量 m、密度 ρ、半径 R 和万有引力常数 G 的影响, 容易看出其中独立的变量只有 4 个; 我们可以给出其函数表达式:

$$\omega = f(G, \rho, R) \tag{2.366}$$

该问题中有 4 个物理量, 其中基本量纲有 3 个; 这里我们取星体的密度 ρ、半径 R 和万有引力常数 G 为参考物理量。此 4 个物理量的量纲幂次系数如表 2.55 所示。

表 2.55 星体的振动频率问题中变量的量纲幂次系数

	ρ	R	G	ω
M	1	0	−1	0
L	−3	1	3	0
T	0	0	−2	−1

对表 2.55 进行类似矩阵初等变换，可以得到表 2.56。

表 2.56 星体的振动频率问题中变量的量纲幂次系数 (初等变换)

	ρ	R	G	ω
ρ	1	0	0	1/2
R	0	1	0	0
G	0	0	1	1/2

根据 II 定理对式 (2.366) 进行无量纲化，即可以得到

$$\frac{\omega}{\sqrt{G\rho}} = \text{const} \tag{2.367}$$

式 (2.367) 表明，星体的振动频率与万有引力常数和密度相关，与星体的尺寸无关。事实上，万有引力常数 G 是一个常数，与星体的形态、尺寸等无关，因此式 (2.367) 意味着，星体的振动频率只与其密度的开方呈线性正比关系；该结论与理论分析结果基本一致。

例 2 行星的公转问题

设有一个行星围绕太阳公转，如图 2.28 所示。设行星的质量为 m，太阳的质量为 M，轨道为椭圆形且长半轴长度为 l，星体之间的万有引力为 F。

由此，我们可以给出行星公转周期的函数表达式：

$$T = f(F, l, m, M) \tag{2.368}$$

该问题中有 5 个物理量，其中基本量纲有 3 个；这里我们取行星的质量 m、长半轴长度 l 和相互作用力 F 为参考物理量。此 5 个物理量的量纲幂次系数如表 2.57 所示。

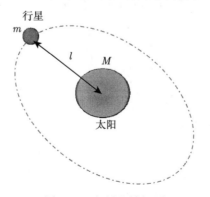

图 2.28 行星公转问题

表 2.57　星体公转周期问题中变量的量纲幂次系数

	m	l	F	M	T
M	1	0	1	1	0
L	0	1	1	0	0
T	0	0	-2	0	1

对表 2.57 进行类似矩阵初等变换, 可以得到表 2.58。

表 2.58　星体公转周期问题中变量的量纲幂次系数 (初等变换)

	m	l	F	M	T
m	1	0	0	1	1/2
l	0	1	0	0	1/2
F	0	0	1	0	-1/2

根据 Ⅱ 定理对式 (2.368) 进行无量纲化, 即可以得到

$$T\sqrt{\frac{F}{ml}} = f\left(\frac{M}{m}\right) \tag{2.369}$$

如果我们只考虑太阳系中行星的公转周期, 此时太阳的质量 M 应为常量, 式 (2.369) 可以进一步简化为

$$T\sqrt{\frac{F}{ml}} = \text{const} \tag{2.370}$$

而根据 Newton 万有引力定律可知, 行星与太阳之间的作用力应满足

$$F \propto \frac{Mm}{l^2} \tag{2.371}$$

因此, 式 (2.370) 可以进一步写为

$$T\sqrt{\frac{M}{l^3}} = \text{const} \Rightarrow \frac{T^2}{l^3} = \text{const} \tag{2.372}$$

式 (2.372) 即著名的 Kepler 第三定律, 该定律显示: 绕以太阳为焦点的椭圆轨道运行的所有行星, 其各自椭圆轨道半长轴的立方与周期的平方之比是一个常量。

事实上, 我们通过量纲分析给出式 (2.370), 结合式 (2.372) 所示 Kepler 第三定律, 可以给出

$$\sqrt{l^3}\sqrt{\frac{F}{ml}} = \text{const} \Rightarrow \sqrt{\frac{Fl^2}{m}} = \text{const} \Rightarrow F \propto \frac{m}{l^2} \tag{2.373}$$

式 (2.373) 已经非常接近 Newton 的万有引力公式。

第**3**章 | 爆炸力学问题量纲分析与相似律

    爆炸是一种高能量密度物质在极短时间由于核反应/化学反应/相变/能量转换进行能量释放而产生高压、高温及冲击波的一种现象。爆炸过程本身是一种极其复杂的反应过程,而且爆炸产生的反应物质状态变化、冲击波在介质中的传播也皆是非常复杂的演化过程。当前利用解析方法给出其相关准确的解是不现实的,同时,利用原型试验在很多时候也是有局限性的。就像钱学森先生在 20 世纪 80 年代初所说:"由于爆炸力学要处理的问题远比经典的固体力学或流体力学要复杂,似乎不宜一下子想从力学基本原理出发,构筑爆炸力学理论。近期还是靠小尺寸模型试验,但要用比较严格的无量纲分析,从实验结果总结出经验规律。这也是过去半个多世纪行之有效的力学研究方法。"

3.1 核爆问题量纲分析与相似律

    爆炸源产生爆炸现象后,会向四周传播冲击波,冲击波的传播伴随着介质压力的瞬间增高,同时介质的质点速度也瞬间增大。我们这里以在无限空气介质中强点源爆炸问题为例,如核爆炸,此时可以不予考虑爆炸反应产物的相关参数与演化过程,问题从而得到了简化,求爆炸冲击波波阵面的传播球面半径。假设核弹的特征尺寸为 r,爆炸时瞬间释放的能量为 E;空气介质中初始压力为 p_0,初始密度为 ρ_0;设爆炸冲击波在无限空气介质中以球面形状传播,从而不考虑冲击波在不同物质界面上的反射和相互作用问题;假设空气介质中状态变化满足多方气体定律,其绝热指数为 γ;求在 t 时刻爆炸球面冲击波的半径 R;如图 3.1 所示。

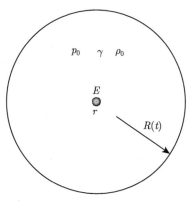

图 3.1　核爆冲击波波阵面球面半径

可以看出其中重力对问题的分析过程与结论没有明显的影响,因此重力加速度可以不予考虑;因此,该物理问题可以表达为

$$R = f(r, E, \rho_0, p_0, \gamma, t) \tag{3.1}$$

进一步假设爆炸释能是在一个远小于波阵面半径的范围内完成,此时核弹的特征尺寸 r 可以忽略不计;另外,对于核爆产生的高压,根据气体动力学,波阵面后方的气体压力远大于前方未扰动区的压力,因此,空气介质中的初始压力 p_0 也可以不予考虑;此时,以上问题可以简化为

$$R = f(E, \rho_0, \gamma, t) \tag{3.2}$$

在这个问题中,核爆能量可以近似认为皆转化为机械能,因此,我们可以将之视为纯力学问题,此时能量对应的量纲也是一个衍生量纲。因此该问题中 5 个物理量有 3 个基本量纲,对应独立的参考物理量 3 个,这里我们分别取爆炸时瞬间释放的能量 E、空气的初始密度 ρ_0 和时间 t 为参考物理量,各物理量的量纲幂次系数如表 3.1 所示。

表 3.1 核爆球面波传播半径问题中变量的量纲幂次系数

	E	ρ_0	t	γ	R
M	1	1	0	0	0
L	2	−3	0	0	1
T	−2	0	1	0	0

对表 3.1 进行类似矩阵初等变换,可以得到表 3.2。

表 3.2 核爆球面波传播半径问题中变量的量纲幂次系数 (初等变换)

	E	ρ_0	t	γ	R
E	1	0	0	0	1/5
ρ_0	0	1	0	0	−1/5
t	0	0	1	0	2/5

根据 Ⅱ 理论,可以给出无量纲表达式:

$$\frac{R}{E^{1/5}\rho_0^{-1/5}t^{2/5}} = f(\gamma) \tag{3.3}$$

即

$$R = f(\gamma) \cdot \left(\frac{E}{\rho_0}\right)^{1/5} t^{2/5} \tag{3.4}$$

式中,$f(\gamma)$ 表示一个与 γ 相关的常数,即为 K_γ。此时式 (3.4) 可以写为

$$R = K_\gamma \cdot \left(\frac{E}{\rho_0}\right)^{1/5} t^{2/5} \quad \text{或} \quad R = K_\gamma \cdot \left(\frac{E \cdot t^2}{\rho_0}\right)^{1/5} \tag{3.5}$$

Taylor 根据流场中相关理论求出 $K_\gamma = 1.033(\gamma = 1.4)$,根据式 (3.5) 即有

$$R = 1.033 \cdot \left(\frac{E}{\rho_0}\right)^{1/5} t^{2/5} \tag{3.6}$$

对于特定当量的核爆，式 (3.6) 右端第二项为常数，此时，式 (3.6) 显示球面冲击波波阵面的半径与时间的 2/5 次幂呈线性正比关系。

将式 (3.6) 写为对数形式即可以得到几个参数数值之间线性方程：

$$\ln R = 0.032 + 0.2 \ln \frac{E}{\rho_0} + 0.4 \ln t \tag{3.7}$$

3.1.1 核爆当量的估算问题

1945 年美军在新墨西哥州 Trinity 核试验场开展了核爆试验，并在几年后公布了其核爆照片，如图 3.2 所示。

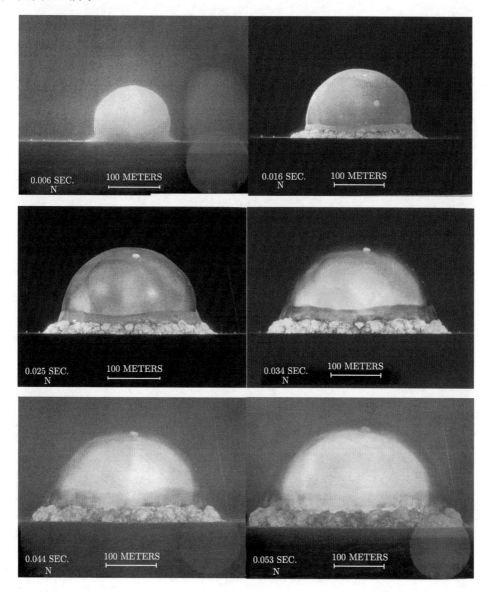

图 3.2 美军 1945 年 Trinity 核爆图片

根据图 3.2 所示相关公开图片,可以测量不同时刻核爆冲击波球面半径,如表 3.3 所示。

表 3.3 不同时刻核爆冲击波球面半径

t/ms	0.10	0.24	0.38	0.52	0.66
R/m	11.1	19.9	25.4	28.8	31.9
t/ms	0.8	0.94	1.08	1.22	1.36
R/m	34.2	36.3	38.9	41.0	42.8
t/ms	1.50	1.65	1.79	1.93	3.26
R/m	44.4	46.0	46.9	48.7	59.0
t/ms	3.53	3.80	4.07	4.34	4.61
R/m	61.1	62.9	64.3	65.6	67.3
t/ms	15.0	25.0	34.0	53.0	62.0
R/m	106.5	130.0	145.0	175.0	185.0

根据表 3.3,结合式 (3.7) 分别对时间和半径取对数,需要注意的是,图中时间 t 的单位是 s,而非表 3.3 中的 ms,由此可以给出球面半径与时间之间的关系曲线,如图 3.3 所示。

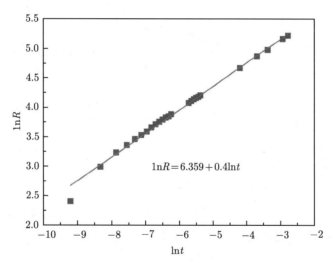

图 3.3 1945 年 Trinity 核爆中冲击波球面半径与时间之间的关系

从图 3.3 和表 3.3 中可以看出,除 0.10ms 时刻由于不满足假设条件,其点有所偏离外,其他数据皆有较好的规律性。对图 3.3 中的数据进行拟合,可以给出其线性方程为

$$\ln R = 6.359 + 0.4 \ln t \tag{3.8}$$

对比式 (3.8) 和式 (3.7) 可以看出,通过量纲分析给出的方程与试验拟合基本一致,这说明了量纲分析及其假设条件的合理和准确性,其理论斜率与试验拟合斜率非常吻合。同时,根据式 (3.8) 和式 (3.7),可以进一步给出

$$E = 5.482 \times 10^{13} \cdot \rho_0 = 7.071 \times 10^{13} \mathrm{J} \tag{3.9}$$

如以 TNT 爆炸释放能量为参考单位 $(1 \times 10^3 \text{t TNT} = 4.168 \times 10^{12}\text{J})$，则可以给出此核弹的当量约为 1.70 万吨。

利用以上方法，Taylor 于 1950 年给出了其估算结果，认为此次核爆当量约为 1.7 万吨 TNT；与实际 2.0 万 $\sim$ 2.1 万吨当量非常接近。

另一种更加简单的方法也可以给出相对准确的释放能量当量值。从式 (3.6) 也可以给出

$$E = 0.850 \frac{\rho_0 R^5}{t^2} \tag{3.10}$$

也就是说，如果我们知道不同时间核爆冲击波球面半径，即可以估算出核爆所释放出的能量。将表 3.3 中除第一个数据外其他数据代入式 (3.10)，我们可以得到其释放能量的平均值，如图 3.4 所示。

$$E = 5.772 \times 10^{13} \cdot \rho_0 \tag{3.11}$$

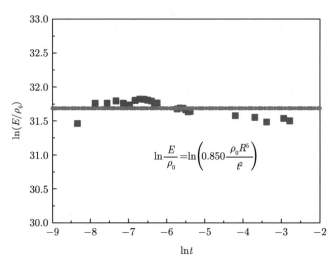

图 3.4　释放能量试验计算值及其平均值

在标准条件下，空气的密度为 $\rho_0 = 1.29 \text{kg/m}^3$，式 (3.11) 即可以给出其释放的能量为

$$E = 7.445 \times 10^{13} \text{J} \tag{3.12}$$

如以 TNT 爆炸释放能量为参考单位，则可以给出此核弹的当量约为 1.78 万吨，该值与实际 2.0 万 $\sim$ 2.1 万吨当量也非常接近。

3.1.2　核爆流场问题

同理，我们可以给出 t 时刻核爆冲击波过后波阵面后方后距离爆心 l 处流场参数压力 p、瞬时密度 ρ 和瞬时质点速度 v 分别为

$$\begin{cases} p = f(E, \rho_0, \gamma, t, l) \\ \rho = g(E, \rho_0, \gamma, t, l) \\ v = h(E, \rho_0, \gamma, t, l) \end{cases} \tag{3.13}$$

同样，分别取爆炸时瞬间释放的能量 E、空气的初始密度 ρ_0 和时间 t 为参考物理量，各物理量的量纲幂次系数如表 3.4 所示。

表 3.4　核爆冲击波波阵面后方流场问题中变量的量纲幂次系数

	E	ρ_0	t	γ	l	p	ρ	v
M	1	1	0	0	0	1	1	0
L	2	-3	0	0	1	-1	-3	1
T	-2	0	1	0	0	-2	0	-1

对表 3.4 进行类似矩阵初等变换，可以得到表 3.5。

表 3.5　核爆冲击波波阵面后方流场问题中变量的量纲幂次系数 (初等变换)

	E	ρ_0	t	γ	l	p	ρ	v
E	1	0	0	0	$1/5$	$2/5$	0	$1/5$
ρ_0	0	1	0	0	$-1/5$	$3/5$	1	$-1/5$
t	0	0	1	0	$2/5$	$-6/5$	0	$-3/5$

根据 Π 理论，可以给出无量纲表达式：

$$\begin{cases} \dfrac{p}{E^{2/5}\rho_0^{3/5}t^{-6/5}} = f\left(\gamma, \dfrac{l}{E^{1/5}\rho_0^{-1/5}t^{2/5}}\right) \\[3mm] \dfrac{\rho}{\rho_0} = g\left(\gamma, \dfrac{l}{E^{1/5}\rho_0^{-1/5}t^{2/5}}\right) \\[3mm] \dfrac{v}{E^{1/5}\rho_0^{-1/5}t^{-3/5}} = h\left(\gamma, \dfrac{l}{E^{1/5}\rho_0^{-1/5}t^{2/5}}\right) \end{cases} \tag{3.14}$$

整理后有

$$\begin{cases} \dfrac{p}{E^{2/5}\rho_0^{3/5}t^{-6/5}} = f\left[\gamma, \dfrac{l}{(E/\rho_0)^{1/5}\,t^{2/5}}\right] \\[3mm] \dfrac{\rho}{\rho_0} = g\left[\gamma, \dfrac{l}{(E/\rho_0)^{1/5}\,t^{2/5}}\right] \\[3mm] \dfrac{v}{(E/\rho_0)^{1/5}\,t^{-3/5}} = h\left[\gamma, \dfrac{l}{(E/\rho_0)^{1/5}\,t^{2/5}}\right] \end{cases} \tag{3.15}$$

将式 (3.4) 代入式 (3.15)，即可以写为

$$\begin{cases} \dfrac{p}{E^{2/5}\rho_0^{3/5}t^{-6/5}} = f\left(\gamma, \dfrac{l}{R}\right) \\[3mm] \dfrac{\rho}{\rho_0} = g\left(\gamma, \dfrac{l}{R}\right) \\[3mm] \dfrac{v}{R/t} = h\left(\gamma, \dfrac{l}{R}\right) \end{cases} \tag{3.16}$$

再次说明,上式中右端函数 $f()$、$g()$ 和 $h()$ 只表示函数关系,不代表具体的表达形式。式中,第二式左端物理意义是空气介质的压缩比,该式即表示不同距离处由于气体介质性质和压力不同其体积压缩比的变化函数;第三式坐标表示介质质点速度及波阵面平均传播速度与其压力、气体介质的性质之间的函数关系。

如定义无量纲量:

$$\bar{l} = \frac{l}{R}, \quad \bar{\rho} = \frac{\rho}{\rho_0}, \quad \bar{v} = \frac{v}{R/t} \tag{3.17}$$

则式 (3.16) 可以简化为

$$\begin{cases} \dfrac{p}{E^{2/5}\rho_0^{3/5}t^{-6/5}} = f\left(\gamma, \bar{l}\right) \\[3mm] \bar{\rho} = g\left(\gamma, \bar{l}\right) \\[2mm] \bar{v} = h\left(\gamma, \bar{l}\right) \end{cases} \tag{3.18}$$

结合式 (3.4) 所示形式和另两式的化简过程,式 (3.18) 中第一式可以写为

$$\frac{p}{(E/\rho_0)^{2/5} t^{4/5} \rho_0 t^{-2}} = f\left(\gamma, \bar{l}\right) \tag{3.19}$$

即

$$\frac{p}{R^2 \rho_0 t^{-2}} = f\left(\gamma, \bar{l}\right) \tag{3.20}$$

容易知道,对于空气介质而言,其中的声速可以写为

$$C = \sqrt{\frac{\gamma p_0}{\rho_0}} \tag{3.21}$$

此时,式 (3.20) 可以表达为

$$\frac{p}{p_0}\frac{C^2}{(R/t)^2} = f\left(\gamma, \bar{l}\right) \Rightarrow \frac{p}{p_0} = \left(\frac{R/t}{C}\right)^2 \cdot f\left(\gamma, \bar{l}\right) \tag{3.22}$$

需要说明的是,式 (3.22) 中 $f\left(\cdot\right)$ 仅仅代表函数关系,与式 (3.20) 形式上并不一定相同。式 (3.22) 中右端第一项 $[(R/t)/C]^2$ 物理意义较明显,表示波阵面平均传播速度与空气中声速之比的平方。

如定义无量纲量:

$$\bar{p} = \frac{p}{p_0} \tag{3.23}$$

此时式 (3.18) 可以简写为

$$\begin{cases} \bar{p} = \left(\dfrac{R/t}{C}\right)^2 \cdot f\left(\gamma, \bar{l}\right) \\[3mm] \bar{\rho} = g\left(\gamma, \bar{l}\right) \\[2mm] \bar{v} = h\left(\gamma, \bar{l}\right) \end{cases} \tag{3.24}$$

对于特定的条件 γ 是常值, 此时式 (3.24) 也可以进一步简化为

$$
\begin{cases}
\bar{p} = \left(\dfrac{R/t}{C}\right)^2 \cdot f\left(\bar{l}\right) \\[2mm]
\bar{\rho} = g\left(\bar{l}\right) \\[2mm]
\bar{v} = h\left(\bar{l}\right)
\end{cases}
\tag{3.25}
$$

式 (3.25) 的意义是, 将原有的两个自变量 (l, t) 简化为一个变量 $\bar{l}$, 在很大程度上简化了理论推导中微分方程的推导和求解。

Taylor 将式 (3.25) 简化写为

$$
\begin{cases}
\bar{p} = R^{-3} \cdot f_1 \\[1mm]
\bar{\rho} = \varphi \\[1mm]
v = R^{-3/2} \cdot \phi_1
\end{cases}
\tag{3.26}
$$

式中, f_1、φ 和 ϕ_1 分别表示函数关系, 根据式 (3.24) 可知, 对于某特定的 γ 而言它们皆是 $\bar{l}$ 的函数。

根据连续方程, 可以得到

$$
\frac{\partial \rho}{\partial t} + v\frac{\partial \rho}{\partial l} + \rho\left(\frac{\partial v}{\partial l} + \frac{2v}{l}\right) = 0
\tag{3.27}
$$

将式 (3.26) 代入式 (3.27) 并简化, 可以得到

$$
\frac{\partial \varphi}{\partial t} + R^{-3/2} \cdot \left(\phi_1 \frac{\partial \varphi}{\partial l} + \varphi \frac{\partial \phi_1}{\partial l}\right) + \varphi \cdot \phi_1 \cdot \left(\frac{\partial R^{-3/2}}{\partial l} + \frac{2R^{-3/2}}{l}\right) = 0
\tag{3.28}
$$

考虑到式 (3.24) 所示函数关系, 式 (3.28) 可进一步写为

$$
-\varphi'\bar{l}\frac{1}{R}\frac{\partial R}{\partial t} + R^{-5/2} \cdot (\phi_1\varphi' + \varphi\phi_1') + \varphi \cdot \phi_1 \cdot \left(\frac{\partial R^{-3/2}}{\partial l} + \frac{2R^{-3/2}}{l}\right) = 0
\tag{3.29}
$$

根据式 (3.4), 可以给出

$$
R = A't^{2/5}
\tag{3.30}
$$

求导后有

$$
\frac{\mathrm{d}R}{\mathrm{d}t} = \frac{2}{5}A't^{-3/5} = \frac{2}{5}A'^{5/2}R^{-3/2} = AR^{-3/2}
\tag{3.31}
$$

对于特定的空气介质条件和核弹释放能量 E 而言, 式中 A 和 A' 是一个常数。将其代入式 (3.29) 后有

$$
-A\varphi'\bar{l} + (\phi_1\varphi' + \varphi\phi_1') + \frac{2\varphi \cdot \phi_1}{\bar{l}} = 0
\tag{3.32}
$$

根据运动方程, 可以得到

$$
\frac{\partial v}{\partial t} + v\frac{\partial v}{\partial l} + \frac{p_0}{\rho}\frac{\partial \bar{p}}{\partial l} = 0
\tag{3.33}
$$

将式 (3.26) 和式 (3.31) 代入式 (3.33) 并简化, 可以得到

$$-A\left(\frac{3}{2}\phi_1 + \bar{l}\phi_1'\right) + \phi_1\phi_1' + \frac{p_0}{\rho_0}\frac{f_1'}{\varphi} = 0 \tag{3.34}$$

根据理想气体的状态方程, 可以得到

$$\frac{\partial\left(p \cdot \rho^{-\gamma}\right)}{\partial t} + v\frac{\partial\left(p \cdot \rho^{-\gamma}\right)}{\partial l} = 0 \tag{3.35}$$

将式 (3.26) 和式 (3.31) 代入式 (3.35) 并简化, 可以得到

$$A\left(3f_1 + \bar{l}f_1'\right) + \gamma f_1\frac{\varphi'}{\varphi}\left(-\bar{l}A + \phi_1\right) - \phi_1 f_1' = 0 \tag{3.36}$$

即三个守恒方程简化后为

$$\begin{cases} -A\varphi'\bar{l} + (\phi_1\varphi' + \varphi\phi_1') + \dfrac{2\varphi \cdot \phi_1}{\bar{l}} = 0 \\[2mm] -A\left(\dfrac{3}{2}\phi_1 + \bar{l}\phi_1'\right) + \phi_1\phi_1' + \dfrac{p_0}{\rho_0}\dfrac{f_1'}{\varphi} = 0 \\[2mm] A\left(3f_1 + \bar{l}f_1'\right) + \gamma f_1\dfrac{\varphi'}{\varphi}\left(-\bar{l}A + \phi_1\right) - \phi_1 f_1' = 0 \end{cases} \tag{3.37}$$

式中, 参数 f_1 和 ϕ_1 皆为有量纲量, 其量纲满足

$$\begin{cases} [f_1] = [R]^3 = [A]^{6/5}\,[t]^{6/5} \\[2mm] [\phi_1] = [v]\,[R]^{3/2} = [R]^{5/2}\,[t]^{-1} = [A']^{5/2} = [A] \end{cases} \tag{3.38}$$

式中, 第一式存在一个变量 t, 需要进一步分析, 结合式 (3.24) 中第一式的形式, 其中存在一个常量 C, 式 (3.38) 可进一步写为

$$\begin{cases} [f_1] = [R]^3 = [A]^2/[C]^2 \\[2mm] [\phi_1] = [v]\,[R]^{3/2} = [R]^{5/2}\,[t]^{-1} = [A']^{5/2} = [A] \end{cases} \tag{3.39}$$

将其进行无量纲化, 设

$$\begin{cases} f = f_1 C^2/A^2 \\[2mm] \phi = \phi_1/A \end{cases} \tag{3.40}$$

则式 (3.37) 可以写为

$$\begin{cases} \dfrac{\varphi'}{\varphi}\left(\phi - \bar{l}\right) + \left(\phi' + \dfrac{2\phi}{\bar{l}}\right) = 0 \\[2mm] -\dfrac{3}{2}\phi + \phi'\left(\phi - \bar{l}\right) + \dfrac{1}{\gamma}\dfrac{f'}{\varphi} = 0 \\[2mm] \left(3f + \bar{l}f'\right) + \gamma f\dfrac{\varphi'}{\varphi}\left(\phi - \bar{l}\right) - \phi f' = 0 \end{cases} \tag{3.41}$$

根据式 (3.41), 可以计算出

$$\left[\left(\phi - \bar{l}\right)^2 - \frac{f}{\varphi}\right]f' = f\left[\left(3 + \frac{\gamma}{2}\right)\phi - 3\bar{l} - \frac{2\gamma}{\bar{l}}\phi^2\right] \tag{3.42}$$

在特定条件下, 通过已知的量 f、φ 和 ϕ, 根据式 (3.42) 计算出 f', 然后结合式 (3.41) 可以进一步求出 φ' 和 ϕ', 从而可以给出不同时间和位置的相关解。后续推导可参考相关文献。

3.1.3 核爆中的相似律问题

对于核爆冲击波球形波阵面的半径而言，根据上面的分析有

$$\bar{R} = \frac{R}{\left(\dfrac{E}{\rho_0}\right)^{1/5} t^{2/5}} = f(\gamma) \tag{3.43}$$

式中，相似准数只有一个绝热系数 γ，如缩比模型与原型的试验在同一介质同一条件下完成，即

$$(\gamma)_m = (\gamma)_p \tag{3.44}$$

则两个模型满足相似律，此时有

$$(\bar{R})_m = (\bar{R})_p \Rightarrow \left(\frac{R}{E^{1/5}t^{2/5}}\right)_m = \left(\frac{R}{E^{1/5}t^{2/5}}\right)_p \Rightarrow \frac{(R)_m}{(R)_p} = \frac{(E^{1/5}t^{2/5})_m}{(E^{1/5}t^{2/5})_p} \tag{3.45}$$

需要注意的是，以上分析是基于释放能量足够大，以至于可以忽略空气压力和爆炸区尺寸。设缩比模型与原型中爆炸释能当量几何缩比为

$$\lambda_E = \frac{(E)_m}{(E)_p} \tag{3.46}$$

根据式 (3.45) 可知，此时球形波阵面的半径缩比为

$$\lambda_R = \lambda_E^{1/5} \frac{(t^{2/5})_m}{(t^{2/5})_p} = \lambda_E^{1/5} \lambda_t^{2/5} \tag{3.47}$$

式中

$$\lambda_t = \frac{(t)_m}{(t)_p} \tag{3.48}$$

从式 (3.47) 中可以看出，同一时刻冲击波球形波阵面半径与当量的 1/5 次幂呈正比关系。

对于核爆波阵面后方的压力、介质密度和质点速度而言，根据以上分析有

$$\begin{cases} \bar{p}' = \dfrac{\bar{p}}{\left(\dfrac{R/t}{C}\right)^2} = f(\gamma, \bar{l}) \\ \bar{\rho} = g(\gamma, \bar{l}) \\ \bar{v} = h(\gamma, \bar{l}) \end{cases} \tag{3.49}$$

式中，相似准数有两个：

$$\begin{cases} \Pi_1 = \gamma \\ \Pi_2 = \bar{l} = \dfrac{l}{R} \end{cases} \tag{3.50}$$

同上, 如缩比模型与原型的试验在同一介质同一条件下完成, 即满足条件式 (3.44); 也就是说, 第一个相似准数恒满足条件。当第二个相似准数也满足相等条件时:

$$(\Pi_2)_m = (\Pi_2)_p \Leftrightarrow \left(\frac{l}{R}\right)_m = \left(\frac{l}{R}\right)_p \tag{3.51}$$

将式 (3.43) 代入式 (3.51) 并结合式 (3.44) 和考虑到以上所假设的介质初始密度相等条件, 可以得到

$$\left(\frac{l}{E^{1/5}t^{2/5}}\right)_m = \left(\frac{l}{E^{1/5}t^{2/5}}\right)_p \tag{3.52}$$

式 (3.52) 表明, 对于两个不同当量的爆炸问题而言, 在满足本节以上推导的基本假设 (爆压足够大可以忽略空气的初始压力影响、波阵面尺寸远大于爆炸区尺寸) 时, 缩比模型与原型中爆炸波阵面后方压力、密度和质点速度满足相似的必要条件是

$$\lambda_l = \frac{(l)_m}{(l)_p} = \lambda_R = \frac{(E^{1/5}t^{2/5})_m}{(E^{1/5}t^{2/5})_p} = \lambda_E^{1/5}\lambda_t^{2/5} \tag{3.53}$$

即如果在同一时刻 $\lambda_t = 1$, 随着释能当量的减小, 测点距离爆心的距离变化与当量缩比的 1/5 次幂呈正比关系。

针对以上分析问题, 若缩比模型与原型中两个相似准数分别相等, 则两个模型满足相似关系, 此时有

$$\begin{cases} (\bar{p}')_m = (\bar{p}')_p \\ (\bar{\rho})_m = (\bar{\rho})_p \\ (\bar{v})_m = (\bar{v})_p \end{cases} \Rightarrow \begin{cases} \left[\dfrac{p}{(R/t)^2}\right]_m = \left[\dfrac{p}{(R/t)^2}\right]_p \\ (\rho)_m = (\rho)_p \\ \left(\dfrac{v}{R/t}\right)_m = \left(\dfrac{v}{R/t}\right)_p \end{cases} \tag{3.54}$$

这些物理量之间的缩比关系满足

$$\begin{cases} \lambda_p = \dfrac{(p)_m}{(p)_p} = \dfrac{\left[(R/t)^2\right]_m}{\left[(R/t)^2\right]_p} = \dfrac{\lambda_R^2}{\lambda_t^2} = \dfrac{\lambda_E^{2/5}}{\lambda_t^{6/5}} \\[4mm] \lambda_\rho = \dfrac{(\rho)_m}{(\rho)_p} = 1 \\[4mm] \lambda_v = \dfrac{(v)_m}{(v)_p} = \dfrac{(R/t)_m}{(R/t)_p} = \dfrac{\lambda_R}{\lambda_t} = \dfrac{\lambda_E^{1/5}}{\lambda_t^{3/5}} \end{cases} \tag{3.55}$$

即此时两个模型中测点处的空气介质密度相等。同理, 如果在同一时刻时 $\lambda_t = 1$, 此时测点处的压力缩比与释能当量的 2/5 次幂呈线性正比关系, 质点速度缩比与释能当量的 1/5 次幂呈线性正比关系。

3.2 爆炸波在空气中的传播问题量纲分析与相似律

含能材料的爆炸及其在流体介质中的传播是一个非常复杂的过程, 同时也是爆炸力学中一个非常重要的问题。含能材料如炸药在空气中爆炸后, 会产生系列强激波, 并向四周传

播。炸药爆炸瞬间，其内部会产生爆轰波；之后产生的强应力脉冲和高温高压气态产物对周围介质做功，在此近场区域，其应力场、温度场等极其复杂，涉及问题很多，是一个交叉学科问题；在距离爆炸源一定区域外，爆炸所产生的冲击波会相对稳定传播，是爆炸力学的重要研究对象之一，也是本节的研究对象。

在炸药完全反应后，会对周围介质做功，对介质质点瞬态加速并施加高压。一般而言，爆炸冲击波的波形如图 3.5 所示，图中 p、p_0 和 p^* 分别表示空气的绝对压力、初始压力和超压，且 $p^* = p - p_0$；p_m^* 为冲击波压力峰值。炸药爆炸后周边空气中的压力会在极短的时间内超压达到压力峰值 p_m^*，然后呈近似指数函数的特征衰减到 0，在空气中其超压还会继续下降到负值，如图 3.5(a) 所示；我们称超压为正的区间为正压区，超压为负的区间为负压区，由于压力上升沿时间极短，在很多情况下，我们忽略此一阶段，只考虑衰减阶段，如图 3.5(b) 所示。

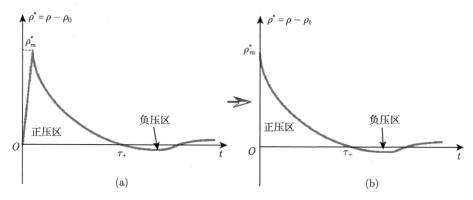

图 3.5　典型化爆冲击波压力脉冲波形

一般认为，化爆冲击波的破坏性能主要决定于正压区的特性。冲击波对结构和材料的破坏，简单来讲，主要有两个因素起着关键作用：超压峰值和冲量，我们在防护工程中的设计也是从这两点出发，即减小超压峰值和减小正压作用冲量。从图 3.5 中容易看出，其冲量为

$$I = \int_0^{\tau_+} p^*(t)\,\mathrm{d}t \tag{3.56}$$

从式 (3.56) 可以看出，正压作用时间 τ_+ 也是一个关键参数。

3.2.1　空气中炸药爆炸超压与作用时间问题

炸药的装药形状一般有球形、柱形和其他形状三类，对于爆炸冲击效应问题，其研究对象皆为炸药爆炸充分完成且在距离爆心一定距离点外区域内物理量的演化问题，因此，炸药形状的影响可以不予考虑；事实上，炸药包的形状对于量纲分析的结果没有本质上的影响；本节中我们暂不考虑炸药尺寸和形状的影响。设炸药爆炸产物满足多方指数状态方程，其指数为 γ_e；炸药的装药密度为 ρ_e，装药量为 Q，单位质量炸药所释放出的化学能为 E；设周围空气的初始密度为 ρ_a；可以认为爆炸冲击波的传播是一个绝热过程，传播过程中空气的绝热系数为 γ_a；由此，我们可以给出距离爆源 R 处冲击波压力脉冲峰值 p_m^* 及其正压作用时间 τ_+ 分别为

$$\begin{cases} p_m^* = f\left(Q, E, \rho_e, \gamma_e, \rho_a, p_0, \gamma_a, R\right) \\ \tau_+ = g\left(Q, E, \rho_e, \gamma_e, \rho_a, p_0, \gamma_a, R\right) \end{cases} \tag{3.57}$$

在这个问题中,炸药爆炸能量可以近似认为皆转化为机械能,因此,我们可以将之视为纯力学问题,此时能量对应的量纲也是一个衍生量纲。因此该问题中 10 个物理量有 3 个基本量纲,对应独立的参考物理量 3 个,这里我们分别取装药量 Q、装药密度 ρ_e 和单位质量炸药所释放出的化学能 E 为参考物理量,各物理量的量纲幂次系数如表 3.6 所示。

表 3.6   炸药爆炸问题中变量的量纲幂次系数

	Q	ρ_e	E	γ_e	γ_a	ρ_a	p_0	R	p_m^*	τ_+
M	1	1	0	0	0	1	1	0	1	0
L	0	−3	2	0	0	−3	−1	1	−1	0
T	0	0	−2	0	0	0	−2	0	−2	1

对表 3.6 进行类似矩阵初等变换,可以得到表 3.7。

表 3.7   炸药爆炸问题中变量的量纲幂次系数 (初等变换)

	Q	ρ_e	E	γ_e	γ_a	ρ_a	p_0	R	p_m^*	τ_+
Q	1	0	0	0	0	0	0	1/3	0	1/3
ρ_e	0	1	0	0	0	1	1	−1/3	1	−1/3
E	0	0	1	0	0	0	1	0	1	−1/2

根据 Π 理论,可以给出无量纲表达式:

$$\begin{cases} \dfrac{p_m^*}{\rho_e E} = f\left[\gamma_e, \gamma_a, \dfrac{\rho_a}{\rho_e}, \dfrac{p_0}{\rho_e E}, \dfrac{R}{(Q/\rho_e)^{1/3}}\right] \\[3mm] \dfrac{\tau_+ \sqrt{E}}{(Q/\rho_e)^{1/3}} = g\left[\gamma_e, \gamma_a, \dfrac{\rho_a}{\rho_e}, \dfrac{p_0}{\rho_e E}, \dfrac{R}{(Q/\rho_e)^{1/3}}\right] \end{cases} \tag{3.58}$$

如果皆考虑炸药在空气中的爆炸问题,其中空气的绝热系数为一个固定的常数,空气的密度也是常数且远小于装药密度;同时,相对于爆炸产生的压力而言,空气中的初始大气压可以忽略,此时式 (3.58) 即可以简化为

$$\begin{cases} \dfrac{p_m^*}{\rho_e E} = f\left[\gamma_e, \dfrac{R}{(Q/\rho_e)^{1/3}}\right] \\[3mm] \dfrac{\tau_+ \sqrt{E}}{(Q/\rho_e)^{1/3}} = g\left[\gamma_e, \dfrac{R}{(Q/\rho_e)^{1/3}}\right] \end{cases} \tag{3.59}$$

从式 (3.59) 明显看出,该问题的相似准数仅有 2 个,即

$$\begin{cases} \Pi_1 = \gamma_e \\[3mm] \Pi_2 = \dfrac{R}{(Q/\rho_e)^{1/3}} \end{cases} \tag{3.60}$$

对于几何缩比为 $\lambda = (R)_m/(R)_p$ 的缩比模型而言，其与原型满足相似的必要条件为

$$\begin{cases} (\gamma_e)_m = (\gamma_e)_p \\ \left[\dfrac{R}{(Q/\rho_e)^{1/3}} \right]_m = \left[\dfrac{R}{(Q/\rho_e)^{1/3}} \right]_p \end{cases} \tag{3.61}$$

若缩比模型中炸药性能参数与原型中一致，则缩比模型与原型相似的必要条件就简化为

$$\left[\frac{R}{Q^{1/3}} \right]_m = \left[\frac{R}{Q^{1/3}} \right]_p \Rightarrow \lambda_Q = \frac{[Q]_m}{[Q]_p} = \lambda^3 \tag{3.62}$$

即装药量必须与离开爆源中心距离的立方呈正比关系地缩小或放大；该规律即为爆炸缩比试验中常用的缩比律。此时，缩比模型对应的超压峰值和正压作用时间分别满足

$$\begin{cases} (p_m^*)_m = (p_m^*)_p \\ \left[\dfrac{\tau_+}{Q^{1/3}} \right]_m = \left[\dfrac{\tau_+}{Q^{1/3}} \right]_p \end{cases} \Rightarrow \begin{cases} \lambda_{p_m^*} = \dfrac{(p_m^*)_m}{(p_m^*)_p} = 1 \\ \lambda_{\tau_+} = \dfrac{(\tau_+)_m}{(\tau_+)_p} = \lambda_Q^{1/3} = \lambda \end{cases} \tag{3.63}$$

式 (3.63) 表明，当缩比模型与原型满足相似律时，两个模型中冲击波超压峰值相等，但正压作用时间缩比与模型几何缩比相等。

从以上分析容易看出，当缩比模型与原型所使用的炸药种类和性质完全相同时，其关键的自变量为 $R/Q^{1/3}$，对应的因变量有 p_m^* 和 $\tau_+/Q^{1/3}$，需要注意的是，这三个量皆非无量纲量；对于此类缩比模型而言，理论上后两者皆与前者满足近似的函数关系。试验测量数据也论证了这一结论，分别如图 3.6 和图 3.7 所示。需要指出的是，图中数据虽然引自相关文献，但由于个别数据明显有误，因此已做修改；另外，有的文献中时间单位和压力单位明显不正确，对于冲量单位和数据也可以看出这一点，因此也一并修改。

从图 3.6 中容易看出，对于不同装药量 (1kg、1.8kg、2kg、4kg、10kg、20kg、30kg、35kg、60kg 和 114kg) 而言，虽然其数值相差 50 倍以上，但其相对距离与超压峰值满足近似一致的函数关系，试验数据的规律性非常明显；在大部分区域其数据呈现重合的现象。

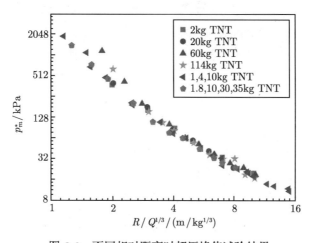

图 3.6　不同相对距离时超压峰值试验结果

从图 3.7 中容易看出,对于不同装药量 (2kg、20kg、60kg 和 114kg) 而言,其相对距离与相对正压作用试验也满足近似一致的函数关系,试验数据的规律性比较明显。

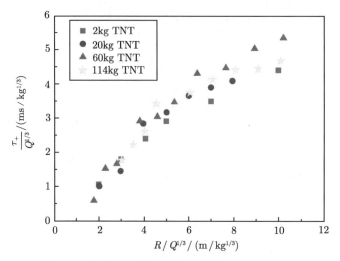

图 3.7 不同相对距离时相对正压作用时间试验结果

这些数据也进一步验证了以上量纲分析结果的合理和准确性。

3.2.2 Hopkinson-Cranz 相似律和 Sachs 相似律

一战期间,英国的 Hopkinson 和德国的 Cranz 分别对爆炸的尺度律进行讨论;当时对爆炸力学相关研究和量纲分析理论体系的构架尚不够深入,因此我们在此基础上稍作修改 (如不考虑炸药尺寸与形状等),姑且仍将其称为 Hopkinson-Cranz 相似律。

同上,我们不考虑炸药的尺寸,毕竟这对一定距离外爆炸冲击波传播的影响可以忽略。炸药参数方面:设装药量为 Q,单位质量炸药所释放出的化学能为 E,强调爆炸冲击波在空气中的传播,对炸药相关参数相对简化。周围空气介质参数方面:设周围空气的初始密度为 ρ_0,初始压力为 p_0,空气的绝热系数为 γ(在强爆炸冲击作用下,空气可能出现一系列物理化学变化,因此 Hopkinson-Cranz 将之视为一个变量),空气中的初始声速为 c_0。

同上,爆炸后形成的冲击波主要有正压区和负压区,其超压峰值 p_m^* 与作用时间 τ_+ 是冲击波压力脉冲毁伤能力的两个关键参数。另外,冲击波波速 D、空气中波阵面后方质点速度 U 也是爆炸冲击波的重要参数。根据以上参数,我们可以分别给出距离爆源 R 处这些物理量的函数表达式为

$$
\begin{cases}
p_m^* = f_1 \left(Q, E, \rho_0, p_0, c_0, \gamma, R \right) \\
\tau_+ = f_2 \left(Q, E, \rho_0, p_0, c_0, \gamma, R \right) \\
D = f_3 \left(Q, E, \rho_0, p_0, c_0, \gamma, R \right) \\
U = f_4 \left(Q, E, \rho_0, p_0, c_0, \gamma, R \right)
\end{cases}
\tag{3.64}
$$

在这个问题中,炸药爆炸能量可以近似认为皆转化为机械能,因此,我们可以将之视为纯力学问题,此时能量对应的量纲也是一个衍生量纲。因此该问题中 11 个物理量有 3 个基

本量纲, 对应独立的参考物理量 3 个, 这里我们分别取装药量 Q、距离 R 和空气中的初始声速 c_0 为参考物理量, 各物理量的量纲幂次系数如表 3.8 所示。

表 3.8　Hopkinson-Cranz 问题中变量的量纲幂次系数

	Q	R	c_0	ρ_0	E	p_0	γ_a	p_m^*	τ_+	D	U
M	1	0	0	1	0	1	0	1	0	0	0
L	0	1	1	-3	2	-1	0	-1	0	1	1
T	0	0	-1	0	-2	-2	0	-2	1	-1	-1

对表 3.8 进行类似矩阵初等变换, 可以得到表 3.9。

表 3.9　Hopkinson-Cranz 问题中变量的量纲幂次系数 (初等变换)

	Q	R	c_0	ρ_0	E	p_0	γ_a	p_m^*	τ_+	D	U
Q	1	0	0	1	0	1	0	1	0	0	0
R	0	1	0	-3	0	-3	0	-3	1	0	0
c_0	0	0	1	0	2	2	0	2	-1	1	1

根据 Π 理论, 可以给出无量纲表达式:

$$\begin{cases} \dfrac{p_m^*}{(Q/R^3)\,c_0^2} = f_1\left[\dfrac{E}{c_0^2}, \dfrac{\rho_0}{(Q/R^3)}, \dfrac{p_0}{(Q/R^3)\,c_0^2}, \gamma\right] \\[3mm] \dfrac{\tau_+}{R/c_0} = f_2\left[\dfrac{E}{c_0^2}, \dfrac{\rho_0}{(Q/R^3)}, \dfrac{p_0}{(Q/R^3)\,c_0^2}, \gamma\right] \\[3mm] \dfrac{D}{c_0} = f_3\left[\dfrac{E}{c_0^2}, \dfrac{\rho_0}{(Q/R^3)}, \dfrac{p_0}{(Q/R^3)\,c_0^2}, \gamma\right] \\[3mm] \dfrac{U}{c_0} = f_4\left[\dfrac{E}{c_0^2}, \dfrac{\rho_0}{(Q/R^3)}, \dfrac{p_0}{(Q/R^3)\,c_0^2}, \gamma\right] \end{cases} \tag{3.65}$$

根据波动力学可知, 对于空气而言, 其声速是其绝热系数、压力和密度的函数, 因此, 在式 (3.65) 中, 声速并不是一个独立的物理量, 可以不列入自变量; 同时, 对比单位质量炸药释放能量 E 和声速 c_0 的量纲, 式 (3.65) 可以简化为

$$\begin{cases} \dfrac{p_m^*}{QE/R^3} = f_1\left[\dfrac{\rho_0}{(Q/R^3)}, \dfrac{R}{(QE/p_0)^{1/3}}, \gamma\right] \\[3mm] \dfrac{\tau_+}{(QE/p_0)^{1/3}/c_0} = f_2\left[\dfrac{\rho_0}{(Q/R^3)}, \dfrac{R}{(QE/p_0)^{1/3}}, \gamma\right] \\[3mm] \dfrac{D}{c_0} = f_3\left[\dfrac{\rho_0}{(Q/R^3)}, \dfrac{R}{(QE/p_0)^{1/3}}, \gamma\right] \\[3mm] \dfrac{U}{c_0} = f_4\left[\dfrac{\rho_0}{(Q/R^3)}, \dfrac{R}{(QE/p_0)^{1/3}}, \gamma\right] \end{cases} \tag{3.66}$$

例 1 Hopkinson-Cranz 相似律

参考 3.2.1 节内容，若考虑缩比模型与原型处于相同的空气环境，且炸药及其装药密度完全相同时，即

$$
\begin{cases}
(p_0)_m = (p_0)_p \\
(c_0)_m = (c_0)_p \\
(\rho_0)_m = (\rho_0)_p \\
(\gamma)_m = (\gamma)_p
\end{cases}
\Rightarrow \lambda_{p_0} = \lambda_{c_0} = \lambda_{\rho_0} = \lambda_\gamma \equiv 1
\tag{3.67}
$$

也就是说，这四个物理量我们可以视为常量，则式 (3.66) 可以写为另一个有量纲函数形式并简化为

$$
\begin{cases}
\dfrac{p_m^*}{Q/R^3} = f_1\left(\dfrac{R}{Q^{1/3}}\right) \\[2mm]
\dfrac{\tau_+}{Q^{1/3}} = f_2\left(\dfrac{R}{Q^{1/3}}\right) \\[2mm]
D = f_3\left(\dfrac{R}{Q^{1/3}}\right) \\[2mm]
U = f_4\left(\dfrac{R}{Q^{1/3}}\right)
\end{cases}
\tag{3.68}
$$

定义一个相对距离量 R^*，需要再次说明的是，该量是一个有量纲量：

$$
R^* = \frac{R}{Q^{1/3}}
\tag{3.69}
$$

此时，式 (3.68) 即可以写为

$$
\begin{cases}
p_m^* = f_1(R^*) \\
\tau_+ = Q^{1/3} \cdot f_2(R^*) \\
D = f_3(R^*) \\
U = f_4(R^*)
\end{cases}
\tag{3.70}
$$

式 (3.70) 表明，在不考虑外界空气的影响，即缩比与原型试验处于同一个空气环境中时，超压峰值压力 p_m^*、正压作用时间 τ_+、冲击波波速 D 和波阵面后方质点速度 U 皆是相对距离 R^* 的函数。试验和理论也说明了这一点，如图 3.8 所示。从图中可以看出，不同炸弹尺寸、不同装药量，冲击波超压峰值压力 p_m^* 与相对距离 R^* 有着近似一致的函数关系。

如同以上所述，冲击波的毁伤效应主要有超压峰值 p_m^* 和冲量 i，根据图 3.5 可知

$$
i = \int_0^{\tau_+} p_m^*(t)\,\mathrm{d}t
\tag{3.71}
$$

从式 (3.63) 可以看出，对于缩比模型与原型而言，其冲量缩比为

$$
\lambda_i = \frac{(i)_m}{(i)_p} = \lambda_{p_m^*} \cdot \lambda_{\tau_+} = \lambda
\tag{3.72}
$$

根据式 (3.70) 可以给出相对正压冲量的函数表达式：

$$
\frac{i}{Q^{1/3}} = g(R^*)
\tag{3.73}
$$

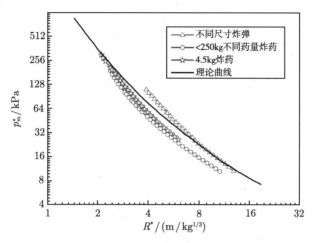

图 3.8 超压峰值与相对距离之间的联系

试验和理论也表明, 不同条件下相对正压冲量与相对距离皆近似满足某种函数关系, 如图 3.9 所示。

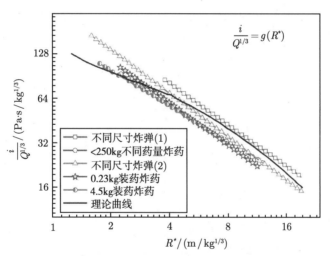

图 3.9 相对正压冲量与相对距离之间的联系

对不同 TNT 装药量 (2kg、20kg、60kg 和 114kg) 的试验结果进行整理, 得到图 3.10。从图中更容易看出, 虽然装药量增加了 50 多倍, 但其相对正压冲量与相对距离近似满足相同的函数关系, 其规律性非常明显。

这些说明对于特定的空气环境中, 炸药爆炸冲击波传播满足 Hopkinson-Cranz 相似关系。事实上, 该相似关系与前面内容所推导的结果并没有本质区别。以上所推导出的相似关系形式简单、相对准确, 因而在工程上得到了大量的应用。

例 2 Sachs 相似律

Hopkinson-Cranz 相似律形式简单、应用广泛, 在常规工程分析工程中足够准确; 从其假设可以看出, 其相似律成立的条件为缩比模型与原型处于同一个大气环境中, 从而可以忽

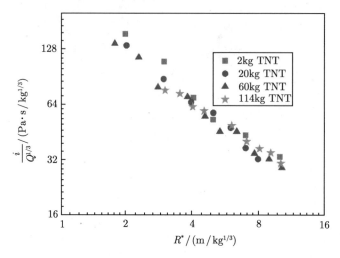

图 3.10 不同相对距离时相对正压冲量试验结果

略或将大气压视为常量。Dewey 与 Sperrazza 等研究表明,大气压对爆炸冲击波相对正压冲量有一定的影响,如图 3.11 所示。

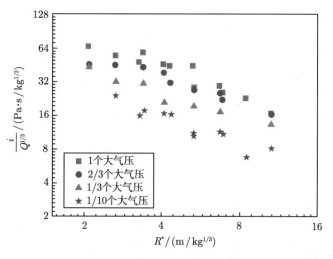

图 3.11 不同大气压环境中相对正压冲量与相对距离之间的联系

从图中可以看出,爆炸周围环境中空气压力从 1 个大气压下降到 1/10 个大气压的四种情况中,不同大气压条件下,相对正压冲量与相对距离皆呈相似的函数关系;但随着大气压的减小,其相对正压冲量逐渐减小。因而,大气压对于爆炸冲击波的影响在某些情况下应予以考虑。

根据式 (3.66) 和式 (3.71) 可以得到

$$\frac{i}{Q^{1/3}/(E/p_0)^{2/3}} = f\left[\frac{\rho_0}{(Q/R^3)}, \frac{R}{(QE/p_0)^{1/3}}, \gamma\right] \tag{3.74}$$

如果我们不考虑密度的影响并认为绝热指数为常量，式 (3.74) 则可以简化为

$$\frac{i}{Q^{1/3}/(E/p_0)^{2/3}} = f\left[\frac{R}{(QE/p_0)^{1/3}}\right] \tag{3.75}$$

若考虑缩比模型和原型中炸药相同，即单位质量炸药所释放出的化学能 E 可视为常量，则式 (3.75) 可以进一步简化为

$$\frac{i}{Q^{1/3} \cdot p_0^{2/3}} = f\left(\frac{Rp_0^{1/3}}{Q^{1/3}}\right) = f\left(R^* p_0^{1/3}\right) \tag{3.76}$$

式 (3.76) 即为爆炸冲击波传播的 Sachs 相似律。需要再次强调的是，以上方程中的两个组合量皆为有量纲量。利用式 (3.76) 对图 3.11 中数据进行整理，即可以得到图 3.12。

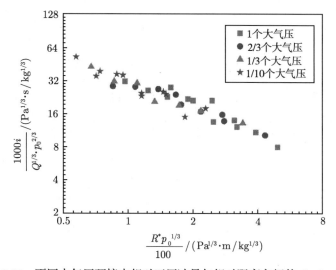

图 3.12　不同大气压环境中相对正压冲量与相对距离之间的 Sachs 关系

式 (3.76) 显示，不同大气压下校正后的相对正压冲量与校正后的相对距离近似满足相同的函数关系。对比图 3.12 和图 3.11 容易看出，考虑大气压的影响后，不同大气压条件下爆炸冲击波传播的相似律问题更加普适，规律性更加明显。

同理，根据式 (3.66) 可以给出其无量纲超压峰值为

$$\frac{p_m^*}{p_0} = f\left(\frac{Rp_0^{1/3}}{Q^{1/3}}\right) = f\left(R^* p_0^{1/3}\right) \tag{3.77}$$

对不同大气压环境下无量纲超压峰值与考虑大气压的相对距离之间的关系进行分析，得到图 3.13。

从图中可以看出，考虑爆炸环境大气压力后，不同大气压条件下爆炸冲击波的传播无量纲超压峰值与相对距离之间满足近似一致的函数关系。

对于波阵面后方质点速度而言，根据式 (3.66) 可知

$$\frac{U}{c_0} = f\left(\frac{Rp_0^{1/3}}{Q^{1/3}}\right) = f\left(R^* p_0^{1/3}\right) \tag{3.78}$$

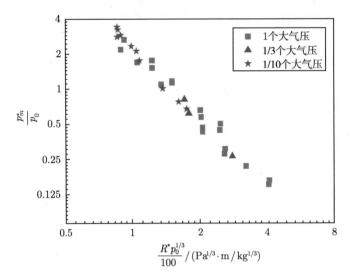

图 3.13 不同大气压环境中无量纲超压峰值与相对距离之间的 Sachs 关系

从图 3.14 可以看出，试验结果与式 (3.78) 符合性较好，从数十千克到近百吨装药量，无量纲质点速度与相对距离满足近似一致的规律，这也说明了 Sachs 相似律的适用性与准确性。

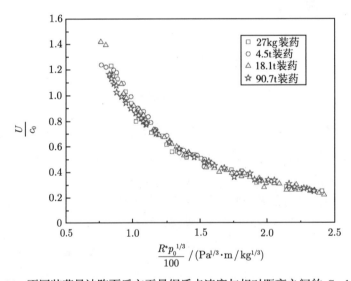

图 3.14 不同装药量波阵面后方无量纲质点速度与相对距离之间的 Sachs 关系

3.3 土壤介质中爆炸问题量纲分析与相似律

土壤是地表最常见的物质之一。当前，随着科技的发展，新材料层出不穷，但土壤仍然是使用最广泛的天然工程材料之一；需要说明的是，这里的土壤是广义上的土壤，包含普通土壤、黏土、沙土等。土壤中的爆炸问题一直是爆炸力学中的研究难点，至今尚有太多问题没有解决,甚至大多数核心理论问题皆没有解决。研究土壤介质中的爆炸问题,并给出其科学准确的相似关系,进而开展缩比模型试验,是当前研究土壤中爆炸问题及其防护工程设计中最重要的手段之一。

与常规材料不同,土壤是一个多相介质,其本质上是颗粒材料堆积而成的一种介质,颗粒材料之间可能只是相互压缩或摩擦,也可能有一定的黏结力。事实上,土壤是一系列具有类似形状介质的统称而已,其介质中颗粒之间存在空隙,而空隙中可能是空气、也可能是水,还有可能是更小尺度的土壤介质与空气的复合介质。因此,在高强度压缩荷载作用下,土壤首先出现空隙压缩和坍塌行为,其次会出现内摩擦行为,而在大多数情况下,其颗粒可以视为不可压缩刚性材料。因而,从严格意义上讲,土壤并不是一种材料,也不存在内在所谓的"本构关系";除非土壤中颗粒粒径极小,颗粒之间接触良好且稳定,这种土壤即为黏土,可以视为一种材料,可以认为存在内在的"本构关系"。

3.3.1　土壤介质中爆炸成坑问题

在大体积土壤介质中 (下面同),爆炸后必然形成空腔或空隙;特别是当爆炸点距离地面距离较近时,爆炸冲击波会将浮土向四周高速抛掷从而形成弹坑。此时,土壤介质中的爆炸问题就尤为复杂,涉及瞬态冲击效应、重力效应、土壤介质的多相耦合力学特性等问题。

对于近地面土壤介质中爆炸问题而言,弹坑的形状尺寸主要影响因素有炸药的相关参数、土壤的相关参数和爆炸力学相关参数。设炸药爆炸产物满足多方指数状态方程,其指数为 γ_e;炸药的装药密度为 ρ_e,装药量为 Q,单位质量炸药所释放出的化学能为 E;炸药的埋深为 L;土壤的密度为 ρ_s,如图 3.15 所示。

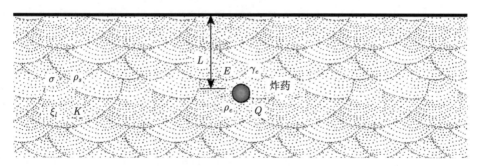

图 3.15　近地面土壤介质中爆炸成坑示意图

设土壤的单轴压缩强度或内摩擦力为 σ,假设其压力与体应变的状态方程关系满足双线性,锁体应变为 ε_l,压实段近似模量为 K;则可以给出弹坑直径 R 的函数表达式为

$$R = f(L, Q, \rho_e, E, \gamma_e, \rho_s, \sigma, \varepsilon_l, K, g) \tag{3.79}$$

在这个问题中,炸药爆炸能量也可以近似认为皆转化为机械能,因此,我们可以将之视为纯力学问题,此时能量对应的量纲也是一个衍生量纲。因此该问题中 11 个物理量有 3 个基本量纲,对应独立的参考物理量 3 个,这里我们分别取装药量 Q、埋深 L 和单位质量炸药所释放出的化学能 E 为参考物理量,各物理量的量纲幂次系数如表 3.10 所示。

对表 3.10 进行类似矩阵初等变换,可以得到表 3.11。

表 3.10   近地面土壤介质中爆炸成坑问题中变量的量纲幂次系数

	Q'	L	E	γ_e	ρ_e	ρ_s	ε_l	K	σ	g	R
M	1	0	0	0	1	1	0	1	1	0	0
L	0	1	2	0	-3	-3	0	-1	-1	1	1
T	0	0	-2	0	0	0	0	-2	-2	-2	0

表 3.11   近地面土壤介质中爆炸成坑问题中变量的量纲幂次系数 (初等变换)

	Q'	L	E	γ_e	ρ_e	ρ_s	ε_l	K	σ	g	R
Q'	1	0	0	0	1	1	0	1	1	0	0
L	0	1	0	0	-3	-3	0	-3	-3	-1	1
E	0	0	1	0	0	0	0	1	1	1	0

根据 Π 理论, 可以给出无量纲表达式:

$$\frac{R}{L} = f\left(\frac{\rho_e}{Q'/L^3}, \gamma_e, \frac{\rho_s}{Q'/L^3}, \frac{\sigma}{Q'E/L^3}, \varepsilon_l, \frac{K}{Q'E/L^3}, \frac{g}{E/L}\right) \tag{3.80}$$

式中, 右端函数内最后一项是指重力的影响, 将之写为重力的形式更容易理解, 即

$$\frac{R}{L} = f\left(\frac{\rho_e}{\rho_s}, \gamma_e, \frac{\rho_s L^3}{Q'}, \frac{\sigma L^3}{Q'E}, \varepsilon_l, \frac{K}{Q'E/L^3}, \frac{\rho_s g L^4}{Q'E}\right) \tag{3.81}$$

为方便对比分析, 采取工程上常用的方法, 我们将炸药能量等参数以常规 TNT 炸药为参考进行归一化处理, 即

$$Q'E = QE_0 \tag{3.82}$$

式中, Q 和 E_0 分别表示 TNT 当量和单位质量常规 TNT 炸药所释放出的化学能。此时, 式 (3.81) 可以简化为

$$\frac{R}{L} = f\left(\frac{\rho_s L^3}{Q}, \frac{\sigma L^3}{QE_0}, \varepsilon_l, \frac{K}{QE_0/L^3}, \frac{\rho_s g L^4}{QE_0}\right) \tag{3.83}$$

考虑到 E_0 可以视为一个常量, 式 (3.83) 可以进一步写为

$$\frac{R}{L} = f\left(\frac{\rho_s L^3}{Q}, \frac{\sigma L^3}{Q}, \varepsilon_l, \frac{K}{Q/L^3}, \frac{\rho_s L^4}{Q}\right) \tag{3.84}$$

需要强调说明的是, 此时式 (3.84) 右端函数中的变量就不全是无量纲量了。

对于近地面爆炸而言, 弹坑形状与尺寸主要是由于爆炸产生的高压将其上覆土壤抛掷而出形成的, 因而, 与深地下爆炸形成空腔的原理不同, 此时土壤压实段状态方程参数可以忽略。此时式 (3.84) 可以进一步简化为

$$\frac{R}{L} = f\left(\frac{\rho_s L^3}{Q}, \frac{\sigma L^3}{Q}, \frac{\rho_s L^4}{Q}\right) \tag{3.85}$$

式中, 含土壤密度的自变量项有两项, 其中前者表征土壤抛掷惯性效应对成坑尺寸的影响, 后者表征炸药上覆土壤重力对成坑尺寸的影响。特别是当缩比模型与原先所使用的土壤材料完全相同时, 式 (3.85) 可以写为

$$\frac{R}{L} = f\left(\frac{L^3}{Q}, \frac{L^4}{Q}\right) \tag{3.86}$$

再次强调,式 (3.86) 中两个自变量皆非无量纲量。参考 3.2 节中的相关形式,式 (3.86) 可以写为

$$\frac{R}{L} = f\left(\frac{L}{Q^{1/3}}, \frac{L}{Q^{1/4}}\right) \tag{3.87}$$

令

$$\bar{R} = \frac{R}{L}, \quad L_1^* = \frac{L}{Q^{1/3}}, \quad L_2^* = \frac{L}{Q^{1/4}} \tag{3.88}$$

此时,式 (3.87) 即可简写为

$$\bar{R} = f\left(L_1^*, L_2^*\right) \tag{3.89}$$

对于几何缩比为 $\lambda = (L)_m/(L)_p$ 的缩比模型而言,其与原型满足相似的必要条件为

$$\begin{cases} \left(\dfrac{L}{Q^{1/3}}\right)_m = \left(\dfrac{L}{Q^{1/3}}\right)_p \\ \left[\dfrac{L}{Q^{1/4}}\right]_m = \left[\dfrac{L}{Q^{1/4}}\right]_p \end{cases} \Rightarrow \begin{cases} \lambda_Q = \dfrac{(Q)_m}{(Q)_p} = \lambda^3 \\ \lambda_Q = \dfrac{(Q)_m}{(Q)_p} = \lambda^4 \end{cases} \tag{3.90}$$

式 (3.90) 意味着:在满足材料相似的基础上,如果同时考虑近地面爆炸开坑问题中惯性效应和上覆土壤的重力,该问题并不满足严格的几何相似律。

事实上,式 (3.85) 的物理意义比较明显:其右端函数第一个自变量表示炸药能量克服上覆土壤惯性做功情况,第二个自变量表示炸药能量克服上覆土壤内摩擦力耗能情况,第三个自变量表示炸药能量克服上覆土壤重力做功情况。如果我们假设该问题的主要影响物理量是前两者,即假设

$$\bar{R} \approx f\left(L_1^*\right) \tag{3.91}$$

利用式 (3.91) 对试验结果进行整理,得到图 3.16。

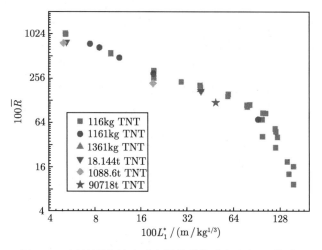

图 3.16 近地面土壤介质中爆炸成坑半径与埋深关系 I

从图 (3.16) 中可以看出,从 116kgTNT 当量到 90718tTNT 当量爆炸问题而言,虽然其量级跨度很大 (相差约 6 个量级),但其无量纲成坑半径与埋深之间的关系近似一致,也就是说,式 (3.91) 所示近似关系在一定程度上是合理的。

如果我们假设该问题中主要影响因素是上覆土壤的重力，则此时近似认为

$$\bar{R} \approx f\left(L_2^*\right) \tag{3.92}$$

对以上试验结果进行整理，得到图 3.17。

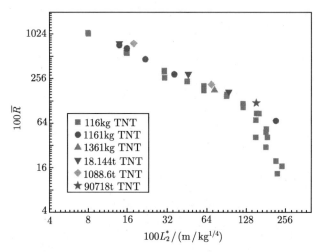

图 3.17　近地面土壤介质中爆炸成坑半径与埋深关系 II

图 3.17 显示，利用以上近似关系拟合，所给出的结果也近似满足某种特定的函数关系。对比图 3.16 和图 3.17 可以发现，利用式 (3.91) 对试验数据进行整理时，大当量爆炸无量纲成坑半径预测值偏小；而利用式 (3.92) 对试验数据进行整理时，大当量爆炸无量纲成坑半径则偏大。也就是说，两者应该同时进行考虑，如此一来，同以上分析，该问题并不满足严格的几何相似律。

对比图 3.16 和图 3.17 还可以看出，虽然两个近似模型皆有少许偏差，但考虑到其当量跨过 5 个量级，因此，整体来讲足够准确。我们希望找出一个近似的模型，能够更准确地拟合土壤爆炸成坑定量关系，对几何相似律进行校正，以期近似给出一个能够相对准确且满足几何相似律的函数关系。考虑到以上所分析的两个近似模型的偏差特征，我们可以给出校正后的近似关系：

$$\bar{R} \approx f\left(L_3^*\right) \tag{3.93}$$

式中

$$L_3^* = \frac{L}{Q^\alpha}, \quad \frac{1}{4} < \alpha < \frac{1}{3} \tag{3.94}$$

如近似取

$$\alpha = \frac{1/3 + 1/4}{2} = \frac{7}{24} \tag{3.95}$$

即

$$L_3^* = \frac{L}{Q^{7/24}} \tag{3.96}$$

利用以上函数关系对试验数据作进一步处理，可以得到图 3.18。

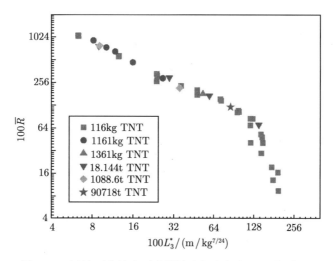

图 3.18　近地面土壤介质中爆炸成坑半径与埋深关系 III

从图 3.18 可以看出，上述形式所给出的函数形式与试验数据非常吻合，相比式 (3.91) 和式 (3.92) 而言，其准确性有一定的提高。其他相关学者也根据试验得到了非常相近的经验表达式。

同样，对于几何缩比为 $\lambda = (L)_m/(L)_p$ 的缩比模型而言，其与原型满足相似的必要条件就简化为

$$\left(\frac{L}{Q^{7/24}}\right)_m = \left(\frac{L}{Q^{7/24}}\right)_p \Rightarrow \lambda_Q = \frac{(Q)_m}{(Q)_p} = \lambda^{24/7} \tag{3.97}$$

也就是说，此时该问题满足几何相似律，其相似关系同上。

根据以上理论与试验结果的对比分析可知，量纲分析简化过程中的假设基本合理；不过以上结论的函数中自变量并不是无量纲量，物理意义不明显，我们可以根据以上试验对比分析结果反向对式 (3.83) 进行分析。根据简化假设，对式 (3.83) 进行简化有

$$\frac{R}{L} = f\left(\frac{\rho_s L^3}{Q}, \frac{\sigma L^3}{Q E_0}, \frac{\rho_s g L^4}{Q E_0}\right) \tag{3.98}$$

相关研究表明，对于土壤中的爆炸而言，其惯性效应的影响相对于后两者要小得多，因此，式 (3.98) 可以进一步简化为

$$\frac{R}{L} = f\left(\frac{\sigma^{1/3} L}{Q^{1/3} E_0^{1/3}}, \frac{\rho_s^{1/4} g^{1/4} L}{Q^{1/4} E_0^{1/4}}\right) \tag{3.99}$$

对比式 (3.99) 和式 (3.92) 可以看出，如果需要得到后者的形式，式 (3.99) 需写为

$$\frac{R}{L} = f\left(\frac{\sigma^{1/3} L}{Q^{1/3} E_0^{1/3}} \cdot \frac{\rho_s^{1/4} g^{1/4} L}{Q^{1/4} E_0^{1/4}}\right) = f\left(\frac{\rho_s^{1/4} g^{1/4} \sigma^{1/3} L^2}{Q^{7/12} E_0^{7/12}}\right) = f\left(\frac{\rho_s^{1/8} g^{1/8} \sigma^{1/6}}{E_0^{7/24}} \cdot \frac{L}{Q^{7/24}}\right) \tag{3.100}$$

Johnson 等开展了不同重力加速度条件土壤中爆炸试验研究，如图 3.19 所示。

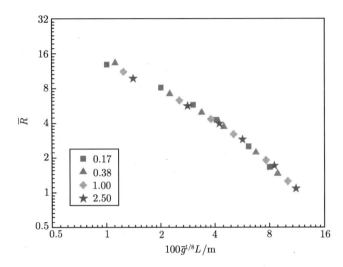

图 3.19 近地面土壤介质中爆炸成坑半径与重力加速度之间的关系

试验中土壤和炸药参数相同, 此时, 式 (3.100) 中炸药和土壤参数可视为常量。图 3.19 中数据显示, 无量纲弹坑尺寸与 $\bar{g}^{1/8}$ 呈现明显的函数关系, 即

$$\bar{R} = \frac{R}{L} = f\left(g^{1/8}L\right) = f\left(\bar{g}^{1/8}L\right) \tag{3.101}$$

式中

$$\bar{g} = \frac{g}{g_0}, \quad g_0 \doteq 9.80\mathrm{m/s}^2 \tag{3.102}$$

也就是说, 从试验结果和以上的量纲分析结果来看, 式 (3.99) 可以写为

$$\frac{R}{L} = f\left(\frac{g_0^{1/8}}{E_0^{7/24}} \cdot \rho_s^{1/8}\sigma^{1/6} \cdot \frac{L\bar{g}^{1/8}}{Q^{7/24}}\right) \tag{3.103}$$

同时, 研究表明, 利用应力 σ 来表征不合理, 例如, 对于干砂而言, 其值接近于 0, 从而导致式 (3.103) 所给出的结果明显不合理; 相关学者认为, 对于此类爆炸问题, 利用波动力学参数 $\rho_s C^2$ 代替本构中应力强度 σ 更为合适, 两者的量纲一致; 其中 C 表示土壤中的声速。此时, 式 (3.103) 可以进一步写为

$$\frac{R}{L} = f\left[\frac{g_0^{1/8}}{E_0^{7/24}} \cdot \rho_s^{1/8}\left(\rho_s C^2\right)^{1/6} \cdot \frac{L\bar{g}^{1/8}}{Q^{7/24}}\right] = f\left(\frac{g_0^{1/8}}{E_0^{7/24}} \cdot \rho_s^{7/24}C^{1/3} \cdot \frac{L\bar{g}^{1/8}}{Q^{7/24}}\right) \tag{3.104}$$

研究发现, 对于几种常见的土壤而言, 其密度非常接近, 可以近似视为常数; 此时式 (3.104) 可以写为

$$\frac{R}{L} = f\left(\frac{g_0^{1/8}\rho_s^{7/24}}{E_0^{7/24}} \cdot C^{1/3} \cdot \frac{L\bar{g}^{1/8}}{Q^{7/24}}\right) \tag{3.105}$$

令常数

$$K = \frac{g_0^{1/8}\rho_s^{7/24}}{E_0^{7/24}} \tag{3.106}$$

则式 (3.105) 可以简写为

$$\bar{R} = \frac{R}{L} = f\left(K \cdot \frac{L\bar{g}^{1/8}}{Q^{7/24}} \cdot C^{1/3}\right) \tag{3.107}$$

从式 (3.107) 可以看出，弹坑无量纲直径的影响因素中有关土壤的因素理论上只有声速 C。几种常见的地质材料的声速如表 3.12 所示。

表 3.12　几种典型地质材料的声速

材料类型	$C/(\text{m/s})$	$C^{1/3}$ 平均值
松散干土	200～1000	8.48
黏土和湿土	800～1900	11.04
砂岩	900～4300	13.73
花岗岩	2400～4600	15.21
石灰岩	2100～6400	16.22

从表 3.12 可以看出，不同种类土壤和岩石其声速相差较大；干土和湿土的声速也相差一倍左右。1960 年 Sager 等对 5 种土壤材料中近地面爆炸爆坑尺寸问题相关试验结果进行了总结，如图 3.20 所示。

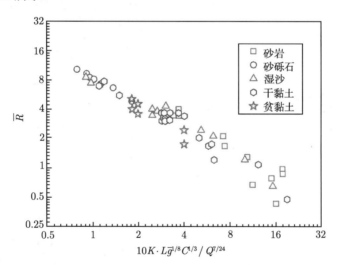

图 3.20　近地面土壤介质中爆炸成坑无量纲半径相似关系

图中 5 种材料：砂岩的密度近似为 2.19g/cm^3，材料声速为 1520m/s；砂砾石的密度为 1.35g/cm^3，材料声速为 910m/s；湿沙的密度为 1.61g/cm^3，材料声速为 460m/s；干黏土的密度为 1.44g/cm^3，材料声速为 910m/s；贫黏土的密度 1.70g/cm^3，材料声速为 340m/s。从图 3.20 可以看出，对于土壤材料而言，利用 $\rho_s C^2$ 代替 σ 是合理准确的。

3.3.2　土壤介质中爆炸振动问题

3.3.1 节对近地面土壤中 (含岩石) 的爆炸成坑问题进行了初步分析；事实上，土壤中的炸药爆炸除了能够形成大尺寸爆坑之外，所造成的振动与冲击对地下结构的毁伤破坏问题也是不可忽视的，本节即针对此问题进行初步量纲分析。土壤中炸药爆炸引起的振动冲击与地震具有类似的特征。

我们以土壤介质中质点最大径向位移 U_m 和径向峰值速度 V_p 两个关键参数来标定爆炸波在土壤介质中传播过程中对地下结构的毁伤破坏能力。同 3.3.1 节,我们将所用炸药均等效为不同当量的 TNT 炸药,设单位质量 TNT 炸药所释放出的化学能为 E_0,炸药装药的 TNT 当量为 Q;土壤的密度为 ρ_s,声速 (P 波波速) 为 C,同 3.3.1 节,不考虑土壤材料的其他本构参数和断裂强度等,假设可以利用此两个参数及其组合来表征其力学性能;测量点与爆心的间距为 R;试验表明,近地面土壤内爆炸冲击效应与其埋深无明显的内在联系,因此,埋深因素在此不予考虑。

因而,质点最大径向位移 U_m 和径向峰值速度 V_p 可以表示为

$$\begin{cases} U_m = f\left(Q, E_0, \rho_s, C, R\right) \\ V_p = g\left(Q, E_0, \rho_s, C, R\right) \end{cases} \tag{3.108}$$

分别取 TNT 当量 Q、间距 R 和声速 C 三个物理量为参考物理量,各物理量的量纲幂次系数如表 3.13 所示。

表 3.13　土壤介质中爆炸振动冲击问题中变量的量纲幂次系数

	Q	R	C	E_0	ρ_s	U_m	V_p
M	1	0	0	0	1	0	0
L	0	1	1	2	-3	1	1
T	0	0	-1	-2	0	0	-1

对表 3.13 进行类似矩阵初等变换,可以得到表 3.14。

表 3.14　土壤介质中爆炸振动冲击问题中变量的量纲幂次系数 (初等变换)

	Q	R	C	E_0	ρ_s	U_m	V_p
Q	1	0	0	0	1	0	0
R	0	1	0	0	-3	1	0
C	0	0	1	2	0	0	1

根据 Π 理论,可以给出无量纲表达式:

$$\begin{cases} \dfrac{U_m}{R} = f\left(\dfrac{E_0}{C^2}, \dfrac{Q}{\rho_s R^3}\right) \\[3mm] \dfrac{V_p}{C} = g\left(\dfrac{E_0}{C^2}, \dfrac{Q}{\rho_s R^3}\right) \end{cases} \tag{3.109}$$

考虑到此问题中 TNT 当量 Q 与单位质量 TNT 炸药所释放出的化学能 E_0 以乘积的形式出现,式 (3.109) 可以进一步简化为

$$\begin{cases} \dfrac{U_m}{R} = f\left(\dfrac{QE_0}{\rho_s C^2 R^3}\right) \\[3mm] \dfrac{V_p}{C} = g\left(\dfrac{QE_0}{\rho_s C^2 R^3}\right) \end{cases} \tag{3.110}$$

Westine 总结了盐岩和粉质黏土两种介质中炸药爆炸引起无量纲最大位移 U_m/R、质点峰值速度 V_p/C 与无量纲装药量 $QE_0/(\rho_s C^2 R^3)$ 之间的关系，如图 3.21~图 3.24 所示。图 3.21 所示为盐岩中炸药爆炸所引起的无量纲质点最大位移与无量纲装药量之间的关系，其中爆炸试验炸药装药量有 3 种：91kg、227kg 和 455kg。从图中可以看出，对于不同装药量而言，无量纲最大位移与无量纲装药量之间满足类似的函数关系，这表明，对于盐岩介质而言，式 (3.110) 中第一式是合理准确的。

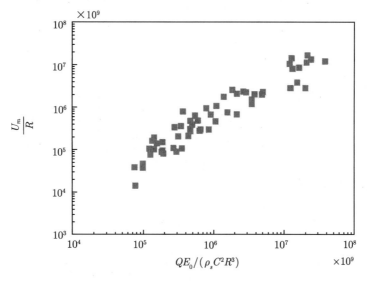

图 3.21 盐岩中爆炸引起的质点最大位移

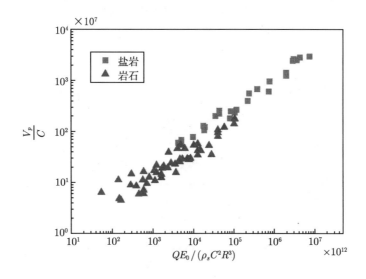

图 3.22 盐岩和某种其他岩石中爆炸引起的质点峰值速度

图 3.22 所示为盐岩和某种其他岩石中炸药爆炸引起周边介质中质点无量纲峰值速度与无量纲装药量之间的关系。从图中可以明显看出，对于两种岩石介质而言，不同装药量时，

无量纲峰值速度与无量纲装药量分别满足相近的函数关系；而且对比两种岩石介质容易发现，其对应的函数关系非常接近。

图 3.23 所示为某种粉质黏土介质中炸药装药量在 0.01~0.45kg 时爆炸产生周围介质中无量纲最大位移与无量纲装药量之间的关系。从图中可以看出，对于土壤介质而言，不同装药量时两个无量纲量满足非常相近的函数关系。

图 3.24 所示为粉质黏土介质中不同装药量炸药爆炸引起周围介质质点峰值速度与无量纲装药量之间的关系。从图中可以看出，无量纲质点峰值速度与无量纲装药量满足某种类似的函数关系。

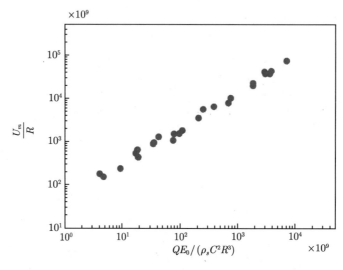

图 3.23　粉质黏土中爆炸引起的质点最大位移

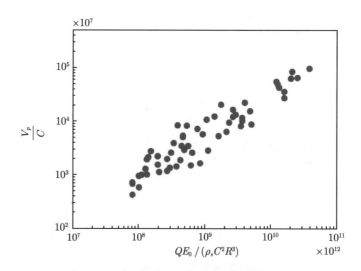

图 3.24　粉质黏土中爆炸引起的质点峰值速度

从图 3.21~ 图 3.24 可以看出，对于特定的介质材料而言，即 $\rho_s C^2$ 是特定值，此时式 (3.110) 是相对合理准确的；若不考虑其量纲特征，该式此时也可以简化为

$$\begin{cases} \dfrac{U_m}{R} = f\left(\dfrac{Q}{R^3}\right) \\[3mm] \dfrac{V_p}{C} = g\left(\dfrac{Q}{R^3}\right) \end{cases} \tag{3.111}$$

需要说明的是，此时函数中的自变量并不是无量纲量；对比式 (3.111) 与空气中炸药爆炸传播问题，容易发现，它们具有共同的自变量 Q/R^3。

然而，当介质不相同，特别是其性质差别较大时，其规律差别较大，如图 3.25 和图 3.26 所示。

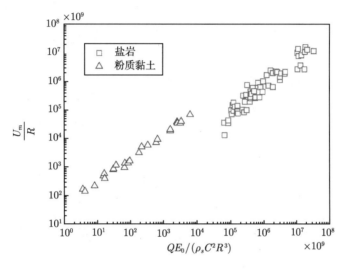

图 3.25　盐岩和粉质黏土中爆炸引起的质点最大位移

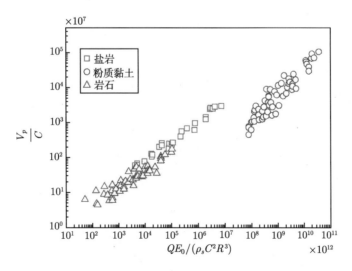

图 3.26　盐岩、某类岩石和粉质黏土中爆炸引起的质点峰值速度

从图 3.25 可以看出，随着无量纲装药量的增加，两种介质中无量纲质点最大位移皆呈近似线性的关系增大，但其函数关系并不是定量一致的。

对于无量纲质点峰值速度也是如此,从图 3.26 可以看出,盐岩和某类其他岩石之间的函数关系非常接近,而它们与土壤中爆炸情况下明显不同。

根据图 3.25 和图 3.26 可以认为,介质物理力学性能对于最大质点位移和质点峰值速度有着明显的影响,而本问题的分析中,与爆炸应力波传播介质物理力学性能相关的参数只有密度 ρ_s 和声速 C,而且一般以乘积 $\rho_s C^2$ 的形式出现。$\rho_s C^2$ 的量纲与应力和压力一致,为了构成一个无量纲数,我们另外选取一个压力量纲的量,如大气压为 p_0,此时质点最大径向位移 U_m 和径向峰值速度 V_p 可以表示为

$$
\begin{cases}
U_m = f\left(Q, E_0, \rho_s, C, R, p_0\right) \\
V_p = g\left(Q, E_0, \rho_s, C, R, p_0\right)
\end{cases}
\tag{3.112}
$$

同理,我们可以给出无量纲表达式:

$$
\begin{cases}
\dfrac{U_m}{R} = f\left(\dfrac{QE_0}{\rho_s C^2 R^3}, \dfrac{p_0}{\rho_s C^2}\right) \\[3mm]
\dfrac{V_p}{C} = g\left(\dfrac{QE_0}{\rho_s C^2 R^3}, \dfrac{p_0}{\rho_s C^2}\right)
\end{cases}
\tag{3.113}
$$

从图 3.25 和图 3.26 可以看出,对于特定的介质而言,无量纲最大质点位移或无量纲质点峰值速度与无量纲装药量之间呈良好的函数关系;因而,我们可以将式 (3.113) 进一步简化为

$$
\begin{cases}
\dfrac{U_m}{R} = f_1\left(\dfrac{QE_0}{\rho_s C^2 R^3}\right) f_2\left(\dfrac{p_0}{\rho_s C^2}\right) \\[3mm]
\dfrac{V_p}{C} = g_1\left(\dfrac{QE_0}{\rho_s C^2 R^3}\right) g_2\left(\dfrac{p_0}{\rho_s C^2}\right)
\end{cases}
\tag{3.114}
$$

Westine 根据试验结果给出了如下具体形式:

$$
\begin{cases}
\dfrac{U_m}{R}\sqrt{\dfrac{p_0}{\rho_s C^2}} = f\left(\dfrac{QE_0}{\rho_s C^2 R^3}\right) \\[3mm]
\dfrac{V_p}{C}\sqrt{\dfrac{p_0}{\rho_s C^2}} = g\left(\dfrac{QE_0}{\rho_s C^2 R^3}\right)
\end{cases}
\tag{3.115}
$$

定义:

$$
\bar{U}_m = \frac{U_m}{R}\sqrt{\frac{p_0}{\rho_s C^2}}, \quad \bar{V}_p = \frac{V_p}{C}\sqrt{\frac{p_0}{\rho_s C^2}}, \quad \bar{Q} = \frac{QE_0}{\rho_s C^2 R^3}
\tag{3.116}
$$

利用式 (3.116) 对图 3.25 和图 3.26 进行整理,可以分别得到图 3.27 和图 3.28。

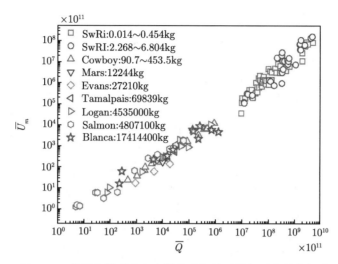

图 3.27 盐岩和粉质黏土中爆炸引起的无量纲质点最大位移

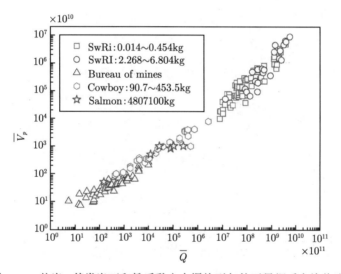

图 3.28 盐岩、某类岩石和粉质黏土中爆炸引起的无量纲质点峰值速度

从图 3.27 和图 3.28 可以看出,对于不同介质和不同装药量条件,无量纲最大质点位移或无量纲质点峰值速度与无量纲装药量之间分别满足近似统一的函数关系。Westine 给出了其定量的函数表达式:

$$\begin{cases} \bar{U}_m = \dfrac{0.04143\bar{Q}^{1.105}}{\tanh^{1.5}\left(18.24\bar{Q}^{0.2367}\right)} \\[4mm] \bar{V}_p = \dfrac{6.169 \times 10^{-3}\bar{Q}^{0.8521}}{\tanh\left(26.03\bar{Q}^{0.3}\right)} \end{cases} \tag{3.117}$$

3.4 非理想爆炸传播问题量纲分析与相似律

以上问题中我们假设炸药爆炸状态为理想状态，即爆炸在瞬间完成，且假设爆炸是点爆，特别是空气中爆炸问题中，几何参数只有一个距离 R，可以近似为一维问题；然而，在很多实际问题中，爆炸条件并不是如此理想。

3.4.1 枪或炮口爆炸波传播问题

枪或炮内发射药爆炸后，一部分能量用于发射炮弹或子弹而转化为弹体的动能，另一部分能量产生一个瞬态压力载荷并从枪或炮口传播至空气域中，如图 3.29 所示。这就类似在枪或炮口处产生一个能量源，该能量源在瞬间释放，从而产生一个瞬态压力脉冲。对于高速大口径枪或炮而言，这种瞬态压力脉冲强度一般皆较大，很有可能对炮口周边结构或人员造成毁伤，本节利用量纲分析方法进行分析，结合试验结果，研究枪或炮口邻近区域压力或冲量的分布规律。

图 3.29 枪或炮口瞬态压力脉冲示意图

前面内容对爆炸波在空气中的传播问题进行了分析，结果表明，对于装药 TNT 当量为 Q 的炸药爆炸而言，间距 R 与冲击波峰值压力和正压冲量 I 满足以下近似函数关系：

$$\begin{cases} p_m = f\left(\dfrac{R}{Q^{1/3}}\right) \\ \dfrac{I}{Q^{1/3}} = f\left(\dfrac{R}{Q^{1/3}}\right) \end{cases} \tag{3.118}$$

式中，Q 表示等效为标准 TNT 炸药的当量，因此，可以认为炸药的密度是常数，因此有

$$Q^{1/3} \propto V^{1/3} \propto d \tag{3.119}$$

式中，V 表示炸药的体积；d 表示炸药的直径或等效直径 (将其他形式装药体积等效为球形时对应的直径)。

因此, 式 (3.118) 可以简化为

$$
\begin{cases}
p_m = f\left(\dfrac{R}{d}\right) \\[2mm]
\dfrac{I}{d} = f\left(\dfrac{R}{d}\right)
\end{cases}
\tag{3.120}
$$

与炸药在空气域或土壤介质中的爆炸不同, 枪或炮口形成的瞬态压力脉冲并不是向四周等量输出, 而是具有方向性的, 其在平行于枪或炮管的方向存在一定的初始速度, 因此其方向上的爆炸波传播与垂直于该方向传播演化过程一般并不相同; 此时需要考虑两个方向上的间距: 平行于枪或炮管方向与枪或炮口的轴向间距 $l_\parallel$ 和垂直于该方向上的径向间距 $l_\perp$。

设枪或炮的发射药的总能量为 E, 弹丸或炮弹的质量和出膛初速度分别为 M 和 V_0, 可以近似给出枪或炮口等效冲击能量 W^* 为

$$
W^* = \eta\left(E - \frac{1}{2}MV_0^2\right)
\tag{3.121}
$$

式中, η 表示某种系数, 其值小于 1。

定义

$$
W = \frac{W^*}{\eta}
\tag{3.122}
$$

则式 (3.121) 可以写为

$$
W = E - \frac{1}{2}MV_0^2
\tag{3.123}
$$

容易知道, 弹丸或炮弹的质量 M 与其口径 (或枪/炮膛内径 d) 的平方呈正比关系, 其出膛初速度 V_0 应与发射药能量 E、膛内径 d 和膛长度 L 密切相关。系数 η 也与发射剂特性和以上参数相关, 对于特定的发射剂而言, 我们可以初步给出枪或炮口瞬态压力脉冲波传播过程中的无量纲峰值压力和正压冲量为

$$
\begin{cases}
p_m = f\left(l_\parallel, l_\perp, L, d, W\right) \\[2mm]
I = g\left(l_\parallel, l_\perp, L, d, W\right)
\end{cases}
\tag{3.124}
$$

从式 (3.124) 中各物理量的量纲容易看出, 整个问题有 3 个独立的基本量纲, 而自变量中只能找到 2 个量纲独立的物理量, 因此, 应该还缺少自变量。综合分析该问题的本质, 我们可以选取空气的声速 C 为一个自变量, 式 (3.124) 可改写为

$$
\begin{cases}
p_m = f\left(l_\parallel, l_\perp, L, d, W, C\right) \\[2mm]
I = g\left(l_\parallel, l_\perp, L, d, W, C\right)
\end{cases}
\tag{3.125}
$$

这里我们分别取枪或炮膛的内径 d、能量 W 和空气中的声速 C 为参考物理量, 各物理量的量纲幂次系数如表 3.15 所示。

表 3.15 枪或炮口爆炸波传播问题中变量的量纲幂次系数

	W	d	C	$l_\parallel$	$l_\perp$	L	p_m	I
M	1	0	0	0	0	0	1	1
L	2	1	1	1	1	1	-1	-1
T	-2	0	-1	0	0	0	-2	-1

对表 3.15 进行类似矩阵初等变换, 可以得到表 3.16。

表 3.16 枪或炮口爆炸波传播问题中变量的量纲幂次系数 (初等变换)

	W	d	C	$l_\parallel$	$l_\perp$	L	p_m	I
W	1	0	0	0	0	0	1	1
d	0	1	0	1	1	1	-3	-2
C	0	0	1	0	0	0	0	-1

根据 Π 理论, 结合式 (3.120) 形式, 可以给出无量纲表达式:

$$
\begin{cases}
\dfrac{p_m d^3}{W} = f\left(\dfrac{l_\parallel}{d}, \dfrac{l_\perp}{d}, \dfrac{L}{d} \right) \\[3mm]
\dfrac{I d^2 C}{W} = g\left(\dfrac{l_\parallel}{d}, \dfrac{l_\perp}{d}, \dfrac{L}{d} \right)
\end{cases}
\tag{3.126}
$$

设缩比模型与原型满足几何相似, 则容易知道

$$
\begin{cases}
\left(\dfrac{L}{d} \right)_m = \left(\dfrac{L}{d} \right)_p \\[3mm]
\left(\dfrac{l_\parallel}{d} \right)_m = \left(\dfrac{l_\parallel}{d} \right)_p \\[3mm]
\left(\dfrac{l_\perp}{d} \right)_m = \left(\dfrac{l_\perp}{d} \right)_p
\end{cases}
\tag{3.127}
$$

由式 (3.126) 可知, 这两个模型满足相似的另一个必要条件是

$$
\begin{cases}
\left(\dfrac{p_m d^3}{W} \right)_m = \left(\dfrac{p_m d^3}{W} \right)_p \\[3mm]
\left(\dfrac{I d^2 C}{W} \right)_m = \left(\dfrac{I d^2 C}{W} \right)_p
\end{cases}
\tag{3.128}
$$

设缩比模型相对于原型而言其几何缩比为 λ, 则有

$$
\begin{cases}
\dfrac{\left(\dfrac{p_m}{W} \right)_m}{\left(\dfrac{p_m}{W} \right)_p} = \dfrac{(d^3)_p}{(d^3)_m} = \dfrac{1}{\lambda^3} \\[5mm]
\dfrac{\left(\dfrac{IC}{W} \right)_m}{\left(\dfrac{IC}{W} \right)_p} = \dfrac{(d^2)_p}{(d^2)_m} = \dfrac{1}{\lambda^2}
\end{cases}
\Rightarrow
\begin{cases}
\dfrac{(p_m)_m}{(p_m)_p} = \dfrac{1}{\lambda^3} \dfrac{(W)_m}{(W)_p} \\[3mm]
\dfrac{(IC)_m}{(IC)_p} = \dfrac{1}{\lambda^2} \dfrac{(W)_m}{(W)_p}
\end{cases}
\tag{3.129}
$$

假设缩比模型与原型中弹和发射药材料的物理性质一致, 几何形状相同, 几何缩比也为 λ, 弹体的出膛初速度相同, 单位质量发射药释放能量和效率系数也假设相等为 η, 此时即有

$$\frac{(W)_m}{(W)_p} = \lambda^3 \tag{3.130}$$

式 (3.129) 可进一步简化为

$$\begin{cases} \dfrac{(p_m)_m}{(p_m)_p} = 1 \\[3mm] \dfrac{(IC)_m}{(IC)_p} = \lambda \end{cases} \tag{3.131}$$

从式 (3.131) 容易看出, 满足以上假设基础上, 枪或炮口峰值超压满足严格的几何相似律。

一般而言, 缩比模型和原型试验皆在空气介质中完成, 因此, 对于两个模型而言, 其空气声速 C 可以视为一个常量, 因此, 在实际工程中式 (3.126) 也常写为

$$\begin{cases} \dfrac{p_m d^3}{W} = f\left(\dfrac{l_\parallel}{d}, \dfrac{l_\perp}{d}, \dfrac{L}{d}\right) \\[3mm] \dfrac{I d^2}{W} = g\left(\dfrac{l_\parallel}{d}, \dfrac{l_\perp}{d}, \dfrac{L}{d}\right) \end{cases} \tag{3.132}$$

不过需要说明的是, 此时式 (3.132) 中第二式因变量不再是无量纲量了。我们可以注意到, 式 (3.132) 中 d^3 是表征体积的量, 然而, 事实上, 对于炮管内的体积, 其理论上应为 $d^2 L$, 此时式 (3.132) 中第一式可以近似写为

$$\frac{p_m d^3}{W} = f\left(\frac{l_\parallel}{d}, \frac{l_\perp}{d}, \frac{L}{d}\right) = f\left(\frac{l_\parallel}{d}, \frac{l_\perp}{d}\right) \bigg/ \frac{L}{d} \Rightarrow \frac{p_m d^2 L}{W} = f\left(\frac{l_\parallel}{d}, \frac{l_\perp}{d}\right) \tag{3.133}$$

式中, $W/(d^2 L)$ 的量纲与压力的量纲相同, 我们可以认为与膛压呈正比关系, 其物理意义可以认为是膛内单位体积的能量。试验结果也表明, 如图 3.30 所示, 在枪或炮口即 $l_\parallel = 0$ 处, 不同类型枪或弹膛口垂直方向上的峰值压力满足

$$\frac{p_m d^2 L}{W} = f\left(\frac{l_\perp}{d}\right) \tag{3.134}$$

从图 3.30 中可以看出, 随着垂直方向上无量纲间距对数值的增大, 枪或炮口无量纲峰值压力的对数呈近似线性递减; 这个结论与式 (3.120) 所示空气中爆炸波的传播过程中峰值压力的演化特征基本相同。

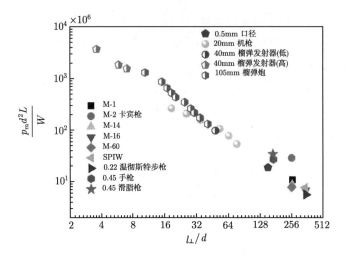

图 3.30 枪或炮口无量纲垂直距离上无量纲峰值压力值

类似地，对于冲量而言，我们也可以认为枪或炮管无量纲长度与平行和垂直距离相互解耦，即有

$$\frac{Id^2}{W} = g\left(\frac{l_\parallel}{d}, \frac{l_\perp}{d}, \frac{L}{d}\right) = g\left(\frac{l_\parallel}{d}, \frac{l_\perp}{d}\right)\bigg/f\left(\frac{L}{d}\right) \tag{3.135}$$

在枪或炮口即 $l_\parallel = 0$ 处，即有

$$\frac{Id^2}{W} = g\left(\frac{l_\perp}{d}\right)\bigg/f\left(\frac{L}{d}\right) \tag{3.136}$$

不同口径和型号的枪或炮发射试验结果表明，如图 3.31 所示，式 (3.136) 可以进一步写为

$$f\left(\frac{L}{d}\right) = \left(\frac{L}{d}\right)^{3/4} \tag{3.137}$$

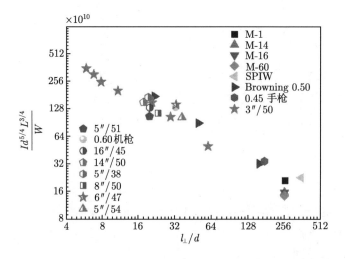

图 3.31 枪或炮口无量纲垂直距离上正压冲量值

此时，式 (3.136) 可以写为

$$\frac{I d^{5/4} L^{3/4}}{W} = g\left(\frac{l_\perp}{d}\right) \tag{3.138}$$

Baker 等对无后坐力炮的相关问题也开展了大量总结性研究，并分析了炮口和后膛不同方向和间距上无量纲峰值超压的演化规律。根据以上分析可知，$W/(d^2 L)$ 可以认为是膛内单位体积的能量，因此，式 (3.133) 可以写为如下形式：

$$\frac{p_m}{W/(d^2 L)} = f\left(\frac{l_\parallel}{d}, \frac{l_\perp}{d}\right) \Leftrightarrow \frac{p_m}{\bar{p}} = f\left(\frac{l_\parallel}{d}, \frac{l_\perp}{d}\right) \tag{3.139}$$

如利用无后坐力炮膛内最大超压 p_c 代替上面的等效平均压力 $\bar{p} = W/(d^2 L)$，则可以写为

$$\frac{p_m}{p_c} = f\left(\frac{l_\parallel}{d}, \frac{l_\perp}{d}\right) \tag{3.140}$$

而且，我们可以利用测量点距离炮口或后膛出气口间距 l 和与炮膛轴线的夹角 θ 来标定测量点与炮口或后膛出气口的平行和垂直间距 $(l_\parallel, l_\perp)$，式 (3.140) 可以写为如下无量纲形式：

$$\frac{p_m}{p_c} = f\left(\frac{l}{d}, \theta\right) \tag{3.141}$$

图 3.32 所示为不同口径和型号无后坐力炮炮口与后膛出口处垂直炮管轴线 $\theta = 90°$ 方向上相对峰值超压与间距之间的幂次关系。

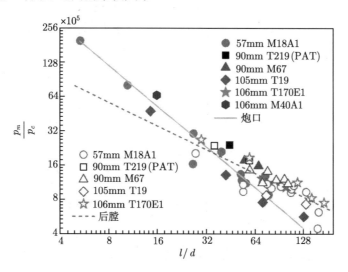

图 3.32 无后坐力炮炮口和后膛出口处垂直方向上相对峰值超压的分布规律

从图 3.32 容易看出，式 (3.141) 的关系对于不同口径和不同型号的无后坐力炮皆是近似成立的。相比之下，炮口处的峰值超压应明显大于后膛出口处的超压；但是在垂直方向上其衰减的速度也比后者快速。两处对应的相对峰值超压的对数与其垂直间距的对数呈线性反比关系。

图 3.33~ 图 3.35 分别为无后坐力炮炮膛出口自由域与炮管轴线夹角 θ 分别为 0°(平行)、30° 和 90°(垂直) 方向上不同间距处相对峰值超压值。

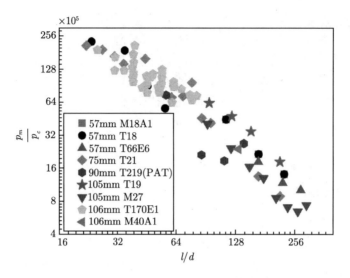

图 3.33 后膛出口不同间距处相对峰值超压值 ($\theta = 0°$)

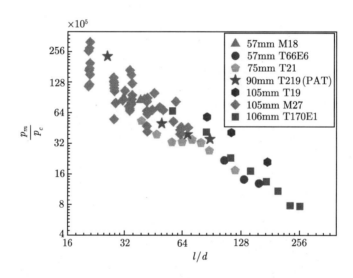

图 3.34 后膛出口不同间距处相对峰值超压值 ($\theta = 30°$)

从图 3.33~ 图 3.35 中可以看出,对于不同夹角,不同型号和口径的无后坐力炮后膛自由域中相对峰值超压的对数与无量纲间距的对数皆近似满足线性反比关系:

$$\ln \frac{p_m}{p_c} = -a \ln \frac{l}{d} + b \tag{3.142}$$

式 (3.142) 也可以写为

$$\frac{p_m}{p_c} = B \left(\frac{l}{d} \right)^{-a}, \quad B = e^b \tag{3.143}$$

式中, a 和 b 为待定系数,是夹角 θ 的函数。因此,式 (3.143) 可以进一步写为

$$\frac{p_m}{p_c} = f_1(\theta) \left(\frac{l}{d} \right)^{-f_2(\theta)} \tag{3.144}$$

然而，如上所述，枪或炮口/后膛口处的压力脉冲传播存在方向性，如图 3.36 所示。

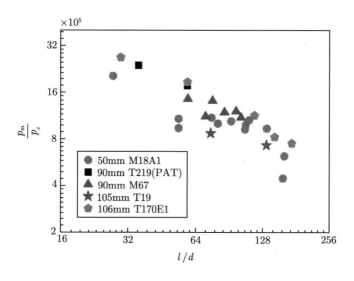

图 3.35　后膛出口不同间距处相对峰值超压值 $(\theta = 90°)$

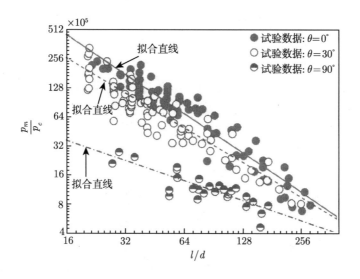

图 3.36　后膛出口不同夹角不同间距处相对峰值超压值

　　图 3.36 显示，不同方向上的相对峰值超压随着间距的增大而减小，但其趋势并不相同，一般情况下，与炮管夹角越小，其衰减速度越大；在相同间距时，与炮管夹角越小，其相对超压越大。

　　图 3.37 所示为无后坐力炮炮膛出口自由域与炮管轴线夹角 θ 分别为 5°、30°、45°和 90°方向上不同间距处相对峰值超压值。

　　从图 3.37 中可以看出，炮口自由域不同夹角条件下相对峰值超压随间距的增大呈相近的趋势减小，其函数形式与式 (3.144) 一致。

$$f\left(\frac{L}{d}\right) = \left(\frac{L}{d}\right)^{3/4} \tag{3.137}$$

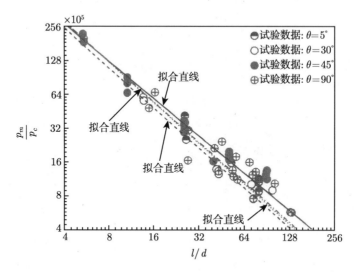

图 3.37　炮口不同夹角不同间距处相对峰值超压值

3.4.2　非理想爆炸传播问题

3.2 节中通过量纲分析和试验结果研究, 给出了当爆炸源能量为 W 时自由空气域中理想爆炸峰值压力演化场的无量纲关系简化形式:

$$\begin{cases} \dfrac{p_m^*}{p_0} = f\left(\dfrac{Rp_0^{1/3}}{W^{1/3}}\right) \\[3mm] \dfrac{i}{W^{1/3} \cdot p_0^{2/3}} = g\left(\dfrac{Rp_0^{1/3}}{W^{1/3}}\right) \end{cases} \tag{3.145}$$

以上对于高能爆炸源爆炸后产生的冲击波传播问题足够准确和实用, 诸多试验结果也证明了这一点。若爆炸源并不是理想的高能炸药, 而是具有一定尺寸和形状、体积的爆炸源, 此时, 爆炸源的相关参数也需要考虑。设爆炸源的形状与尺寸可以用一系列无量纲尺寸来标定 (如 $l_1, l_2, l_3, \cdots$), 这里统一用 $\bar{l}_i$ 表示。此时, 式 (3.145) 即可写为

$$\begin{cases} \dfrac{p_m^*}{p_0} = f\left(\dfrac{Rp_0^{1/3}}{W^{1/3}}, \bar{l}_i\right) \\[3mm] \dfrac{i}{W^{1/3} \cdot p_0^{2/3}} = g\left(\dfrac{Rp_0^{1/3}}{W^{1/3}}, \bar{l}_i\right) \end{cases} \tag{3.146}$$

对于很多工业事故而言, 其爆炸源相对复杂, 很多情况下其爆炸源内部物理力学参数对冲击波传播演化过程有一定的影响。假设爆炸源内部的压力为 p_e, 声速为 C_e, 爆炸源气体

绝热指数为 γ_e，周围环境空气中声速同上为 C。则式 (3.146) 可以进一步写为

$$
\begin{cases}
\dfrac{p_m^*}{p_0} = f\left(\dfrac{Rp_0^{1/3}}{W^{1/3}}, C, \bar{l}_i, p_e, C_e, \gamma_e\right) \\[3mm]
\dfrac{i}{W^{1/3} \cdot p_0^{2/3}} = g\left(\dfrac{Rp_0^{1/3}}{W^{1/3}}, C, \bar{l}_i, p_e, C_e, \gamma_e\right)
\end{cases}
\tag{3.147}
$$

而且，在一些工业爆炸事故中，爆炸源的爆炸行为并不是瞬时完成的，而是在一个不可忽视的时间内完成的，此时能量释放率 $\dot{W}$ 也需要考虑，此时有

$$
\begin{cases}
\dfrac{p_m^*}{p_0} = f\left(\dfrac{Rp_0^{1/3}}{W^{1/3}}, C, \bar{l}_i, p_e, C_e, \gamma_e, \dot{W}\right) \\[3mm]
\dfrac{i}{W^{1/3} \cdot p_0^{2/3}} = g\left(\dfrac{Rp_0^{1/3}}{W^{1/3}}, C, \bar{l}_i, p_e, C_e, \dot{W}\right)
\end{cases}
\tag{3.148}
$$

容易看出，式 (3.148) 中的无量纲量有

$$
\frac{p_m^*}{p_0}, \frac{Rp_0^{1/3}}{W^{1/3}}, \bar{l}_i, \gamma_e
\tag{3.149}
$$

有量纲物理量为其他 5 个，我们选取爆炸能量 W、周围环境空气声速 C 和周围环境大气压 p_0 为参考物理量。各物理量的量纲幂次系数如表 3.17 所示。

表 3.17　非理想爆炸问题中变量的量纲幂次系数

	W	C	p_0	C_e	p_e	$\dot{W}$	$i/\left(W^{1/3} \cdot p_0^{2/3}\right)$
M	1	0	1	0	1	1	0
L	2	1	−1	1	−1	2	−1
T	−2	−1	−2	−1	−2	−3	1

对表 3.17 进行类似矩阵初等变换，可以得到表 3.18。

表 3.18　非理想爆炸问题中变量的量纲幂次系数 (初等变换)

	W	C	p_0	C_e	p_e	$\dot{W}$	$i/\left(W^{1/3} \cdot p_0^{2/3}\right)$
W	1	0	0	0	0	2/3	0
C	0	1	0	1	0	1	−1
p_0	0	0	1	0	1	1/3	0

根据 Ⅱ 理论和式 (3.149)，可以给出无量纲表达式：

$$
\begin{cases}
\dfrac{p_m^*}{p_0} = f\left(\dfrac{Rp_0^{1/3}}{W^{1/3}}, \bar{l}_i, \dfrac{p_e}{p_0}, \dfrac{C_e}{C}, \gamma_e, \dfrac{\dot{W}}{W^{2/3} \cdot p_0^{1/3} \cdot C}\right) \\[3mm]
\dfrac{i \cdot C}{W^{1/3} \cdot p_0^{2/3}} = g\left(\dfrac{Rp_0^{1/3}}{W^{1/3}}, \bar{l}_i, \dfrac{p_e}{p_0}, \dfrac{C_e}{C}, \gamma_e, \dfrac{\dot{W}}{W^{2/3} \cdot p_0^{1/3} \cdot C}\right)
\end{cases}
\tag{3.150}
$$

令

$$
\bar{p}_m^* \equiv \frac{p_m^*}{p_0}, \quad \bar{I} \equiv \frac{i \cdot C}{W^{1/3} \cdot p_0^{2/3}}
\tag{3.151}
$$

分别表示无量纲峰值超压和无量纲正压冲量。

令

$$\bar{R} \equiv \frac{R p_0^{1/3}}{W^{1/3}} \tag{3.152}$$

表示无量纲间距，是爆炸波在空气中传播的关键参数。

令

$$\bar{p}_e \equiv \frac{p_e}{p_0}, \quad \bar{C}_e \equiv \frac{C_e}{C} \tag{3.153}$$

分别表示爆炸源内气体的相对超压和相对声速。以这两个无量纲自变量和无量纲量 $\bar{l}_i$ 与 γ_e 等无量纲自变量代表爆炸源的物理力学性能。

令

$$\bar{\dot{W}} \equiv \frac{\dot{W}}{W^{2/3} \cdot p_0^{1/3} \cdot C} \tag{3.154}$$

表示无量纲能量释放率。

式 (3.150) 可以简化写为

$$\begin{cases} \bar{p}_m^* = f\left(\bar{R}, \bar{l}_i, \bar{p}_e, \bar{C}_e, \gamma_e, \bar{\dot{W}}\right) \\ \bar{I} = g\left(\bar{R}, \bar{l}_i, \bar{p}_e, \bar{C}_e, \gamma_e, \bar{\dot{W}}\right) \end{cases} \tag{3.155}$$

设缩比模型与原型中爆炸源形状相同，且几何缩比为 λ，则有

$$\begin{cases} \dfrac{(l_0)_m}{(l_0)_p} = \lambda \\ \dfrac{(\bar{l}_i)_m}{(\bar{l}_i)_p} \equiv 1 \end{cases}, \quad \frac{(R)_m}{(R)_p} = \lambda \tag{3.156}$$

式中，l_0 表示参考尺寸。

设缩比模型中爆炸源与原型中相同，可有

$$\begin{cases} \dfrac{(W)_m}{(W)_p} = \lambda^3 \\ \dfrac{(\bar{p}_e)_m}{(\bar{p}_e)_p} \equiv 1 \\ \dfrac{(\bar{C}_e)_m}{(\bar{C}_e)_p} \equiv 1 \end{cases} \tag{3.157}$$

若缩比模型与原型皆处于同一空气环境中，则有

$$\begin{cases} \dfrac{(p_0)_m}{(p_0)_p} \equiv 1 \\ \dfrac{(C)_m}{(C)_p} \equiv 1 \end{cases} \tag{3.158}$$

此时有

$$
\begin{cases}
\dfrac{(\bar{R})_m}{(\bar{R})_p} = \dfrac{\left(R p_0^{1/3}/W^{1/3}\right)_m}{\left(R p_0^{1/3}/W^{1/3}\right)_p} = \dfrac{\lambda}{\lambda} \equiv 1 \\[4mm]
\dfrac{(\bar{\dot{W}})_m}{(\bar{\dot{W}})_p} = \dfrac{\left(\dfrac{\dot{W}}{W^{2/3}\cdot p_0^{1/3}\cdot C}\right)_m}{\left(\dfrac{\dot{W}}{W^{2/3}\cdot p_0^{1/3}\cdot C}\right)_p} = \dfrac{(\dot{W})_m}{(\dot{W})_p}\dfrac{1}{\lambda^2}
\end{cases}
\tag{3.159}
$$

此时无量纲自变量相等的必要条件还需要

$$
\frac{(\dot{W})_m}{(\dot{W})_p} = \lambda^2
$$

此时缩比模型与原型中无量纲因变量之比为

$$
\begin{cases}
\dfrac{(\bar{p}_m^*)_m}{(\bar{p}_m^*)_p} = \dfrac{\left(\dfrac{p_m^*}{p_0}\right)_m}{\left(\dfrac{p_m^*}{p_0}\right)_p} = \dfrac{(p_m^*)_m}{(p_m^*)_p} \\[4mm]
\dfrac{(\bar{I})_m}{(\bar{I})_p} = \dfrac{\left(\dfrac{i\cdot C}{W^{1/3}\cdot p_0^{2/3}}\right)_m}{\left(\dfrac{i\cdot C}{W^{1/3}\cdot p_0^{2/3}}\right)_p} = \dfrac{(i)_m}{(i)_p}\dfrac{1}{\lambda}
\end{cases}
\tag{3.160}
$$

因此，在以上假设的基础上，两个模型满足物理相似的必要条件除几何相似条件外有

$$
\begin{cases}
\dfrac{(\dot{W})_m}{(\dot{W})_p} = \lambda^2 \\[3mm]
\dfrac{(p_m^*)_m}{(p_m^*)_p} = 1 \\[3mm]
\dfrac{(i)_m}{(i)_p} = \lambda
\end{cases}
\tag{3.161}
$$

3.5 工程爆破等问题量纲分析与相似律

3.5.1 金属平板爆炸加工问题

如图 3.38 所示装置，当水中炸药爆炸后，产生的超压瞬间传递到金属板上表面，使得金属板产生变形而到达预期形状。设炸药能量为 W；炸药等效为球形，其半径为 r；水箱高度和截面直径分别为 H 和 D；加工球面直径为 d，高度为 h；炸药中心距离金属盘的距离

为 L；加工金属盘的厚度为 δ，密度为 ρ，设金属材料近似为理想塑性材料，其等效屈服强度为 σ。

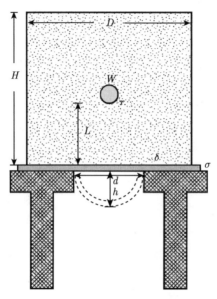

图 3.38 爆炸加工问题

水箱中流体介质为水，其密度认为是常量，并忽略重力的影响。我们可以给出爆炸后平板变形量的函数表达式为

$$h = f(H, D, L, r, W, \delta, \sigma, \rho, d) \tag{3.162}$$

这里选取球面半径 d、屈服强度 σ 和金属盘密度 ρ 为基本参考物理量。各物理量的量纲幂次系数如表 3.19 所示。

表 3.19   爆炸加工问题中变量的量纲幂次系数

	ρ	d	σ	δ	W	H	D	L	r	h
M	1	0	1	0	1	0	0	0	0	0
L	−3	1	−1	1	2	1	1	1	1	1
T	0	0	−2	0	−2	0	0	0	0	0

对表 3.19 进行类似矩阵初等变换，可以得到表 3.20。

表 3.20   爆炸加工问题中变量的量纲幂次系数 (初等变换)

	ρ	d	σ	δ	W	H	D	L	r	h
ρ	1	0	0	0	0	0	0	0	0	0
d	0	1	0	1	3	1	1	1	1	1
σ	0	0	1	0	1	0	0	0	0	0

根据 Π 理论，可以给出无量纲表达式：

$$\frac{h}{d} = f\left(\frac{H}{d}, \frac{D}{d}, \frac{L}{d}, \frac{r}{d}, \frac{W}{\sigma d^3}, \frac{\delta}{d}\right) \tag{3.163}$$

一般而言, 炸药的尺寸远小于水箱等尺寸, $r/d \ll 1$, 参考前面章节的分析, 我们可以忽略炸药的尺寸, 因此有

$$\frac{h}{d} = f\left(\frac{H}{d}, \frac{D}{d}, \frac{L}{d}, \frac{W}{\sigma d^3}, \frac{\delta}{d}\right) \tag{3.164}$$

设缩比模型与原型满足几何相似, 且几何缩比为 λ, 则必有

$$\begin{cases} \left(\dfrac{H}{d}\right)_m \equiv \left(\dfrac{H}{d}\right)_p \\[2mm] \left(\dfrac{D}{d}\right)_m \equiv \left(\dfrac{D}{d}\right)_p \\[2mm] \left(\dfrac{L}{d}\right)_m \equiv \left(\dfrac{L}{d}\right)_p \\[2mm] \left(\dfrac{\delta}{d}\right)_m \equiv \left(\dfrac{\delta}{d}\right)_p \end{cases} \tag{3.165}$$

若缩比模型中炸药、金属板材料与原型中对应一致, 则有

$$\frac{\left(\dfrac{W}{\sigma d^3}\right)_m}{\left(\dfrac{W}{\sigma d^3}\right)_p} = \frac{\left(\dfrac{r^3}{d^3}\right)_m}{\left(\dfrac{r^3}{d^3}\right)_p} \equiv 1 \Rightarrow \left(\frac{W}{\sigma d^3}\right)_m \equiv \left(\frac{W}{\sigma d^3}\right)_p \tag{3.166}$$

此时, 应有

$$\left(\frac{h}{d}\right)_m = \left(\frac{h}{d}\right)_p \Rightarrow \frac{(h)_m}{(h)_p} = \lambda \tag{3.167}$$

也就是说, 在以上假设的基础上 (如不考虑重力等), 该爆炸加工问题满足几何相似律。

式 (3.164) 也可以写为

$$\frac{h}{d} = f\left(\frac{H}{d}, \frac{D}{d}, \frac{L}{d}, \frac{W}{\sigma \delta^3}, \frac{\delta}{d}\right) \tag{3.168}$$

当缩比模型与原型满足几何相似时, 式 (3.168) 可以简化为

$$\frac{h}{d} = f\left(\frac{W}{\sigma \delta^3}\right) \tag{3.169}$$

Ezra 等针对几种不同铝板 (Al 2014-0、Al 2014-T4 和 Al 2014-T6) 在不同当量炸药爆炸条件下的加工问题开展了研究, 如图 3.39 所示。

图 3.39 中水箱与刚模之间的接触是自由接触, 其接触力主要是水箱重力。从图 3.39 可以看出, 对于同一个铝材料, 不同几何缩比条件下, 铝板的无量纲挠度和无量纲爆炸能力之间满足基本一致的函数关系, 这也说明该问题满足几何相似律。

如果将上端水箱和下端刚模用螺栓固定, 试验结果如图 3.40 所示。

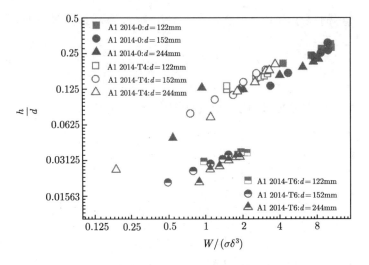

图 3.39　爆炸加工铝板变形无量纲挠度与无量纲爆炸能量之间的关系

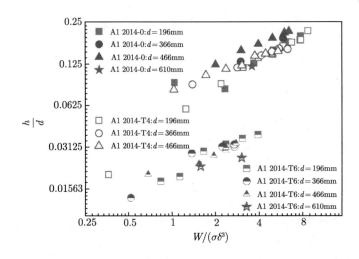

图 3.40　爆炸加工铝板变形无量纲挠度与无量纲爆炸能量之间的关系 (螺栓固定)

从图 3.40 可以看出，其规律与上一种情况基本相同。当金属薄盘材料相同时，无量纲挠度与无量纲爆炸能量之间满足几何相似律。

事实上，式 (3.168) 表明，在不考虑重力作用的情况下，水箱中水的密度或其他流体的密度对金属薄盘变形挠度并没有影响，当水箱尺寸相对于球面直径和炸药与金属薄盘距离明显较大时，水箱的尺寸可以不予考虑，即

$$\frac{h}{d} = f\left(\frac{L}{d}, \frac{W}{\sigma\delta^3}, \frac{\delta}{d}\right) \tag{3.170}$$

理论上讲，金属薄盘变形吸能：

$$E \propto \sigma\delta d^2 \tag{3.171}$$

因此，式 (3.170) 可以将后两个自变量进行组合，并考虑到金属盘很薄情况下，其厚度与球面直径相比远小于 1 这种事实，即可简化为

$$\frac{h}{d} = f\left(\frac{d}{L}, \frac{W}{\sigma \delta d^2}\right) \tag{3.172}$$

3.5.2 地表爆炸冲击作用下沙土浅埋结构动态响应问题

如图 3.41 所示，Denton 和 Flathau 开展了浅埋结构抗冲击相似试验研究。研究中沙土表面承受一种平面强脉冲压力载荷 $p(t)$；设结构埋深为 H，其形状为半圆形拱结构，直径为 D，厚度为 d，材料杨氏模量为 E，密度为 ρ。设沙土的物理力学性能参数为：密度 ρ_s，单轴侧限压缩割线模量 E_s，单轴压缩割线模量 M_s，内摩擦角 ϕ 和截距 c。

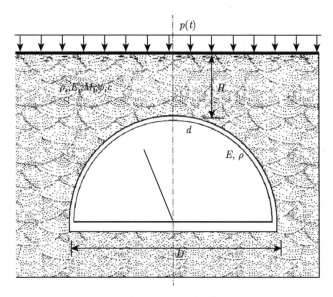

图 3.41　沙土浅埋结构冲击响应示意图

设重力加速度为 g，时间为 t。由此我们可以给出结构上某处的峰值动态应变 ε 和峰值动态挠度 Δ 的函数表达式：

$$\varepsilon = f(p, g, t, \rho_s, E_s, M_s, \phi, c, H, D, d, E, \rho) \tag{3.173}$$

$$\Delta = g(p, g, t, \rho_s, E_s, M_s, \phi, c, H, D, d, E, \rho) \tag{3.174}$$

容易看出，该问题属于一个纯力学问题，其基本量纲只有 3 个，这里选取结构材料密度 ρ、直径 D 和杨氏模量 E 为基本参考物理量，这 15 个物理量中 13 个有量纲量的量纲幂次系数如表 3.21 所示。

表 3.21　爆炸加工问题中变量的量纲幂次系数

	ρ	D	E	p	g	t	ρ_s	E_s	M_s	c	H	d	Δ
M	1	0	1	1	0	0	1	1	1	1	0	0	0
L	−3	1	−1	−1	1	0	−3	−1	−1	−1	1	1	1
T	0	0	−2	−2	−2	1	0	−2	−2	−2	0	0	0

对表 3.21 进行类似矩阵初等变换, 可以得到表 3.22。

表 3.22 爆炸加工问题中变量的量纲幂次系数 (初等变换)

	ρ	D	E	p	g	t	ρ_s	E_s	M_s	c	H	d	Δ
ρ	1	0	0	0	-1	1/2	1	0	0	0	0	0	0
D	0	1	0	0	-1	1	0	0	0	0	1	1	1
E	0	0	1	1	1	$-1/2$	0	1	1	1	0	0	0

根据 Ⅱ 理论, 可以给出无量纲表达式:

$$\varepsilon = f\left(\frac{p}{E}, \frac{\rho g D}{E}, \frac{t}{D}\sqrt{\frac{E}{\rho}}, \frac{\rho_s}{\rho}, \frac{E_s}{E}, \frac{M_s}{E}, \phi, \frac{c}{E}, \frac{H}{D}, \frac{d}{D}\right) \tag{3.175}$$

$$\frac{\Delta}{D} = g\left(\frac{p}{E}, \frac{\rho g D}{E}, \frac{t}{D}\sqrt{\frac{E}{\rho}}, \frac{\rho_s}{\rho}, \frac{E_s}{E}, \frac{M_s}{E}, \phi, \frac{c}{E}, \frac{H}{D}, \frac{d}{D}\right) \tag{3.176}$$

当缩比模型与原型中沙土介质和结构材料相同时, 即对于特定的沙土和结构材料而言, 以上两式可以简化为

$$\varepsilon = f\left(\frac{p}{E}, \frac{\rho g D}{E}, \frac{t}{D}\sqrt{\frac{E}{\rho}}, \frac{H}{D}, \frac{d}{D}\right) \tag{3.177}$$

$$\frac{\Delta}{D} = g\left(\frac{p}{E}, \frac{\rho g D}{E}, \frac{t}{D}\sqrt{\frac{E}{\rho}}, \frac{H}{D}, \frac{d}{D}\right) \tag{3.178}$$

设缩比模型与原型满足几何相似, 且几何缩比为 λ, 则必有

$$\begin{cases} \left(\dfrac{H}{D}\right)_m \equiv \left(\dfrac{H}{D}\right)_p \\[3mm] \left(\dfrac{d}{D}\right)_m \equiv \left(\dfrac{d}{D}\right)_p \end{cases} \tag{3.179}$$

因此, 缩比模型与原型相似的充要条件此时仅剩下

$$\begin{cases} \left(\dfrac{p}{E}\right)_m = \left(\dfrac{p}{E}\right)_p \\[3mm] \left(\dfrac{\rho g D}{E}\right)_m = \left(\dfrac{\rho g D}{E}\right)_p \\[3mm] \left(\dfrac{t}{D}\sqrt{\dfrac{E}{\rho}}\right)_m = \left(\dfrac{t}{D}\sqrt{\dfrac{E}{\rho}}\right)_p \end{cases} \Rightarrow \begin{cases} (p)_m = (p)_p \\[3mm] (gD)_m = (gD)_p \\[3mm] \left(\dfrac{t}{D}\right)_m = \left(\dfrac{t}{D}\right)_p \end{cases} \tag{3.180}$$

　　除非将缩小模型放置于离心设备中，一般情况下，两个模型中重力加速度相等，即式 (3.180) 可以进一步写为

$$\begin{cases} (p)_m = (p)_p \Rightarrow \lambda_p = \dfrac{(p)_m}{(p)_p} = 1 \\[2mm] (D)_m = (D)_p \Rightarrow \lambda = \dfrac{(D)_m}{(D)_p} = 1 \\[2mm] \left(\dfrac{t}{D}\right)_m = \left(\dfrac{t}{D}\right)_p \Rightarrow \lambda_t = \dfrac{(t)_m}{(t)_p} = \lambda \end{cases} \tag{3.181}$$

式中，第一式表明缩比模型与原型满足物理相似的前提是加载超压相等；第二式意味着该问题不可能存在相似缩比模型；第三式表明缩比模型和原型加载超压脉冲时间缩比与几何缩比相同。事实上，式 (3.181) 中第二式对应的无量纲量 $\rho g D/E$ 是表征重力的量，如在该问题中不考虑自重的影响，该无量纲量可以忽略。也就是说，对于缩比模型而言，在其与原型满足材料和几何相似的前提下，再同时满足加载条件相似：

$$\begin{cases} \lambda_p = \dfrac{(p)_m}{(p)_p} = 1 \\[2mm] \lambda_t = \dfrac{(t)_m}{(t)_p} = \lambda \end{cases} \tag{3.182}$$

则两个模型即为相似模型，此时有

$$\begin{cases} (\varepsilon)_m = (\varepsilon)_p \Rightarrow \lambda_\varepsilon = \dfrac{(\varepsilon)_m}{(\varepsilon)_p} = 1 \\[2mm] \left(\dfrac{\Delta}{D}\right)_m = \left(\dfrac{\Delta}{D}\right)_p \Rightarrow \lambda_\Delta = \dfrac{(\Delta)_m}{(\Delta)_p} = \lambda \end{cases} \tag{3.183}$$

　　式 (3.182) 如图 3.42 所示，它是指在纵向超压坐标不变的前提下，横向时间坐标为原来的 λ(一般缩比模型 $\lambda < 1$) 倍。

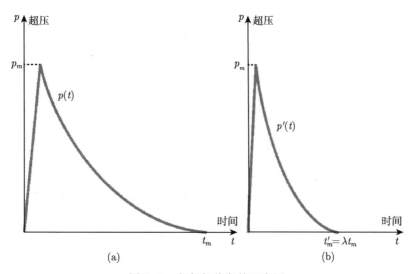

图 3.42　相似加载条件示意图

以上分析结果表明，当不考虑结构自重的影响时，且加载脉冲满足以上缩比关系情况下，该问题满足几何相似律。由以上分析可知，当缩比模型与原型材料相同且几何相似时，即对于特定的材料和结构比例而言，在不考虑自重影响的情况下，有

$$
\begin{cases}
\varepsilon = f\left(\dfrac{p}{E}, \dfrac{t}{D}\sqrt{\dfrac{E}{\rho}}\right) \\[3mm]
\dfrac{\Delta}{D} = g\left(\dfrac{p}{E}, \dfrac{t}{D}\sqrt{\dfrac{E}{\rho}}\right)
\end{cases}
\tag{3.184}
$$

式 (3.184) 表明，此时结构的应变和变形挠度是加载脉冲的函数。从图 3.42 可以看出，对于典型的爆炸脉冲而言，若进一步假设其波形形状相似，即可以给出

$$
\begin{cases}
\varepsilon_m = f\left(\dfrac{p_m}{E}, \dfrac{t_m}{D}\sqrt{\dfrac{E}{\rho}}\right) \\[3mm]
\dfrac{\Delta_m}{D} = g\left(\dfrac{p_m}{E}, \dfrac{t_m}{D}\sqrt{\dfrac{E}{\rho}}\right)
\end{cases}
\tag{3.185}
$$

从式 (3.185) 中容易看出，$\sqrt{E/\rho}$ 表示材料一维应力状态下的弹性声速，因此 $D/\sqrt{E/\rho}$ 应该等效为某种时间量，但从该问题中相关物理量代表的值来看，该时间量物理意义不明显。因此，结合物理意义和式 (3.175)、式 (3.176)，我们可以将式 (3.185) 进一步写为

$$
\begin{cases}
\varepsilon_m = f\left(\dfrac{p_m}{E}, \dfrac{t_m}{H}\sqrt{\dfrac{E_s}{\rho_s}}\right) \\[3mm]
\dfrac{\Delta_m}{D} = g\left(\dfrac{p_m}{E}, \dfrac{t_m}{H}\sqrt{\dfrac{E_s}{\rho_s}}\right)
\end{cases}
\tag{3.186}
$$

式中

$$
\sqrt{\dfrac{E_s}{\rho_s}} = C_s
\tag{3.187}
$$

表示沙土介质中的弹性声速。因此，容易看出

$$
\tau = H\left/\sqrt{\dfrac{E_s}{\rho_s}}\right.
\tag{3.188}
$$

即表示一维应力条件下应力从地表到达结构正上方所需要的时间。此时式 (3.186) 即可写为

$$
\begin{cases}
\varepsilon_m = f\left(\dfrac{p_m}{E}, \dfrac{t_m}{\tau}\right) \\[3mm]
\dfrac{\Delta_m}{D} = g\left(\dfrac{p_m}{E}, \dfrac{t_m}{\tau}\right)
\end{cases}
\tag{3.189}
$$

Tener 等对 5 种不同尺寸但满足几何和材料相似的结构进行试验研究，其直径 D 分别为 203mm、305mm、406mm、508mm 和 610mm，拱的长度是直径的 2 倍，沙土厚度分别为 $H/D = 1$ 和 $H/D = 2$；试验结果如图 3.43～ 图 3.46 所示。

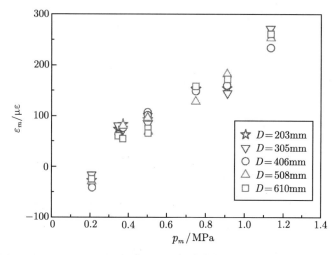

图 3.43　不同加载脉冲峰值压力作用下拱顶的最大应变 $(H/D=1)$

图 3.43 为 $H/D=1$ 时不同加载峰值压力脉冲作用下的拱顶最大应变值, 试验中 5 种结构尺寸相似, 结构中的材料对应相同, 从图中可以看出, 对应相同的加载脉冲作用下有

$$(\varepsilon_m)_m \doteq (\varepsilon_m)_p \tag{3.190}$$

因此, 式 (3.189) 在某种程度上是科学且相对准确的。

当 $H/D=2$ 时, 拱顶最大应变与加载脉冲应力峰值之间的关系如图 3.44 所示, 图 3.44 中所示不同尺寸模型对应的物理规律与图 3.43 相似。

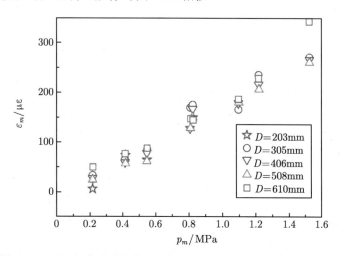

图 3.44　不同加载脉冲峰值压力作用下拱顶的最大应变 $(H/D=2)$

同样, 当 $H/D=1$ 和 $H/D=2$ 时, 不同尺寸结构拱顶的最大相对变形量与加载脉冲峰值呈现近似相同的规律, 如图 3.45 和图 3.46 所示, 对于同一个加载脉冲而言, 有

$$\left(\frac{\Delta_m}{D}\right)_m \doteq \left(\frac{\Delta_m}{D}\right)_p \tag{3.191}$$

这也进一步验证式 (3.189) 所示量纲分析结果是相对可靠准确的。

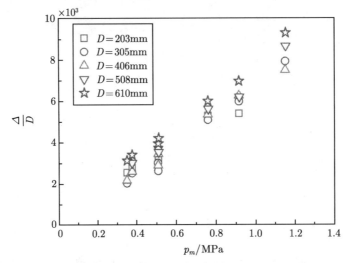

图 3.45 不同加载脉冲峰值压力作用下拱顶的最大相对变形 $(H/D = 1)$

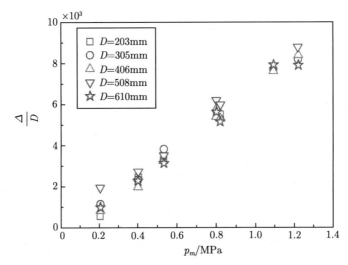

图 3.46 不同加载脉冲峰值压力作用下拱顶的最大相对变形 $(H/D = 2)$

3.6 材料本构相似若干问题量纲分析与相似律

在本书涉及的多个问题中, 尤其是固体介质相关的力学问题的量纲分析过程中, 经常涉及固体材料力学性能相关参数, 例如:

$$F = f(\sigma, E, \cdots) \tag{3.192}$$

进行量纲分析后, 一般得到

$$\bar{F} = \frac{F}{F_0} = f\left(\frac{\sigma}{E}, \cdots\right) \tag{3.193}$$

　　而在相似缩比模型分析过程中, 我们皆假设缩比模型中的材料与原型中的对应材料满足相似关系, 即假设

$$\begin{cases} (\sigma)_m = (\sigma)_p \\ (E)_m = (E)_p \end{cases} \tag{3.194}$$

此时, 必然有

$$\left(\frac{\sigma}{E}\right)_m = \left(\frac{\sigma}{E}\right)_p \tag{3.195}$$

　　然而, 在一些情况下, 我们常常因为在缩比模型研究中较难找到或获取与原型基本相同的材料, 或者获取原材料过于昂贵等, 使得缩比模型中的材料与原型中并不满足 "相似" 这一条件, 即

$$\begin{cases} (\sigma)_m \neq (\sigma)_p \\ (E)_m \neq (E)_p \end{cases} \tag{3.196}$$

但如果此时仍满足式 (3.197) 所示关系, 我们可以将这两种材料称为 "本构相似" 材料:

$$\left(\frac{\sigma}{E}\right)_m = \left(\frac{\sigma}{E}\right)_p \tag{3.197}$$

　　例如, Baker 等将软铜和软铝的应力应变曲线进行归一化分析后, 得到图 3.47 所示曲线。

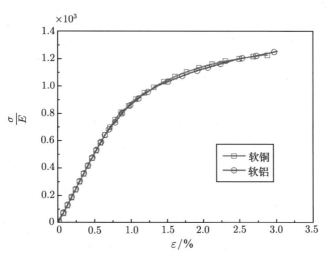

图 3.47　软铜与软铝的本构相似性

　　从图 3.47 看出, 虽然这两个材料力学性能并不相似, 但对其进行无量纲处理后, 其无量纲应力应变曲线基本相似, 即对于应力应变关系而言, 这两个材料满足本构相似关系。

　　从公开报道来看, 首次将本构相似方法引入爆炸力学并开展相关研究的学者可能是 Nevill; 之后, Baker 等学者利用相似的方法开展不同条件下的相关研究, 下面我们参考 Baker 的分析对此类问题进行简要说明。

3.6.1 动态脉冲压缩加载作用下悬臂梁的变形问题

以瞬态脉冲加载作用下的金属梁变形为例，设入射脉冲的冲量为 I，金属梁的密度为 ρ，假设金属材料应力应变关系可以近似为双线性模型，其杨氏模量为 E，屈服强度为 Y，塑性模量为 E_p，设梁的长度为 L，梁截面特征尺寸为 $l_i(i=1,2,3,\cdots)$；则我们可以给出金属梁最大变形挠度 δ 的函数表达式：

$$\delta = f(I; L, l_i, \rho, E, E_\rho, Y) \tag{3.198}$$

因此该问题中 8 个物理量有 3 个基本量纲，对应独立的参考物理量 3 个，这里我们分别取金属梁长度 L、杨氏模量 E 和材料密度 ρ 为参考物理量，各物理量的量纲幂次系数如表 3.23 所示。

表 3.23 冲击荷载下金属梁变形问题中变量的量纲幂次系数

	ρ	L	E	I	Y	l_i	E_p	δ
M	1	0	1	1	1	0	1	0
L	-3	1	-1	-1	-1	1	-1	1
T	0	0	-2	-1	-2	0	-2	0

对表 3.23 进行类似矩阵初等变换，可以得到表 3.24。

表 3.24 冲击荷载下金属梁变形问题中变量的量纲幂次系数 (初等变换)

	ρ	L	E	I	Y	l_i	E_p	δ
ρ	1	0	0	1/2	0	0	0	0
L	0	1	0	1	0	1	0	1
E	0	0	1	1/2	1	0	1	0

根据 Π 理论，可以给出无量纲表达式：

$$\frac{\delta}{L} = f\left(\frac{I}{L\rho^{1/2}E^{1/2}}, \frac{l_i}{L}, \frac{Y}{E}, \frac{E_p}{E}\right) \tag{3.199}$$

设缩比模型与原型满足几何相似，则式 (3.199) 右端第二项对于任一特定模型而言是一个常量，因此式 (3.199) 可以简化为

$$\frac{\delta}{L} = f\left(\frac{I}{L\rho^{1/2}E^{1/2}}, \frac{Y}{E}, \frac{E_p}{E}\right) \tag{3.200}$$

若脉冲冲量较小，不足以让金属梁产生塑性变形而只存在弹性变形，即不考虑材料的塑性变形相关参数，此时其最大弹性变形挠度可以进一步简化为

$$\frac{\delta}{L} = f\left(\frac{I}{L\rho^{1/2}E^{1/2}}\right) \tag{3.201}$$

对于弹性变形而言，我们也可以用最大弯曲应变来表征最大变形量，且更容易测量，此时，式 (3.201) 也可以写为

$$\varepsilon_m = f\left(\frac{I}{L\rho^{1/2}E^{1/2}}\right) \tag{3.202}$$

　　Baker 利用某种镍铬铁合金 Inconel X 作为缩比模型中的本构相似材料模拟原型试验中的铝 6061-T6 金属材料, 此两种材料的参数如表 3.25 所示。

表 3.25　Inconel X 合金和铝 6061-T6 材料的参数

材料	杨氏模量 E/GPa	密度 ρ/(g/cm^3)	屈服强度 Y/MPa
Inconel X 合金	206.8	8.5	841.2
铝 6061-T6	68.9	2.7	289.6

　　利用这两种材料开展原型和缩比试验, 得到无量纲冲量与悬臂梁最大弯曲应变的关系如图 3.48 所示。

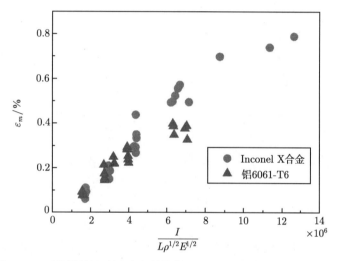

图 3.48　两种材料悬臂梁最大弹性弯曲应变与无量纲冲量之间的关系

　　从图 3.48 可以看出, 对于原型与缩比模型中所使用的材料并不相同的情况, 虽然其杨氏模量和密度差别较大, 但不同尺寸悬臂梁在冲击荷载下的最大弹性弯曲应变满足近似的函数关系式 (3.202), 这验证了量纲分析结论式 (3.202) 的合理性和准确性。由表 3.25 可以计算出, Inconel X 合金和铝 6061-T6 的 $\rho^{1/2}E^{1/2}$ 值分别为 42.3×10^6kg/(m$^2 \cdot$s) 和 13.6×10^6kg/(m$^2 \cdot$s), 缩比模型与原型满足相似的必要条件即为

$$\frac{\left(\dfrac{I}{L}\right)_m}{\left(\dfrac{I}{L}\right)_p} = \frac{\left(\rho^{1/2}E^{1/2}\right)_m}{\left(\rho^{1/2}E^{1/2}\right)_p} \tag{3.203}$$

式中, 组合 $\rho^{1/2}E^{1/2}$ 也可以这样理解:

$$\rho^{1/2}E^{1/2} = \rho\sqrt{\frac{E}{\rho}} = \rho C \tag{3.204}$$

式中, C 表示一维杆中的声速; 式 (3.204) 说明此项即为一维杆中材料的波阻抗。

　　对于大多数爆炸情况而言, 悬臂梁基本呈现塑性变形特征, 且塑性变形远大于其弹性变形, 此时我们忽略其弹性变形, 利用悬臂梁自由端塑性变形挠度来表征其变形量。容易知道,此时悬臂梁材料的屈服强度与塑性流动特征对于梁的变形有着直接的影响，如式 (3.200) 所示，其中无量纲应力应变关系是塑性变形挠度的关键影响因素之一。

试验中两种材料的无量纲应力应变关系如图 3.49 所示。

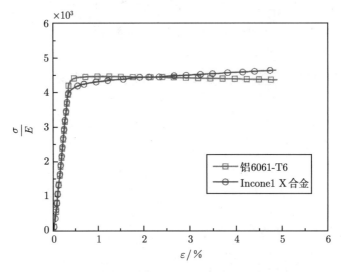

图 3.49　Inconel X 合金和铝 6061-T6 材料无量纲应力应变曲线

从图 3.49 和表 3.25 可以看出，两种材料虽然其屈服强度差别较大，Inconel X 合金的强度是铝 6061-T6 的 2 倍多，但两者的无量纲屈服强度和无量纲塑性模量非常接近。两种材料悬臂梁在脉冲冲击载荷下的最大变形挠度与无量纲冲量之间的关系如图 3.50 所示。

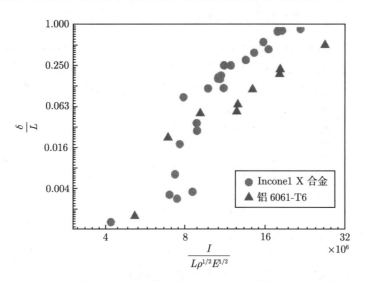

图 3.50　两种材料悬臂梁冲击荷载下的挠度与无量纲冲量之间的关系

从图 3.50 可以看出，两种材料的悬臂梁在冲击荷载作用下其挠度与无量纲冲量之间满足近似的函数关系。

3.6.2 动态脉冲压缩加载作用下简支梁的变形问题

Baker 等也对脉冲冲击荷载下简支梁中点处的塑性变形开展了系列几何相似试验研究，需要说明的是简支梁的长度为 $2L$，挠度 δ 是指梁中点处的变形挠度。容易知道，此问题的量纲分析过程和结果与简支梁问题完全相同，对于塑性变形而言，也满足式 (3.200) 所示函数关系。试验中原型和缩比模型中的梁材料分别为钢 1018 和铝 5052-H32，这两种材料的参数如表 3.26 所示。

表 3.26　钢 1018 和铝 5052-H32 材料的参数

材料	杨氏模量 E/GPa	密度 ρ/(g/cm^3)	屈服强度 Y/MPa
钢 1018	210.3	7.8	620.5
铝 5052-H32	68.9	2.7	181.3

两种材料的无量纲应力应变曲线如图 3.51 所示。

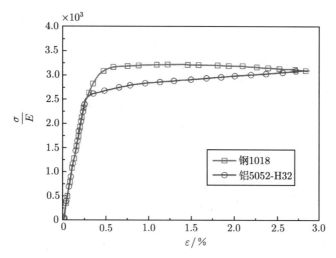

图 3.51　钢 1018 和铝 5052-H32 材料的无量纲应力应变曲线

从图 3.51 可以看出，虽然对于两种材料而言：

$$\begin{cases} (Y/E)_m < (Y/E)_p \\ (E_p/E)_m > (E_p/E)_p \end{cases} \tag{3.205}$$

但整体上，两种材料不同尺寸的简支梁最大变形挠度满足相近的函数关系，如图 3.52 所示。

另一个本构相似材料的简支梁抗冲击变形试验中，Baker 选取一种铅与树脂混合物作为相似模型中的对应材料，原型中钢 1018 和铅合金的力学参数如表 3.27 所示。

两种材料的无量纲应力应变曲线如图 3.53 所示。

考虑到铅复合材料的明显塑性应变硬化特征，Baker 等对其无量纲冲量进行了校正，将铅复合材料对应的无量纲冲量皆乘以 70%，所给出的简支梁最大变形挠度与原型满足非常相近的函数关系，如图 3.54 所示。

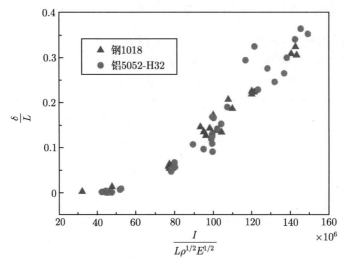

图 3.52 钢 1018 和铝 5052-H32 简支梁变形挠度与无量纲冲量之间的关系

表 3.27 钢 1018 和铅合金的参数

材料	杨氏模量 E/GPa	密度 ρ/(g/cm^3)	屈服强度 Y/MPa
钢 1018	210.3	7.8	620.5
铅复合材料	4.9	2.7	13.3

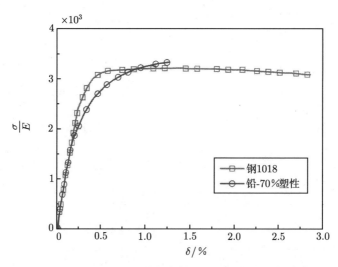

图 3.53 钢 1018 和铅复合材料无量纲应力应变关系

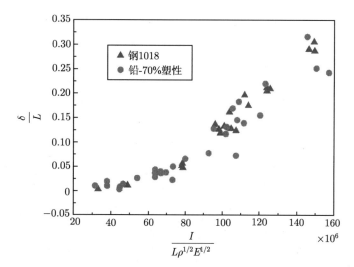

图 3.54　钢 1018 和铅复合材料简支梁变形挠度与无量纲冲量之间的关系

第4章

冲击动力学问题量纲分析与相似律

如同爆炸力学中的诸多问题，冲击动力学中很多问题影响因素过多，且很多因素相互耦合；可以说，对于大多数冲击动力学领域的实际问题而言，我们无法给出准确的解析解；也就是说，完全从理论出发解决冲击动力学实际问题当前是无法实现的。另外，由于影响因素太多，纯粹的试验研究成本太高且无法完全根据试验反演出内在规律；而且，开展大量的原型试验在很多条件下是不现实的；因此，完全从试验出发给出冲击动力学问题中的内在规律并揭示其机理也是不科学和不现实的。结合量纲分析和相似理论，分别从理论和小几何缩比相似模型试验出发，相向而行，给出尽可能准确和科学的结论，这种思路被证明是当前行之有效的方法。

本章针对几种典型的冲击动力学问题开展量纲分析，通过实例阐述此类问题中量纲分析的核心分析方法和基本原则，并对其相似律问题进行分析探讨，给出一些具有科学指导性的建议。

4.1 长杆弹侵彻半无限金属靶板问题量纲分析与相似律

杆弹是当前军事装备中最常用的一类弹体，如步枪子弹、穿甲弹等 (图 4.1)。杆弹长径比对于其侵彻能力有较大的影响，特别是对于坚硬目标 (如坦克装甲、坚硬金属外墙或高强度混凝土) 而言，在一定范围内增大长径比能有效地提高其侵彻效率，因此，长杆弹成为攻坚弹体的最主要形式之一。广义上的长杆弹非常常见，如常用的钉子、针头等都属于这一范畴，军事上就更多了，最典型的如穿甲弹 (armor piercer projectile，AP)、破甲弹 (high explosive anti-tank cartridge，HEAT)、钻地弹 (earth penetrator，EP) 等。

对于此类长杆弹而言，最大限度地提高侵彻效率是其最终的目标，因此研究长杆弹的侵彻能力具有重要的军事意义；反之，通过研究长杆弹对靶板的侵彻行为从而研究靶板的抗侵彻行为，对于提高装甲的防护能力有着重要的参考价值。

长杆弹对靶板的侵彻行为根据入射速度的不同可以分为三种情况：

(1) 入射速度很小，此时弹体与靶板撞击时，在弹靶材料中应力强度始终小于其屈服强度，也就是说弹靶材料始终处于弹性状态；

(2) 入射速度逐渐增大，弹靶撞击时，弹体材料中产生的应力大于其屈服强度而产生塑性变形 (一般来讲，撞击时由于靶板材料撞击区域周边材料的反作用，靶板的变形强度远高于其屈服强度，因而，若弹靶强度处于一个数量级，弹体通常更容易达到变形条件)，此时弹

头部分出现 "蘑菇状" 变形;

(3) 入射速度继续增加，靶板材料中的应力也超过其强度，此时弹体对靶板进行了有效的侵彻。

图 4.1   尾翼稳定脱壳穿甲弹 (APFSDS)

在长杆弹接触并高速撞击靶板的表面瞬间 (通常称为开坑阶段)，在其接触面上瞬间会产生一个强平面冲击波同时向弹体和靶体传播，紧接着在弹体和靶板的表面反射系列稀疏波，这些波对入射波进行了干扰和扭曲，使得材料内部应力状态极其复杂。假设接触面的移动速度 (也就是侵彻速度，而非入射速度) 相对于靶板的弹性波速而言为亚声速，则冲击波类似于半球形爆炸波以远超过界面移动的速度向前方传播，此时弹靶材料中应力波也从简单波转变为双波 (塑性波紧随着弹性波传播)，随着这些应力波不断地传播与反射，更多的塑性波在此过程中产生，直到弹靶材料中的应力波逐渐稳定，此时侵彻进入第二阶段，也就是相对稳定阶段 (可称为准稳定阶段)，此时界面的移动速度 (侵彻速度 u) 接近一个常数值。需要说明的是，本节所分析的侵彻问题中弹体的入射速度即在此速度范围内，其所造成的侵彻速度相对于材料的声速而言是亚声速；事实上，当前军事装备中绝大多数侵彻弹体其终点速度皆属于此速度范围。

一般而言，在长杆弹高速侵彻过程中，90% 以上的侵彻深度是在准稳定侵彻过程实现的。对于等截面平头长杆弹对半无限金属靶板的垂直侵彻行为而言，其中准稳定过程近似满足经典的 Alekseevskii-Tate 关系 (简称为 AT 关系或 AT 模型)：

$$\frac{1}{2}\rho_p(v-u)^2 + R_p = \frac{1}{2}\rho_t u^2 + R_t \tag{4.1}$$

式中，ρ_p 和 ρ_t 分别表示弹体和靶板材料的初始密度；R_p 和 R_t 分别表示弹体和靶板的流变强度；v 和 u 分别表示弹体 (尾部) 的速度和侵彻速度 (弹坑界截面移动速度)，需要说明的是，此两个量并不是常量，而是变量：

$$\begin{cases} v = v(t) \\ u = u(t) \end{cases} \tag{4.2}$$

在初始时刻的瞬时速度 $v(0)$ 和 $u(0)$ 即分别为弹体入射速度 V 和初始侵彻速度 U。

事实上，根据 AT 模型可知

$$-R_p = \rho_p l \frac{\mathrm{d}v}{\mathrm{d}t} \tag{4.3}$$

即

$$v = f(R_p, \rho_p, l, V, t) \tag{4.4}$$

而且，由 AT 模型知

$$u = \frac{1}{1-\mu^2}\left(v - \mu\sqrt{v^2 + A}\right) \tag{4.5}$$

式中

$$\mu = \frac{1}{\alpha} = \sqrt{\frac{\rho_t}{\rho_p}}, \quad A = \frac{2(R_t - R_p)(1-\mu^2)}{\rho_t} \tag{4.6}$$

即

$$u = f(R_p, R_t, \rho_p, \rho_t, v) \tag{4.7}$$

结合式 (4.4)，式 (4.7) 也可以写为

$$u = f(R_p, R_t, \rho_p, \rho_t, l, V, t) \tag{4.8}$$

考虑到弹体的瞬时长度满足

$$\frac{\mathrm{d}l}{\mathrm{d}t} = -(v - u) \tag{4.9}$$

式 (4.4) 和式 (4.8) 可以进一步写为

$$\begin{cases} v = f(R_p, R_t, \rho_p, \rho_t, L, V, t) \\ u = f(R_p, R_t, \rho_p, \rho_t, L, V, t) \end{cases} \tag{4.10}$$

式中，L 表示弹体的初始长度。

此时，我们也可以给出弹体的瞬时侵彻深度为

$$p = \int_0^t u \mathrm{d}t = f(R_p, R_t, \rho_p, \rho_t, L, V, t) \tag{4.11}$$

容易知道，长杆弹垂直侵彻半无限靶板的最终侵彻深度可以表达为

$$P = \int_0^T p \mathrm{d}t = f(R_p, R_t, \rho_p, \rho_t, L, V) \tag{4.12}$$

式中，T 表示准稳定总侵彻时间，它也是式 (4.12) 中右端函数内变量的函数。

需要注意的是，R_p 和 R_t 并不一定等于各自材料的屈服强度，而且一般并不相等，只是当弹体为圆截面长细杆时，弹体撞击受力状态近似为一维应力状态，即认为 $R_p \approx Y_p$。它们与侵彻过程中弹靶材料的受力状态和屈服流动应力密切相关。对于半无限靶板而言，靶板尺寸和边界条件可以不予考虑，影响两者的应力状态的主要因素有弹靶材料的屈服流动应力 (σ_p, σ_t)、弹性常数 (E_p, E_t, v_p, v_t)、弹体的入射速度 V、弹体的几何尺寸 (D, Λ, Ψ)。其中，Λ 表示弹体头部形状，Ψ 表示弹体截面形状系数，D 表示弹体截面的等效直径：

$$D = \sqrt{\frac{4S}{\pi}} \tag{4.13}$$

因此,等截面长杆弹垂直侵彻半无限靶板的最终侵彻深度可以表达为

$$P = f(\sigma_p, \sigma_t, E_p, E_t, v_p, v_t, \rho_p, \rho_t, D, L, V, \Lambda, \Psi) \tag{4.14}$$

该问题中自变量主要有 13 个,且是一个典型的纯力学问题,其基本量纲有 3 个;我们取弹体材料的密度 ρ_p、弹体的初始长度 L 和初始入射速度 V 这 3 个物理量为参考物理量。此 14 个物理量中材料的泊松比、弹体头部形状系数和截面形状系数 4 个量是无量纲量,其他 10 个物理量的量纲幂次系数如表 4.1 所示。

表 4.1 长杆弹垂直侵彻半无限靶板问题中变量的量纲幂次系数

	ρ_p	L	V	σ_p	σ_t	E_p	E_t	ρ_t	D	P
M	1	0	0	1	1	1	1	1	0	0
L	-3	1	1	-1	-1	-1	-1	-3	1	1
T	0	0	-1	-2	-2	-2	-2	0	0	0

对表 4.1 进行类似矩阵初等变换,可以得到表 4.2。

表 4.2 长杆弹垂直侵彻半无限靶板问题中变量的量纲幂次系数 (初等变换)

	ρ_p	L	V	σ_p	σ_t	E_p	E_t	ρ_t	D	P
ρ_p	1	0	0	1	1	1	1	1	0	0
L	0	1	0	0	0	0	0	0	1	1
V	0	0	1	2	2	2	2	0	0	0

根据 Π 定理和表 4.2 容易知道,最终表达式中无量纲量有 10 个,包含 1 个无量纲因变量和 9 个无量纲自变量:

$$\frac{P}{L} = f\left(\frac{\sigma_p}{\rho_p V^2}, \frac{\sigma_t}{\rho_p V^2}, \frac{E_p}{\rho_p V^2}, \frac{E_t}{\rho_p V^2}, \frac{\rho_t}{\rho_p}, \frac{L}{D}, v_p, v_t, \Lambda, \Psi\right) \tag{4.15}$$

式中,P/L 称为无量纲最终侵彻深度 (简称无量纲侵彻深度) 或侵彻效率。

基于弹性力学理论,可以通过研究剪切模量对侵彻行为的影响来间接研究材料泊松比对侵彻行为的影响,而且可能更具理论意义。Rosenberg 等研究了弹体材料的其他力学参数不变时不同剪切模量对长杆弹最大侵彻深度的影响。研究表明,虽然当减小弹体材料的剪切模量时,侵彻深度也具有逐渐减小的趋势,然而,当剪切模量分别增加 44%(对应的屈服强度为 0.96GPa) 和 15.2%(对应的屈服强度为 1.90GPa) 时,其相应的侵彻深度增加比例仅分别为 2.7% 和 1.6%。因而,弹体材料的剪切模量对最大侵彻深度的影响相对较小。也就是说,材料的泊松比对最大侵彻深度的影响也较小,鉴于当前数值计算和实验测量仪器等精度限制,一般情况下,泊松比对侵彻行为的影响在工程上可以忽略而不予考虑。此时式 (4.15) 可以简化为

$$\frac{P}{L} = f\left(\frac{\sigma_p}{\rho_p V^2}, \frac{\sigma_t}{\rho_p V^2}, \frac{E_p}{\rho_p V^2}, \frac{E_t}{\rho_p V^2}, \frac{\rho_t}{\rho_p}, \frac{L}{D}, \Lambda, \Psi\right) \tag{4.16}$$

式 (4.16) 可以进一步写为

$$\frac{P}{L} = f\left(\frac{\sigma_t}{\rho_p V^2}, \frac{E_p}{\rho_p V^2}, \frac{\sigma_t}{\sigma_p}, \frac{E_t}{E_p}, \frac{\rho_p}{\rho_t}, \frac{L}{D}, \Lambda, \Psi\right) \tag{4.17}$$

我们假设当前有一个缩比模型，其几何形状与原型完全相同，即

$$\begin{cases} (\varLambda)_m = (\varLambda)_p \\ (\varPsi)_m = (\varPsi)_p \\ (L/D)_m = (L/D)_p \end{cases} \tag{4.18}$$

设该模型的几何缩比为

$$\lambda = \frac{(L)_m}{(L)_p} \tag{4.19}$$

此时，两个模型中无量纲最终侵彻深度问题满足相似律还需满足的条件为

$$\begin{cases} \left(\dfrac{\sigma_t}{\rho_p V^2}\right)_m = \left(\dfrac{\sigma_t}{\rho_p V^2}\right)_p \\[2mm] \left(\dfrac{E_p}{\rho_p V^2}\right)_m = \left(\dfrac{E_p}{\rho_p V^2}\right)_p \\[2mm] \left(\dfrac{\sigma_t}{\sigma_p}\right)_m = \left(\dfrac{\sigma_t}{\sigma_p}\right)_p \\[2mm] \left(\dfrac{E_t}{E_p}\right)_m = \left(\dfrac{E_t}{E_p}\right)_p \\[2mm] \left(\dfrac{\rho_p}{\rho_t}\right)_m = \left(\dfrac{\rho_p}{\rho_t}\right)_p \end{cases} \tag{4.20}$$

若两个模型中弹靶材料对应相同，式 (4.20) 中后 3 个等式恒成立，因此其相似必要条件为

$$(V)_m = (V)_p \tag{4.21}$$

此时有

$$\left(\frac{P}{L}\right)_m = \left(\frac{P}{L}\right)_p \Rightarrow \lambda_P = \frac{(P)_m}{(P)_p} = \lambda \tag{4.22}$$

上述分析表明，对于金属长杆弹侵彻半无限金属靶板的最终侵彻深度问题而言，当满足材料相似条件时，该问题满足严格的几何相似律。

上述分析中，当缩比模型与原型满足材料相似时，我们认为

$$\begin{cases} (\sigma_p)_m = (\sigma_p)_p \\ (\sigma_t)_m = (\sigma_t)_p \end{cases} \tag{4.23}$$

事实上，对于应变率相关材料而言，其屈服应力与其应变率相关，而当入射速度相同时，两个模型对应应变率与尺寸呈反比关系，也就是说对于屈服准则率相关材料而言，长杆弹垂直侵彻半无限靶板最终侵彻深度问题并不满足严格的几何相似律。值得庆幸的是，对于大部分金属材料而言，其应变率效应并不明显，即

$$\begin{cases} (\sigma_p)_m \approx (\sigma_p)_p \\ (\sigma_t)_m \approx (\sigma_t)_p \end{cases} \tag{4.24}$$

　　诸多实验和仿真研究表明,金属长杆弹垂直侵彻金属半无限靶板最终侵彻深度问题可以近似认为满足严格的几何相似律,也就是说,我们可以通过缩比模型来足够准确地研究原型侵彻问题,如图 4.2 和图 4.3 所示。图 4.2 所示为 3 种不同尺寸钨弹侵彻厚铝靶板时无量纲侵彻深度与几何尺寸之间的关系,图中杆弹的长径比均为 15,其长度分别为 30mm、75mm 和 150mm;弹体入射速度分别为 1500m/s 左右和 2500m/s 左右。

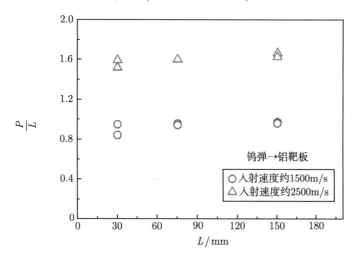

图 4.2　钨杆弹侵彻厚铝靶最终侵彻深度的几何相似性

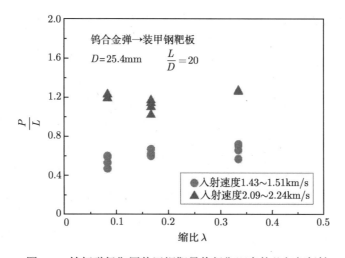

图 4.3　钨杆弹侵彻厚装甲钢靶最终侵彻深度的几何相似性

　　图 4.3 所示为 3 种不同缩比 (1/3、1/6、1/12) 半球形头部形状钨合金杆弹侵彻装甲钢靶板情况下的无量纲侵彻深度,试验中杆弹长径比为 20,试验主要有两个入射速度范围:1.43～1.51km/s 和 2.09～2.24km/s,图中试验结果存在少许偏差,其主要原因是入射速度皆有少量差别,且存在不同大小的着靶角。

　　图 4.4 和图 4.5 为长径比均为 10,弹体材料 C110W1、靶板材料分别为 St37 和 St52,不同尺寸长杆弹垂直侵彻半无限金属靶板的试验结果。两幅图中均显示,长径比相同时,不同

长度长杆弹侵彻半无限金属靶板时，其定量规律基本相同，其满足严格的几何相似律。

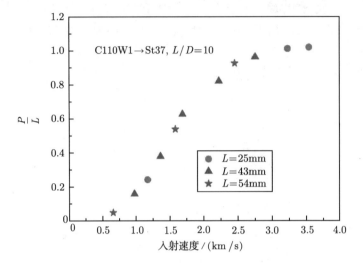

图 4.4　三种不同尺寸 C110W1 长杆弹垂直侵彻 St37 靶板试验结果

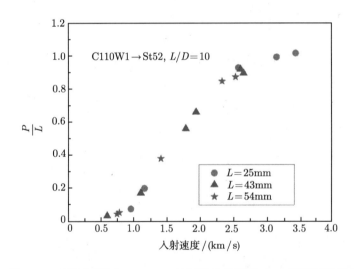

图 4.5　三种不同尺寸 C110W1 长杆弹垂直侵彻 St52 靶板试验结果

综上分析，我们可以从图 4.2～图 4.5 看出，金属长杆弹对半无限金属靶板的侵彻近似满足严格的几何相似律。

在长杆弹对靶板的垂直侵彻过程中，弹体的头部形状对侵彻过程有一定的影响。然而，具体到头部形状对侵彻行为的影响程度及机制，许多学者说法并不一致，甚至大相径庭，部分学者认为弹头形状对弹体侵彻效率的影响非常大，并经过计算表明几种头部形状不同的弹体侵彻效率相差数倍，而有些研究表明头部形状虽然对侵彻效率有一定的影响，但主要是影响其开坑阶段，且不同头部形状弹体的侵彻深度相差不超过 10%。事实上，弹体头部形状对侵彻行为的影响应与弹体及靶板的强度相关，不同学者研究结论的不同主要是因为其二者研究的靶板不同，对于常规金属杆弹 (如穿甲弹和破甲弹等) 高速侵彻半无限金属靶板而

言，弹体头部形状对归一化侵彻深度的影响可以忽略不计。此时，式 (4.16) 可以简化为

$$\frac{P}{L} = f\left(\frac{\sigma_t}{\rho_p V^2}, \frac{E_p}{\rho_p V^2}, \frac{\sigma_t}{\sigma_p}, \frac{E_t}{E_p}, \frac{\rho_p}{\rho_t}, \frac{L}{D}, \Psi\right) \tag{4.25}$$

一般而言，杆弹的截面形状为圆形，但许多研究表明非圆截面长杆弹在许多方面有一定的优越性。首先从材料力学的角度可知非圆形截面杆相对圆形截面杆具有更高的抗弯刚度，且能够实现无空隙排列从而提高装填数量；另外，从空气动力学方面考虑，有些异型截面长杆弹具有较小的阻力特性和较好的飞行稳定性。从侵彻性能上看，在相同入射速度、相同入射条件和相同长度等条件下，等截面积正三角形杆弹侵彻效率相对于方形截面和圆形截面而言皆有所提高，如图 4.6 所示，图中杆弹长径比为 20，弹体材料为 93W，靶板为一种高氮钢。

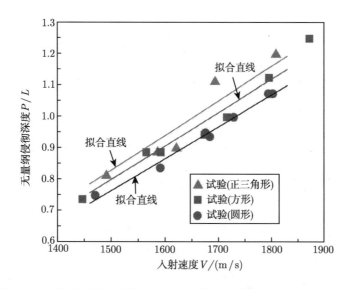

图 4.6　三种不同截面形状 93W 长杆弹侵彻厚高氮钢靶板试验与拟合

作者所在科研团队在以上研究的基础上开展了长径比为 8 的 93W 杆弹侵彻厚装甲钢靶板的试验，试验中三种弹体长度、截面积和材料均相同，截面形状分别为正三角形、方形和十字星形，试验结果如图 4.7 所示。

与此同时，我们也开展了长径比为 15 的 45#钢杆弹侵彻 45#钢厚靶板的试验研究，试验中弹体的长度、截面积、材料均相同，截面形状分别为圆形、正三角形、方形、带刻槽圆形和两种十字星形等六种，试验结果如图 4.8 所示。

从以上研究可以看出，弹体截面形状对于侵彻深度有一定的影响，可以表示如下：

$$\frac{P}{L} = K(\Psi) \cdot f\left(\frac{\sigma_t}{\rho_p V^2}, \frac{E_p}{\rho_p V^2}, \frac{\sigma_t}{\sigma_p}, \frac{E_t}{E_p}, \frac{\rho_p}{\rho_t}, \frac{L}{D}\right) \tag{4.26}$$

式中，$K(\Psi)$ 表示与截面形状相关的系数。式 (4.26) 还可以写为 (只是函数形式有所不同而已)：

$$\frac{P}{L} = f\left(\frac{\sigma_t}{\rho_p V^2}, \frac{E_p}{\rho_p V^2}, \frac{\sigma_t}{\sigma_p}, \frac{E_t}{E_p}, \frac{\rho_t}{\rho_p}, \frac{L}{D}\right) \tag{4.27}$$

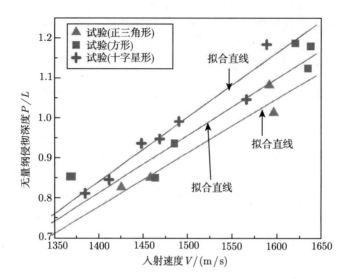

图 4.7 三种不同截面形状 93W 长杆弹侵彻厚装甲钢靶板试验与拟合

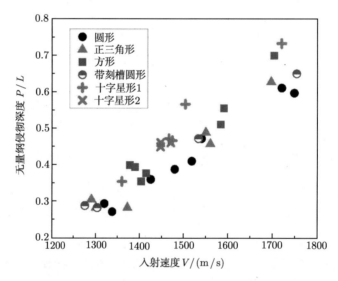

图 4.8 六种不同截面形状 45#钢长杆弹侵彻厚 45#钢靶板试验结果

从物理意义出发,将式 (4.27) 写为以下表达形式更容易理解:

$$\frac{P}{L} = f\left[\frac{\sigma_t}{\frac{1}{2}\rho_p V^2}, \left(\sqrt{\frac{E_p}{\rho_p}}\right)^2 \frac{1}{V^2}, \frac{\sigma_t}{\sigma_p}, \left(\sqrt{\frac{E_t}{\rho_t}}\right)^2 \bigg/ \left(\sqrt{\frac{E_p}{\rho_p}}\right)^2, \frac{\rho_t}{\rho_p}, \frac{L}{D} \right] \tag{4.28}$$

即

$$\frac{P}{L} = f\left(\frac{\sigma_t}{\frac{1}{2}\rho_p V^2}, \frac{V}{C_p}, \frac{\sigma_t}{\sigma_p}, \frac{C_t}{C_p}, \frac{\rho_t}{\rho_p}, \frac{L}{D} \right) \tag{4.29}$$

式中, C_p 和 C_t 分别表示弹靶材料的弹性声速。

式 (4.29) 中，右端函数内第一项表示靶板屈服强度与弹体入射动能之比，第二项表示相对弹体材料声速的无量纲入射速度，第三项 ~ 第五项分别表示靶板与弹体材料的屈服强度、材料声速和密度比，第六项表示杆弹的长径比。通常也可以表示为

$$\frac{P}{L} = f\left(\frac{\sigma_t}{\rho_p V^2}, \frac{V}{C_p}, \frac{\sigma_t}{\sigma_p}, \frac{C_t}{C_p}, \frac{\rho_t}{\rho_p}, \frac{L}{D}\right) \tag{4.30}$$

对于高速侵彻而言，如穿甲弹、破甲弹等高速侵彻行为，其弹性声速的影响可以忽略而不予考虑，此时式 (4.30) 可以简化为

$$\frac{P}{L} = f\left(\frac{\sigma_t}{\rho_p V^2}, \frac{V}{C_p}, \frac{\sigma_t}{\sigma_p}, \frac{\rho_t}{\rho_p}, \frac{L}{D}\right) \tag{4.31}$$

对比式 (4.31) 和式 (4.17)，并结合以上的相似性分析，我们可以进一步得出结论：对于长杆弹侵彻半无限金属靶板而言，不仅近似满足严格的几何相似律，而且可以利用平头圆截面弹缩比试验通过一定的校正获得原型任何头部形状、任何等截面异型截面杆弹的最终侵彻深度。

4.1.1 杆式射流侵彻半无限金属靶板问题

现在考虑一个杆式流体以速度 V 沿着轴线方向均匀运动，设流体各质点速度相同无速度梯度，当其正撞击到一个半无限金属靶板上，此时根据 Bernoulli 方程和式 (4.1) 可知，当

$$\frac{1}{2}\rho_p V^2 \leqslant R_t \tag{4.32}$$

时，流体不能对靶板形成有效的侵彻。

当入射速度较高时，其无量纲侵彻深度应满足式 (4.31) 所示函数关系。由于弹体为流体，其屈服强度可以不予考虑，即有

$$\frac{P}{L} = f\left(\frac{V}{C_p}, \frac{\sigma_t}{\rho_p V^2}, \frac{\rho_p}{\rho_t}, \frac{L}{D}\right) \tag{4.33}$$

在超高速侵彻问题中，如射流侵彻行为或

$$\begin{cases} \dfrac{1}{2}\rho_p V^2 \gg \sigma_p \\ \dfrac{1}{2}\rho_p V^2 \gg \sigma_t \end{cases} \quad \text{即} \quad \begin{cases} \dfrac{\sigma_p}{\rho_p V^2} \ll 1 \\ \dfrac{\sigma_t}{\rho_p V^2} \ll 1 \end{cases} \tag{4.34}$$

情况下的长杆弹侵彻行为中，入射动能密度远大于材料的屈服强度，此时式 (4.33) 可以进一步简化为

$$\frac{P}{L} = f\left(\frac{V}{C_p}, \frac{\rho_p}{\rho_t}, \frac{L}{D}\right) \tag{4.35}$$

若入射速度极高且高于其材料弹性声速 (如射流侵彻问题中，其头部入射速度一般大于靶板材料声速；不过，需要说明的是，此时其侵彻速度仍为亚声速)，即 $V > C_p$，此时杆中受力状态可以近似为一维应变状态，因此射流的截面积可以不予考虑，即长径比的影响也可以不予考虑；此时即有

$$\frac{P}{L} = f\left(\frac{V}{C_p}, \frac{\rho_p}{\rho_t}\right) \tag{4.36}$$

研究表明，在 $V > C_p$ 的超高速侵彻情况下，长杆弹在准稳定侵彻过程中，弹体动能损伤以质量即长度损伤为主导，而弹体尾部速度变化并不明显；而且，研究发现，侵彻速度 U 与弹体尾部速度 (通常近似认为等于入射速度)V 满足线性关系，如图 4.9 所示：

$$\begin{cases} v \approx V \\ u \approx U \end{cases} \text{且} \quad U = a + bV \tag{4.37}$$

式中，a 和 b 为常数，其与弹靶材料相关，常用弹靶材料相关参数值如表 4.3 所示。

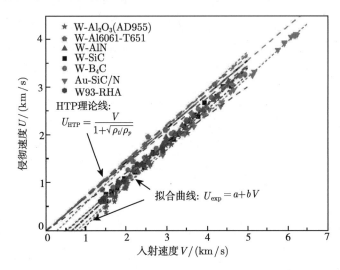

图 4.9 超高速侵彻时入射速度与侵彻速度之间的线性关系

表 4.3 长杆弹侵彻准稳定过程中的线性常数

弹体材料	靶板材料	a	b	速度范围/(km/s)
W	B$_4$C	−0.406	0.757	1.5∼5.0
W	SiC-B	−0.510	0.781	1.5∼4.6
Au	SiC-N	−0.584	0.755	2.0∼6.2
W	AlN	−0.524	0.792	1.5∼4.5
W	Al$_2$O$_3$(AD995)	−0.742	0.836	1.5∼3.5
W	Al6061-T651	−0.211	0.788	1.5∼4.2
W93	RHA	−0.365	0.723	1.5∼3.0
Al6061-T6	RHA	−0.454	0.423	3.0∼8.0
RHA	WHA	−0.264	0.424	2.0∼8.0
WHA	RHA	−0.153	0.628	2.0∼4.5
Al6061-T6	WHA	−0.476	0.335	3.0∼8.0

考虑入射速度非常大，此时无量纲侵彻深度容易通过近似计算给出：

$$\frac{P}{L} = \frac{Ut}{L} = \frac{U}{L}\frac{L}{V-U} = \frac{U}{V-U} = \frac{a+bV}{-a+(1-b)V} \approx \frac{b}{1-b} \tag{4.38}$$

即此时的无量纲侵彻深度与弹体的入射速度基本无关，此时式 (4.36) 可以进一步简化为

$$\frac{P}{L} = f\left(\frac{\rho_p}{\rho_t}\right) \tag{4.39}$$

事实上，理论推导和试验结果表明，在超高速杆射流问题中，无量纲侵彻深度为

$$\frac{P}{L} = \left(\frac{\rho_p}{\rho_t}\right)^{1/2} \tag{4.40}$$

以上两式对比容易看出，通过初步的理论分析和量纲分析，可以给出非常接近实际解析解的函数形式。式 (4.40) 表明，从准稳态侵彻理论来讲，对于长杆弹超高速侵彻行为而言，影响其最终侵彻深度的只有弹靶材料密度比和杆弹长度；因此，仅仅从侵彻深度角度考虑，杆弹的长度和杆弹的材料密度是影响长杆弹垂直最终侵彻深度的两个最关键的决定因素。

4.1.2　长杆弹高速侵彻半无限金属靶板问题

除以上射流情况，当前一般长杆弹 (如穿甲弹等) 的侵彻速度小于材料的声速，且两者在同一个量级，此时在侵彻准稳定过程中，弹体的侵彻速度与尾部速度也满足

$$U = a + bV \tag{4.41}$$

但在侵彻中弹体并不一定保持准稳定行为直至长度完全被侵蚀，此时弹体的最终侵彻深度与入射速度密切相关，如图 4.10 所示。

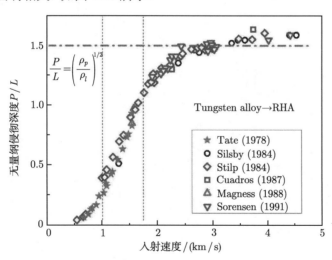

图 4.10　入射速度对无量纲最终侵彻深度的影响规律

而且，由于入射速度小于弹体的声速，此时杆弹的长径比也具有明显的影响，等等；因此，此时式 (4.31) 所示影响因素皆需要考虑。此时弹靶材料密度比仍是关键影响因素之一，由前面的分析可知，对于任一长杆弹而言，其流体动力学无量纲极限侵彻深度为 $\sqrt{\rho_p/\rho_t}$；事实上，对于长杆弹侵彻而言，参考超高速侵彻结论，我们对式 (4.31) 可以进一步近似简化为

$$\frac{P}{L} = \sqrt{\frac{\rho_p}{\rho_t}} \cdot f\left(\frac{\sigma_t}{\rho_p V^2}, \frac{V}{C_p}, \frac{\sigma_t}{\sigma_p}, \frac{L}{D}\right) \tag{4.42}$$

对于长径比较短的杆弹而言，其实也是近似满足这一函数关系，如图 4.11 所示。

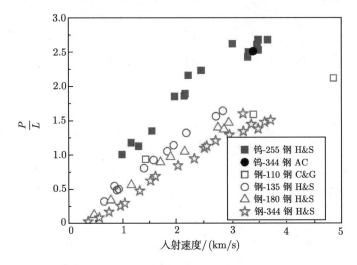

图 4.11 不同入射速度 $L/D = 1$ 杆弹无量纲侵彻深度

将图 4.11 中无量纲侵彻深度校正为无量纲相对侵彻深度 (即杆弹无量纲侵彻深度与流体动力学无量纲侵彻深度值之比)，则有

$$\frac{P}{L}\sqrt{\frac{\rho_t}{\rho_p}} = f\left(\frac{\sigma_t}{\rho_p V^2}, \frac{V}{C_p}, \frac{\sigma_t}{\sigma_p}, \frac{L}{D}\right) \tag{4.43}$$

此时图 4.11 数据可以整理为图 4.12 所示数据。

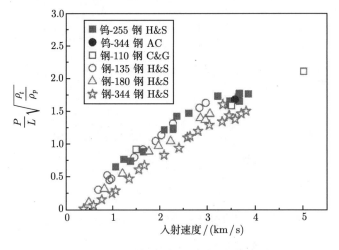

图 4.12 不同入射速度 $L/D = 1$ 杆弹无量纲相对侵彻深度

当长径比较小时，试验表明无量纲侵彻深度满足

$$\frac{P}{L} = \left(\frac{\rho_p}{\rho_t}\right)^k \cdot f\left(\frac{\sigma_t}{\rho_p V^2}\right) \tag{4.44}$$

式中，k 表示某常数，在 0.5 附近取值。因此，我们可以近似认为式 (4.43) 是相对准确与科

学的。

式 (4.43) 中左端可以写为

$$\frac{P}{L}\Big/\sqrt{\frac{\rho_p}{\rho_t}} = P\Big/\left(L\sqrt{\frac{\rho_p}{\rho_t}}\right) = \frac{P}{P_H} \tag{4.45}$$

式中

$$P_H = L\sqrt{\frac{\rho_p}{\rho_t}} \tag{4.46}$$

即为长杆弹侵彻流体动力学理论解。因此,式 (4.45) 右端无量纲量的物理意义即为当前侵彻深度与流体动力学理论解析出的极限侵彻深度之比,我们也可以将其称为侵彻效率 $\bar{P}$,此时即有

$$\bar{P} = f\left(\frac{\sigma_t}{\rho_p V^2}, \frac{V}{C_p}, \frac{\sigma_t}{\sigma_p}, \frac{L}{D}\right) \tag{4.47}$$

图 4.13 为镁、铝、锡和金四种软金属杆弹 (长径比为 7.35~12.54) 垂直或近似垂直侵彻半无限 7075-T6 铝合金靶板无量纲侵彻深度 P/L 与入射速度 V 之间的关系试验与拟合结果。

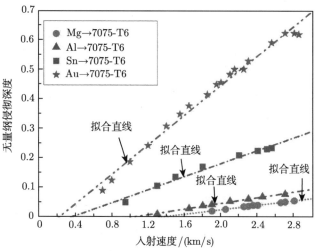

图 4.13 四种软金属杆弹侵彻半无限铝合金靶板的试验结果

从图 4.13 中可以看出,四种杆弹在入射速度 0.7~2.8km/s 速度范围内,其无量纲侵彻深度与入射速度之间皆呈近似线性递增的关系,但其递增的速度差别较大。对图 4.13 中纵坐标进一步处理,将其整理为侵彻效率 $\bar{P}$,则可以得到图 4.14。

对比图 4.13 和图 4.14,容易看出后者规律更接近,规律性更明显。式 (4.47) 右端中,第一项和第二项皆包含速度项 V,如前面章节所分析,我们可以对式 (4.47) 进一步整理,能够给出

$$\bar{P} = f\left(g\left[\sigma_t\right], \frac{V}{C_p}, \frac{\sigma_t}{\sigma_p}, \frac{L}{D}\right) \tag{4.48}$$

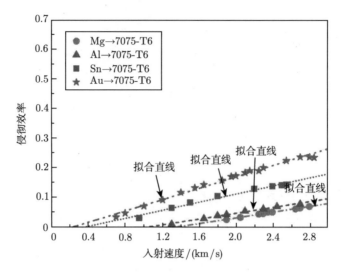

图 4.14 四种软金属杆弹侵彻半无限铝合金靶板的侵彻效率试验结果

式中，$g[\sigma_t]$ 表示关于靶板材料强度 σ_t 的某个无量纲函数。然而，式 (4.48) 中第二项即无量纲速度项物理意义并不明显，根据 Alekseevskii-Tate 方程，我们可以给出一个临界入射速度，即理论上开始取得有效侵彻深度对应的入射速度：

$$V_C = \sqrt{\frac{2\left(R_t - Y_p\right)}{\rho_p}} \tag{4.49}$$

式 (4.49) 中的相关物理量意义同上。此时入射速度无量纲量可以写为

$$\bar{V} = \frac{V}{V_C} = V \Big/ \sqrt{\frac{2\left(R_t - Y_p\right)}{\rho_p}} \tag{4.50}$$

对于镁、铝、锡和金四种软金属而言，其屈服强度 Y_p 远小于靶板的流变强度 R_t，此时式 (4.50) 可以简化为

$$\bar{V} = \frac{V}{V_C} = V \Big/ \sqrt{\frac{2R_t}{\rho_p}} \tag{4.51}$$

由于此次试验中靶板材料相同，对比其侵彻规律不必求出其流变强度 R_t 具体值，这里我们取参考值 $R_t^* = 1.0\,\mathrm{GPa}$，此时参考入射速度即为

$$V_C^* = \sqrt{\frac{2R_t^*}{\rho_p}} \tag{4.52}$$

将图 4.14 中横坐标入射速度进一步整理为无量纲入射速度，可以得到图 4.15。

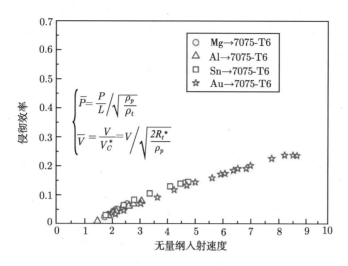

图 4.15 四种软金属杆弹侵彻效率与无量纲入射速度试验结果

从图 4.15 容易看出，此时对于该四种不同密度软金属材料杆弹而言，侵彻效率与无量纲入射速度之间的关系基本相同，其规律性非常明显，因此，式 (4.48) 可以进一步写为

$$\bar{P} = f\left(\bar{V}, g\left[\sigma_t\right], \frac{\sigma_t}{\sigma_p}, \frac{L}{D}\right) \tag{4.53}$$

从式 (4.53) 可以看出，影响杆弹侵彻效率的主要无量纲因素有四个：无量纲入射速度、靶板的强度、弹体的强度和杆弹的长径比；这四个因素整体来讲分三个方面：无量纲入射速度、弹靶强度和长径比。

1) 长径比对杆弹侵彻效率的影响

对于杆弹而言，特别是长杆弹，其长径比对于侵彻效率而言有一定的影响，如图 4.16 所示。图中杆弹长径比分别为 3、6 和 12，弹体材料为钨合金 (WA)，靶板材料为 STA61 钢，容易知道，此时的参考临界速度皆相同，入射速度或无量纲入射速度作为横坐标其规律皆相同。

从图 4.16 可以看出，当弹靶材料一致时，随着长径比的变化，侵彻效率与入射速度 (或无量纲入射速度) 之间的关系也有少许差别，从式 (4.53) 可以看出，造成这一现象从理论上分析只有长径比的影响。同时，图中显示，随着长径比的增大，对于同一入射速度而言其侵彻效率呈减小的趋势。

对于长径比大于 10 的长杆弹而言，也具有类似的规律，如图 4.17～ 图 4.21 所示。

以上不同弹体材料、不同长径比长杆弹侵彻半无限 RHA 靶板试验结果皆显示：随着长径比的增大，相同其他条件下弹体的侵彻效率呈下降趋势。综合以上结果，我们可以更加清晰地看出此规律，如图 4.22 所示。

从图 4.22 可以清晰地看出，在常规杆弹武器速度范围内 (1.0～2.0km/s) 侵彻效率随着长径比的增大而减小，Anderson 通过总结试验数据和数值仿真结果给出钨合金侵彻 RHA 靶板经验表达式：

$$\frac{P}{L} = -0.209 + 1.044\frac{V}{V_0} - 0.194\ln\left(\frac{L}{D}\right) \tag{4.54}$$

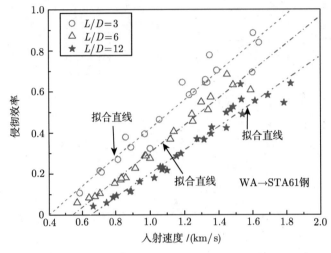

图 4.16 不同长径比钨合金杆弹侵彻 STA61 钢靶板试验结果

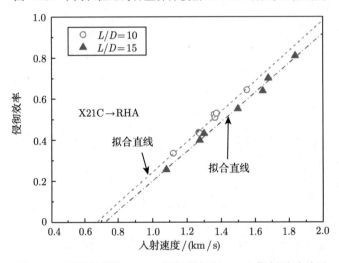

图 4.17 不同长径比 X21C 长杆弹侵彻 RHA 靶板试验结果

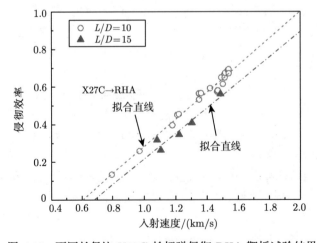

图 4.18 不同长径比 X27C 长杆弹侵彻 RHA 靶板试验结果

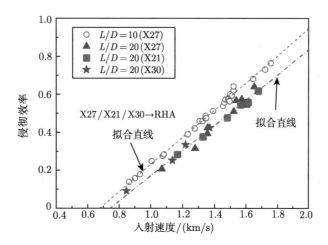

图 4.19 不同长径比 X27/X21/X30 长杆弹侵彻 RHA 靶板试验结果

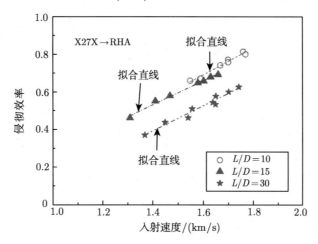

图 4.20 不同长径比 X27X 长杆弹侵彻 RHA 靶板试验结果

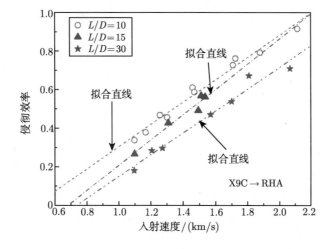

图 4.21 不同长径比 X9C 长杆弹侵彻 RHA 靶板试验结果

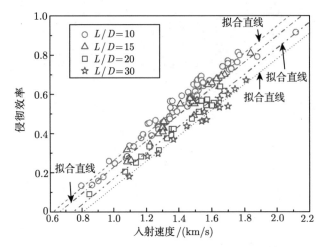

图 4.22 不同长径比钨合金长杆弹侵彻 RHA 靶板试验结果

式中，$V_0 = 1.0 \text{km/s}$ 为参考速度。该式形式简单，其认为对于不同速度而言，长径比对无量纲侵彻深度的影响是固定的，因此将长径比的影响项作为一个独立量与速度的影响项线性叠加。

然而，研究表明，长径比对侵彻效率的影响主要是侵彻的初始开坑和最后阶段，其与入射速度并不解耦；随着速度的增大，长径比对侵彻效率的影响逐渐减小，根据前面分析也容易看到，当速度很大时，长杆弹的侵彻效率接近于其流体动力学理论结果，与长径比、入射速度等无明显关系。

综上分析，我们可以认为，在常规长杆弹武器速度区间内 $(1.0 \sim 2.0 \text{km/s})$，由于长径比对长杆弹侵彻效率的影响较小，当长径比相差较大时，可以参考式 (4.54) 将长径比的影响简化为一个独立的量。因此在此区间内长杆弹侵彻效率可以近似写为

$$\bar{P} = f\left(\bar{V}, g\left[\sigma_t\right], \frac{\sigma_t}{\sigma_p}\right) - K \ln\left(\frac{L}{D}\right) \tag{4.55}$$

或

$$\bar{P} = K \ln\left(\frac{L}{D}\right) \cdot f\left(\bar{V}, g\left[\sigma_t\right], \frac{\sigma_t}{\sigma_p}\right) \tag{4.56}$$

式中，K 表示一个与弹靶材料相关的常数。

如果其长径比相差并不大 (图 4.23)，或由于弹靶材料物理力学特性导致其对长径比不甚明显时 (图 4.24 和图 4.25)，可以忽略长径比的影响。

图 4.23 为长径比分别为 10、12 和 15 的 T200 长杆弹垂直侵彻半无限 6061T651 靶板的试验结果。从图中可以看出，当长径比相差不大时，其侵彻效应与入射速度的关系基本相近，此时开展对比分析时可以忽略长径比的影响。

图 4.24、图 4.25 分别为不同长径比 Marag 杆弹和 35CrNiMo 杆弹垂直侵彻半无限 HzB/A 靶板的试验结果。从图中可以看出，虽然各自长径比相差较大，但其侵彻效率与入射速度之间的定量关系相差并不明显。

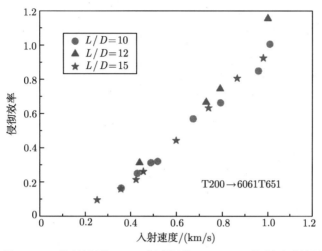

图 4.23　不同长径比 T200 杆弹侵彻 6061T651 靶板试验结果

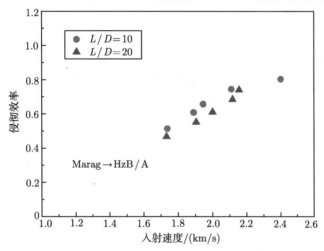

图 4.24　不同长径比 Marag 杆弹侵彻 HzB/A 靶板试验结果

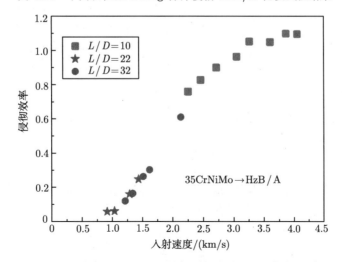

图 4.25　不同长径比 35CrNiMo 杆弹侵彻 HzB/A 靶板试验结果

2) 入射速度对杆弹侵彻效率的影响

当速度不是足够大 (侵彻效率明显小于 1) 时，入射速度是影响长杆弹侵彻效率的最关键因素之一，研究发现，长杆弹对半无限金属靶板的侵彻行为主要可以分为三个阶段：开坑阶段、准稳定阶段和第三阶段，其中准稳定阶段是常规杆弹武器侵彻主要阶段，如图 4.26 所示。

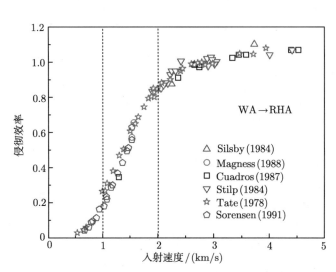

图 4.26　不同入射速度钨合金长杆弹侵彻 RHA 靶板试验结果

图 4.26 显示，钨合金长杆弹垂直侵彻半无限金属靶板的侵彻效率与入射速度之间的关系主要也可以大致划分为三个阶段：低速开坑段、线性准稳定段和流体动力学段。与以上长径比影响因素分析一样，我们也主要讨论常规长杆弹武器速度 (1.0～2.0km/s) 区间内入射速度对侵彻效率的影响，其结论也更具有代表性。

以上分析表明，当弹靶的强度不予考虑或近似相等时，侵彻效率与长杆弹的垂直入射速度之间可以近似表达为以下函数关系：

$$\bar{P} = K \ln \left(\frac{L}{D} \right) \cdot f \left(\bar{V} \right) \tag{4.57}$$

即

$$\frac{P}{P_H} = \frac{P}{L} \bigg/ \sqrt{\frac{\rho_p}{\rho_t}} = K \ln \left(\frac{L}{D} \right) \cdot f \left(\frac{V}{V_C} \right) \tag{4.58}$$

式中，临界开坑入射速度为

$$V_C = \sqrt{\frac{2 \left(R_t - Y_p \right)}{\rho_p}} \tag{4.59}$$

该点理论上即为图 4.27 中的 V_C 点，但由于开坑阶段的非线性特征，该点不能够直接标定线性段，因此我们通过对图中线性段与横坐标轴的交点 V_C^* 来代替该点，在某种程度上，我们可以假设两点之差与开坑耗能呈正比关系：

$$E_C = \frac{1}{2} \rho_p V_C^{*2} - \frac{1}{2} \rho_p V_C^2 \tag{4.60}$$

此时无量纲入射速度可以表示为

$$\bar{V}^* = \frac{V}{V_C^*} \tag{4.61}$$

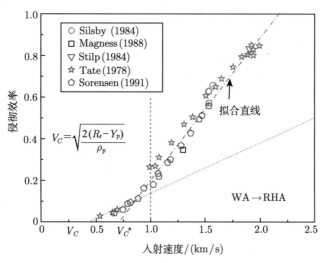

图 4.27 临界开坑入射速度与校正临界入射速度

此时，在常规速度区间，侵彻效率 $\bar{P}$ 与无量纲入射速度 $\bar{V}$ 的近似线性关系可以表示为

$$\bar{P} = K \ln\left(\frac{L}{D}\right) \cdot K'\left(\bar{V}^* - 1\right) = \Lambda \ln\left(\frac{L}{D}\right) \cdot \left(\bar{V}^* - 1\right) \tag{4.62}$$

式中，K' 表示某待定常数，与弹靶材料相关；$\Lambda = K \cdot K'$ 也表示某待定常数。如图 4.28 所示，对于某特定长径比的长杆弹而言，在常规长杆弹武器速度区间内，钨合金杆弹垂直侵彻半无限 RHA 靶板侵彻效率与无量纲入射速度之间的关系满足

$$\bar{P} = 0.45\left(\bar{V}^* - 1\right) \tag{4.63}$$

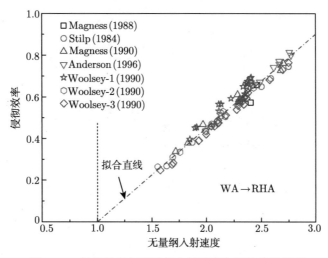

图 4.28 侵彻效率与无量纲入射速度之间的线性关系

从图 4.28 中容易看出,该拟合直线与试验结果比较吻合。如进一步令

$$\bar{V} = \bar{V}^* - 1 = \frac{V}{V_C^*} - 1 \tag{4.64}$$

则有

$$\bar{P} = \varLambda \ln \left(\frac{L}{D} \right) \cdot \bar{V} \tag{4.65}$$

对于以上长径比钨合金长杆弹侵彻半无限 RHA 靶板试验结果,如图 4.29 所示,可以拟合为

$$\bar{P} = 0.45\bar{V} \tag{4.66}$$

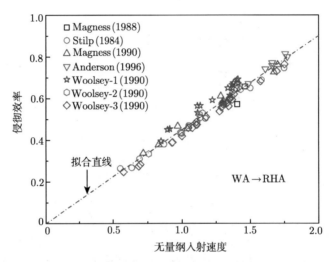

图 4.29 钨合金长杆弹侵彻半无限 RHA 靶板试验结果拟合

利用以上所分析校正的无量纲坐标系,我们对不同长径比、不同无量纲入射速度钨合金长杆弹垂直侵彻半无限 RHA 靶板的试验结果进行整理,得到图 4.30。

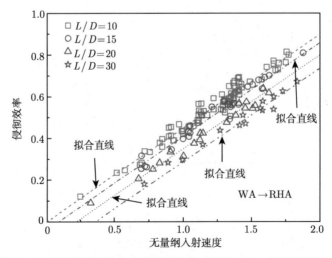

图 4.30 不同长径比钨合金长杆弹侵彻半无限 RHA 靶板试验结果

从图 4.30 中可以看出,同前面分析,不同长径比长杆弹满足相似的线性规律,只是随着长径比的增大,拟合直线的截距逐渐减小。研究表明,速度低于常规长杆弹武器上限时,长径比对侵彻行为的影响在开坑阶段能量损失上有所体现,从而也影响准稳定阶段;因此,我们姑且可以假设长径比的增大可能增大开坑阶段的能量 E_C,而根据式 (4.59) 可以看出,对于同一种弹体材料和靶板材料而言,临界开坑入射速度可近似不变为 V_C,结合式 (4.60) 可以计算出校正速度 V_C^* 会增大,若以长径比为 10 的曲线为参考,其校正速度为 V_{C10}^*,则可以找到一个函数,使得不同长径比长杆弹的校正速度 V_C^* 可以表示如下:

$$V_C^* = f\left(\frac{L}{D}\right) \cdot V_{C10}^* \tag{4.67}$$

其使得不同长径比时侵彻效率与校正无量纲入射速度之间满足

$$\bar{P} = \varLambda \ln\left(\frac{L}{D}\right) \cdot \left(\frac{V}{V_{C10}^*} - 1\right) = \varLambda \cdot \left[\frac{V}{f(V_{C10}^*)} - 1\right] = \varGamma \cdot \left(\frac{V}{V_C^*} - 1\right) = \varGamma \cdot \bar{V} \tag{4.68}$$

或

$$\bar{P} = \varLambda \cdot \left(\frac{V}{V_{C10}^*} - 1\right) - K \ln\left(\frac{L}{D}\right) = \varGamma \cdot \left[\frac{V}{V_{C10}^*} - f\left(\frac{L}{D}\right)\right] = \varGamma \cdot \bar{V}' \tag{4.69}$$

式中,$\varGamma$ 表示某一待定常数。值得说明的是,此时校正无量纲入射速度 $\bar{V}$ 也是长径比的函数。

根据式 (4.69) 所示方法,我们对图 4.30 中不同长径比、不同入射速度时的侵彻数据进行归一化处理,可以得到图 4.31。

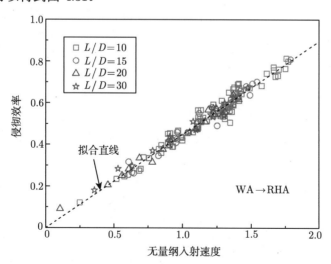

图 4.31　长径比校正后侵彻效率与校正无量纲入射速度之间的线性关系

图 4.31 表明,以上通过长径比校正后的无量纲表达式是准确科学的。

3) 弹靶强度对杆弹侵彻效率的影响

长杆弹垂直侵彻半无限靶板行为中,在入射速度不是极大的情况下,弹体和靶板的强度对侵彻效率有着一定的影响,特别是靶板的强度,其对长杆弹侵彻行为有着明显的影响。研究表明，弹体的强度与弹体材料的屈服强度并不完全相同，靶板的强度与靶板材料的屈服强度也是完全不同的；它们与弹体的入射速度、长径比等因素均相关；然而，在理论分析过程中，我们常常将弹体强度近似取为弹体材料的屈服强度，而靶板的强度近似取为靶板材料屈服强度的数倍。

研究表明，弹体强度对侵彻阻力的影响明显不如靶板强度，特别是在超高速侵彻过程中，金属流体的侵彻威力与同长径比金属杆弹基本相等，但在常规动能弹武器速度范围内，其影响也是不容忽视的，如图 4.32 所示。

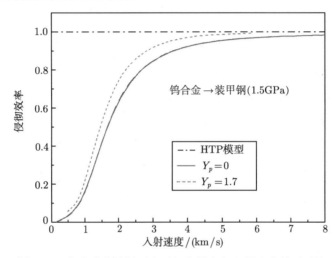

图 4.32　考虑弹体材料强度时侵彻效率与入射速度关系对比

从图 4.32 中可以看出，在相同入射速度条件下弹体材料强度的提高能够在一定程度上提高其侵彻效率。事实上，前面对入射速度的影响分析过程中，我们提出的参考速度 (临界开坑速度) 已经蕴含了靶板强度和弹体强度：

$$V_C = \sqrt{\frac{2\left(R_t - Y_p\right)}{\rho_p}} \doteq \sqrt{\frac{2\left(R_t - \sigma_p\right)}{\rho_p}} \, . \tag{4.70}$$

式 (4.70) 也表明，当其他条件相同时，随着弹体材料强度的增大，其临界开坑速度会减小，从而导致无量纲入射速度增大，其对应的侵彻效率也相应变大。然而，在长杆弹武器中，其材料强度差别并不十分明显，且研究表明，弹体强度对侵彻规律的影响并不非常明显，如图 4.33 所示。

从图 4.33 可以看到，五种不同合金钢长杆弹，其布氏硬度 (BHN) 从 217 到 644，硬度相差近两倍，我们可以近似认为硬度与强度存在一定的正比关系，因此图 4.33 说明靶板不变，弹体密度基本相等时，弹体材料强度的变化对侵彻效率影响并不明显；只是可以观察到硬度为 644 时其侵彻效率高于 442 时和 217 时的对应值，布氏硬度 442 的弹体侵彻效率稍大于 217 时的对应值。

图 4.34 所示为五种 D 系列合金长杆弹垂直侵彻半无限 HzB/A 合金钢靶板的侵彻规律。从图中可以看出，当靶板相同，弹体密度接近时，在速度范围 0.5～2.5km/s 区间内，靶板硬度 (强度) 的改变对侵彻规律的影响并不非常明显。

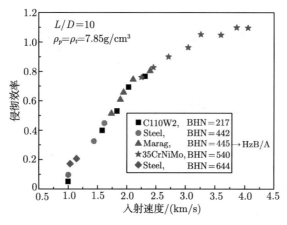

图 4.33 不同硬度 (强度) 合金钢长杆弹垂直侵彻规律

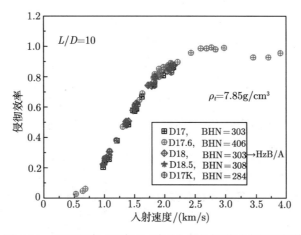

图 4.34 不同硬度 (强度)D 系列合金长杆弹垂直侵彻规律

图 4.35 所示为八种钨和钨合金长杆弹垂直侵彻半无限 HzB/A 靶板的试验结果，弹体密度相近，布氏硬度从 246 到 1400，相差近 5 倍，但从图中可以看出，其侵彻规律基本相近。

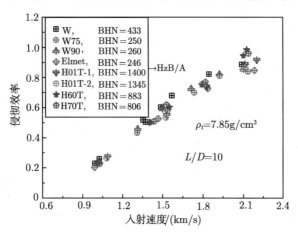

图 4.35 不同硬度 (强度) 钨合金长杆弹垂直侵彻规律

从前面的推导分析容易看出，以该参考速度为参考量对入射速度进行归一化处理，所呈现出侵彻效率与无量纲入射速度之间的关系更加明显。需要注意的是，该量虽然体现弹靶强度对侵彻效率的影响，但其中还是包含靶板密度量：

$$\frac{V}{V_C} \doteq \frac{V}{\sqrt{2\left(R_t - \sigma_p\right)/\rho_p}} = \frac{\sqrt{\rho_p}\,V}{\sqrt{2\left(R_t - \sigma_p\right)}} \tag{4.71}$$

图 4.36 所示为合金钢和钨合金两类长杆弹垂直侵彻半无限 HzB/A 靶板的试验结果，试验中长杆弹的长径比相同，弹体的硬度相近。

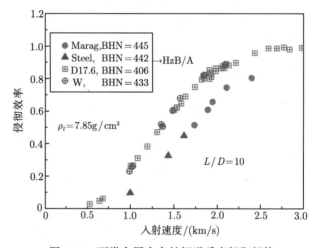

图 4.36 两类金属合金长杆弹垂直侵彻规律

试验结果表明，两种钨合金杆弹侵彻规律基本一致，两种合金钢杆弹的侵彻规律也基本相同；然而，虽然靶板相同且合金钢和钨合金弹体硬度接近，但其规律却存在较大差别。该问题在图 4.37 中更为明显。

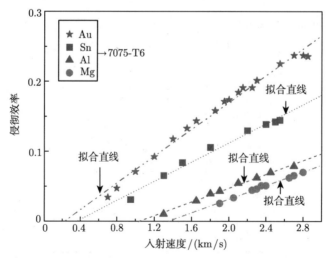

图 4.37 四种软金属合金长杆弹垂直侵彻规律

图 4.37 中四种弹体金属均属于软金属，其强度和硬度皆非常低，而且靶板相同，但从图

中看出,它们的侵彻规律差别非常大。如同以上所述,临界开坑速度中不仅包含弹靶强度参数,还包含弹体材料密度项,根据式 (4.71) 将弹体密度与入射速度进行组合处理,我们可以将式 (4.71) 换一种方式表达:

$$\frac{V}{V_C} \doteq \frac{\sqrt{\rho_p}V}{\sqrt{2\left(R_t - \sigma_p\right)}} = \frac{\sqrt{\frac{1}{2}\rho_p V^2}}{\sqrt{R_t - \sigma_p}} = \frac{\sqrt{E_{pI}}}{\sqrt{R_t - \sigma_p}} \tag{4.72}$$

式中, E_{pI} 表示弹体的入射动能。

结合式 (4.72) 和式 (4.65) 可知,在入射速度明显低于流体动力学极限速度时,此时影响侵彻效率的最关键因素是入射动能,利用式 (4.72) 将图 4.37 中横坐标校正为弹体入射动能的平方根,可以得到图 4.38。

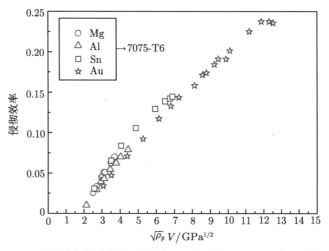

图 4.38　四种软金属合金长杆弹垂直侵彻效率与入射动能之间的关系

从图 4.38 容易看出,杆弹长径比相同、靶板相同时,四种不同强度软金属长杆弹垂直侵彻半无限 7075-T6 金属靶板,其侵彻效率与入射动能之间满足近似相同的规律。同理,我们对图 4.34 和图 4.35 进行相似处理,可以得到图 4.39 和图 4.40。

结合图 4.39 和式 (4.72) 可以看出,弹体强度的增加会导致无量纲入射速度少量增加,使得相同入射动能条件下侵彻效率少许增加,从图中可以看出,硬度增加 30% 以上,其侵彻效率增加并不明显。

图 4.40 中也显示同上的类似规律,整体来讲,随着弹体硬度的增大,相同入射动能条件下侵彻效率有一定的提高,弹体硬度从 246 增加到 1400,增加到 6 倍多,但对应的侵彻效率提高仅 10% 左右。此时长杆弹垂直侵彻深度的规律函数可以简化为

$$\bar{P} = f\left(\bar{V}, \frac{\sigma_t}{\sigma_p}, \frac{L}{D}\right) \tag{4.73}$$

其中,弹体材料强度由于其影响并不明显,将其列入临界开坑速度项中。对于长杆弹常规武器速度区间而言,式 (4.73) 可以进一步写为

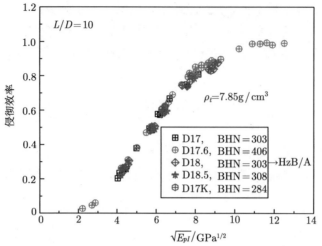

图 4.39　D17 合金长杆弹垂直侵彻效率与入射动能之间的关系

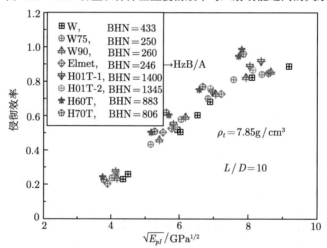

图 4.40　钨合金长杆弹垂直侵彻效率与入射动能之间的关系

$$\bar{P} = f\left\{ \Gamma \cdot \left[\frac{\sqrt{E_{pI}}}{\sqrt{R_t - \sigma_p}} - g\left(\frac{L}{D}\right) \right], \frac{\sigma_t}{\sigma_p} \right\} \doteq f\left\{ \Gamma \cdot \left[\sqrt{\frac{E_{pI}}{\sigma_p}} \frac{1}{\sqrt{\dfrac{h(\sigma_t)}{\sigma_p} - 1}} - g\left(\frac{L}{D}\right) \right], \frac{\sigma_t}{\sigma_p} \right\}$$

$$(4.74)$$

式中，一般假设

$$R_t = h(\sigma_t) \doteq K \cdot \sigma_t \tag{4.75}$$

此时式 (4.74) 可以近似简化为

$$\bar{P} \doteq f\left\{ \Gamma \cdot \left[\frac{1}{\sqrt{\sigma_p\left(K\dfrac{\sigma_t}{\sigma_p} - 1\right)}} \sqrt{E_{pI}} - g\left(\frac{L}{D}\right) \right], \frac{\sigma_t}{\sigma_p} \right\} \tag{4.76}$$

根据式 (4.76) 对 13 种钨合金长杆弹垂直侵彻半无限 HzB/A 靶板试验结果进行整理，结果如图 4.41 所示。

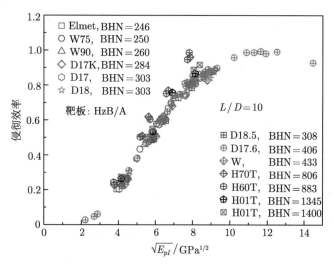

图 4.41　十三种合金长杆弹垂直侵彻效率与入射动能之间的关系

从图 4.41 中可以进一步看出，在长杆弹常规武器速度 (1.0~2.0km/s) 区间内，弹体材料强度对侵彻效率有少许影响；将其横坐标入射速度对临界开坑速度进行归一化处理后，弹体材料强度主要对侵彻效率准线性增加段的斜率有少许影响，因此，式 (4.76) 中弹体材料屈服强度可以近似认为只存在于函数右端第一项 (速度或动能项) 中，这说明式 (4.76) 的无量纲化处理是合理的。

对于靶板强度的影响而言，此类研究较多，结果也较明显。研究皆表明，在速度明显小于流体动力学速度的情况下，靶板的强度对弹体侵彻过程有着较大的影响。从以上分析可以看出，靶板对临界开坑速度的影响因素不是直接为其材料强度 σ_p，而是流变强度 R_t；研究表明，后者远大于前者，而且后者不仅与靶板材料强度相关，还与入射速度等因素相关，但一般情况下，我们近似取值为材料强度的线性函数，如式 (4.75) 所示。

图 4.42 所示为长径比为 10 的 C110W1 长杆弹垂直侵彻三种半无限合金钢靶板的试验结果。试验结果显示，随着靶板硬度 (可视为对应强度) 的增加，弹体对应的侵彻效率逐渐减小，以速度约 1.8km/s 为例，靶板硬度从 135 增加到 295 时，其侵彻效率减小约 33%，对比弹体强度的影响，我们可以明显看出，靶板强度的影响远大于弹体强度。

图 4.43 所示为五种不同材料靶板抗侵彻试验结果。从图中可以看出，D17 合金和 Ger Arm St(GAS) 合金两种密度相差很大的金属材料，由于其硬度相近，其侵彻效率与入射速度之间的关系基本相同，而 Al 靶板与其他四种合金材料硬度差别较大，其临界开坑速度和侵彻效率相差较大。

对比靶板强度和弹体强度的影响，我们可以认为靶板相对强度 σ_t/σ_p 并不适合作为一个独立的无量纲常量，因为减小弹体强度和增加靶板强度都能够提高该无量纲量的值，从而导致该无量纲量相等、其他条件也相同时，侵彻效率却可能差别较大。

综合以上量纲分析结论，结合诸多试验结果，我们可以给出长杆弹垂直侵彻半无限金属

靶板的侵彻效率表达式:

$$\frac{P}{L}\bigg/\sqrt{\frac{\rho_p}{\rho_t}} \doteq \varGamma \cdot \left[\frac{\sqrt{\rho_p}V}{\sqrt{K\sigma_t - \sigma_p}} - g\left(\frac{L}{D}\right) \right] \tag{4.77}$$

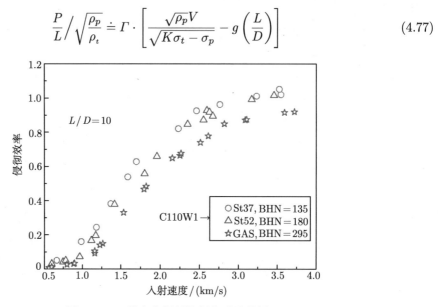

图 4.42 三种合金靶板抗侵彻试验结果

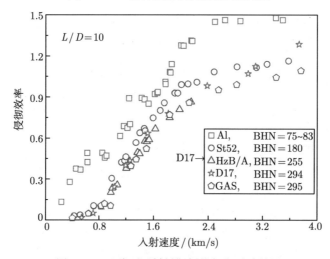

图 4.43 五种不同材料靶板抗侵彻试验结果

4.2 短杆弹高速侵彻问题量纲分析与相似律

长杆弹对半无限金属靶板的侵彻由于其准稳定阶段的拟线性特征得到了大量的研究, 取得了诸多成果, 而且在长杆弹常规武器速度范围内, 其侵彻效率与入射动能呈现线性规律, 其规律性明显, 与理论符合性好, 具体见 4.1 节分析。然而长径比小于 10 的短杆弹甚至长径比小于 1 的短杆弹或弹丸也是当前最常见的动能武器侵彻体, 如步枪子弹、手枪子弹、高速破片等, 如图 4.44, 这些弹体对半无限靶板的侵彻过程中期准稳定过程不明显, 而且其常规武器速度范围更大, 其理论模型更为复杂。

图 4.44　几种典型步枪子弹与弹丸

与长杆弹垂直侵彻半无限金属靶板中主要阶段的准稳定侵彻行为不同，短杆弹侵彻行为不能从流体动力学出发进行分析，由于弹体长度较小，其开坑和第三阶段占有较大部分，准稳定侵彻阶段并不明显，因此，其侵彻行为相对复杂。姑且还是利用 4.1 节所定义的侵彻效率表示侵彻行为，短杆弹的侵彻和弹丸的侵彻并不一定遵守流体动力学理论，也不存在所谓的流体动力学极限，如图 4.45 所示。

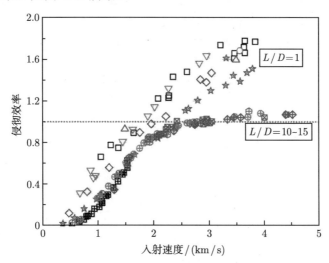

图 4.45　长杆弹与短杆弹的侵彻规律对比

从图 4.45 可以看出，相对于长杆弹明显分段特征和受到流体动力学极限的限制这些特点，短杆弹的侵彻分段特征并不明显，而且其侵彻效率的增加与入射速度的增加呈正比关系，完全不受流体动力学极限的影响，这进一步印证了短杆弹与弹丸侵彻机理和长杆弹并不相同这一事实。

图 4.46 为五种不同材料弹体和靶板侵彻试验结果，图中显示这五组弹靶试验中弹体长径比从 1 增加到 15 对应侵彻效率的变化规律。

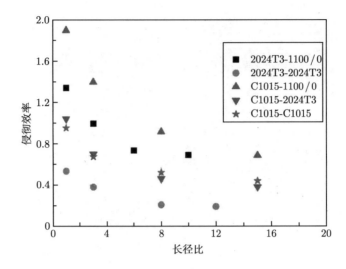

图 4.46　侵彻效率随长径比的变化试验结果 ($V = 1500$m/s)

从图 4.46 可以看出，五种不同弹靶材料侵彻效率与长径比皆有类似的函数关系：首先，随着长径比的增大，侵彻效率逐渐减小，对于入射速度为 1500m/s，侵彻效率随着长径比的增加而减小的趋势逐渐减小，当长径比大于某个值时，侵彻效率与长径比呈近似线性缓慢递减关系，以 2024T3 铝合金杆弹侵彻 2024T3 铝合金靶板为例，当长径比约小于 8 时，侵彻效率随着长径比的增大呈明显非线性特征减小趋势，而长径比大于 8 后，随着长径比的增大，侵彻效率呈近似线性缓慢减小，其他四组试验规律类似；其次，虽然不同弹靶材料侵彻效率与长径比的变化特征类似，但其变化定量关系稍有不同。

图 4.47 和图 4.48 分别为这五组弹靶材料在弹体入射速度为 3500m/s 和 5000m/s 时侵彻效率随长径比变化的试验结果。

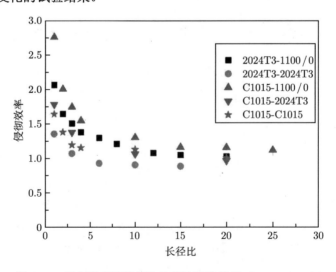

图 4.47　侵彻效率随长径比的变化试验结果 ($V = 3500$m/s)

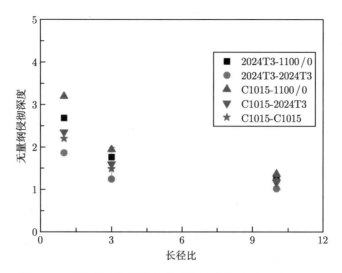

图 4.48　侵彻效率随长径比的变化试验结果 ($V =$5000m/s)

从图 4.47 和图 4.48 中可以看出，在不同入射速度条件下，侵彻效率与长径比皆满足类似的规律。以 2024T3 铝合金杆弹垂直侵彻半无限 2024T3 铝合金靶板为例，对比图 4.47 和图 4.48 中不同入射速度时的情况可以看出：首先，不同入射速度侵彻效率随长径比增大的变化趋势相似；其次，随着入射速度的增加，侵彻效率随长径比增大而减小的趋势由非线性转换为准线性递减的转折点从约 8 到约 4。

根据以上试验与分析结果，我们认为对于一般弹靶材料而言，长径比小于 8 甚至更小的杆弹侵彻半无限靶板的侵彻行为与长杆弹有较明显的区别，其侵彻机理也有很大差别；本节针对长径比小于 8 的短杆弹或弹丸垂直侵彻半无限靶板的侵彻问题进行量纲分析。

这里我们不考虑异形截面的短杆弹或弹丸，所分析的短杆弹的截面皆为圆截面。从图 4.46~图 4.48 中可以看出长径比是短杆弹侵彻效率的主要影响因素之一，设杆弹的长度为 L，直径为 D；弹体和靶板的密度分别为 ρ_p 和 ρ_t；弹体和靶板材料的杨氏模量分别为 E_p 和 E_t，同以上长杆弹侵彻问题的分析，弹靶材料的泊松比对杆弹的侵彻行为影响可以忽略不计；弹体头部形状系数设为 $\varLambda$。由此，我们可以给出入射速度为 V 时等截面短杆弹垂直侵彻半无限靶板的最终侵彻深度可以表达为

$$P = f\left(\sigma_p, \sigma_t, E_p, E_t; \rho_p, \rho_t, D, L, V, \varLambda\right) \tag{4.78}$$

该问题中自变量主要有 10 个，且是一个典型的纯力学问题，其基本量纲有 3 个；我们取弹体材料的密度 ρ_p、弹体的初始长度 L 和初始入射速度 V 这 3 个物理量为参考物理量。此 10 个自变量中弹体头部形状系数是无量纲量，其他 9 个物理量和 1 个因变量的量纲幂次系数如表 4.4 所示。

表 4.4　短杆弹垂直侵彻半无限靶板问题中变量的量纲幂次系数

	ρ_p	L	V	σ_p	σ_t	E_p	E_t	ρ_t	D	P
M	1	0	0	1	1	1	1	1	0	0
L	−3	1	1	−1	−1	−1	−1	−3	1	1
T	0	0	−1	−2	−2	−2	−2	0	0	0

对表 4.4 进行类似矩阵初等变换, 可以得到表 4.5。

表 4.5 短杆弹垂直侵彻半无限靶板问题中变量的量纲幂次系数 (初等变换)

	ρ_p	L	V	σ_p	σ_t	E_p	E_t	ρ_t	D	P
ρ_p	1	0	0	1	1	1	1	1	0	0
L	0	1	0	0	0	0	0	0	1	1
V	0	0	1	2	2	2	2	0	0	0

根据 Π 定理和表 4.5 容易知道, 最终表达式中无量纲量有 8 个, 包含 1 个因无量纲因变量和 7 个无量纲自变量:

$$\frac{P}{L} = f\left(\frac{\sigma_p}{\rho_p V^2}, \frac{\sigma_t}{\rho_p V^2}, \frac{E_p}{\rho_p V^2}, \frac{E_t}{\rho_p V^2}, \frac{\rho_t}{\rho_p}, \frac{L}{D}, \Lambda \right) \tag{4.79}$$

式中, P/L 称为无量纲最终侵彻深度 (简称无量纲侵彻深度)。

参考长杆弹侵彻相关分析, 我们也可以将弹靶材料密度比与无量纲侵彻深度进行组合, 并定义为侵彻效率, 式 (4.79) 即可简化为

$$\bar{P} = \frac{P}{L} \bigg/ \sqrt{\frac{\rho_p}{\rho_t}} = f\left(\frac{\sigma_p}{\rho_p V^2}, \frac{\sigma_t}{\rho_p V^2}, \frac{E_p}{\rho_p V^2}, \frac{E_t}{\rho_p V^2}, \frac{L}{D}, \Lambda \right) \tag{4.80}$$

我们假设当前有一个缩比模型, 其几何形状与原型完全相同, 即

$$\begin{cases} (\Lambda)_m = (\Lambda)_p \\ (L/D)_m = (L/D)_p \end{cases} \tag{4.81}$$

设该模型的几何缩比为

$$\lambda = \frac{(L)_m}{(L)_p} \tag{4.82}$$

当两个模型中弹靶材料对应相同时, 必有

$$\begin{cases} (E_p)_m = (E_p)_p \\ (E_t)_m = (E_t)_p \\ (\rho_p)_m = (\rho_p)_p \\ (\rho_t)_m = (\rho_t)_p \end{cases} \tag{4.83}$$

当两个模型中弹体垂直入射速度相同:

$$(V)_m = (V)_p \tag{4.84}$$

因此, 此时以下无量纲自变量对应相等:

$$\begin{cases} \left(\dfrac{E_p}{\rho_p V^2}\right)_m = \left(\dfrac{E_p}{\rho_p V^2}\right)_p \\[2mm] \left(\dfrac{E_t}{\rho_p V^2}\right)_m = \left(\dfrac{E_t}{\rho_p V^2}\right)_p \\[2mm] \left(\dfrac{\rho_t}{\rho_p}\right)_m = \left(\dfrac{\rho_t}{\rho_p}\right)_p \\[2mm] \left(\dfrac{L}{D}\right)_m = \left(\dfrac{L}{D}\right)_p \\[2mm] (\Lambda)_m = (\Lambda)_p \end{cases} \tag{4.85}$$

对于金属材料而言，其流动应力一般可以写为

$$\sigma = f\left(\varepsilon^p, \dot{\varepsilon}^p\right) \tag{4.86}$$

其中，当缩比模型与原型满足几何相似时，侵彻过程中塑性应变基本相等，但其塑性应变率并不相等；因此即使弹靶材料与几何尺寸、形状满足相似的条件，但其流动应力并不一定满足相等的条件；值得庆幸的是，金属材料的应变率效应相对较小，而且诸多研究表明，金属弹体垂直半无限金属靶板近似满足几何相似律，如图 4.49 所示。从图 4.49 中可以看出，对于钨合金短杆弹垂直侵彻半无限 STA61 合金钢靶板而言，当长径比皆为 6 时，杆弹的长度从 35.7mm 增加至 45.0mm 再至 56.7mm，其侵彻效率与入射速度之间的函数关系基本一致，这说明对于长径比和材料相同时，此杆弹对该靶板的侵彻满足严格的几何相似律；图中也显示，当长径比为 6 时，三种不同尺寸的 En25T 合金钢短杆弹垂直侵彻半无限 STA61 合金钢靶板定量规律也基本相同，这也进一步说明对于该短杆弹侵彻问题而言，也满足严格的几何相似律。

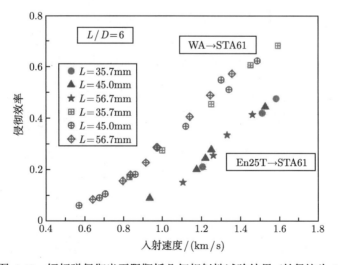

图 4.49 短杆弹侵彻半无限靶板几何相似性试验结果 (长径比为 6)

图 4.50～ 图 4.52 分别为长径比为 5、3、1 时短杆弹垂直侵彻半无限金属靶板时侵彻小于与入射速度之间的试验结果。

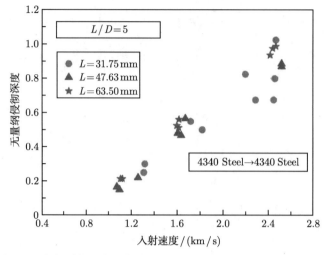

图 4.50 短杆弹侵彻半无限靶板几何相似性试验结果 (长径比为 5)

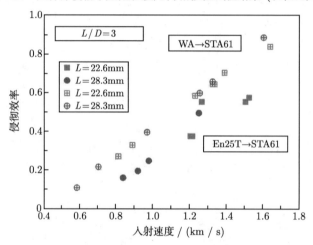

图 4.51 短杆弹侵彻半无限靶板几何相似性试验结果 (长径比为 3)

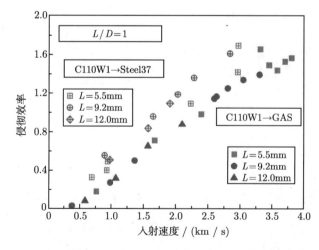

图 4.52 短杆弹侵彻半无限靶板几何相似性试验结果 (长径比为 1)

图 4.50 为长径比为 5 的 4340 钢短杆弹垂直侵彻半无限 4340 钢靶板的试验结果。从图中可以看出，当杆弹的入射速度从 1.0km/s 增加到约 2.6km/s 时，侵彻效率呈近似线性规律的增长；而且保持长径比不变，杆弹的长度从 31.75mm 增长到 47.63mm 再至 63.50mm，虽然弹体尺寸增大到原有的 2 倍，但侵彻效率与入射速度之间的定量准线性规律基本一致，没有明显区别，这进一步说明这种杆弹侵彻该靶板满足严格的几何相似律。

图 4.51 为长径比为 3 时，钨合金杆弹和 En25T 合金杆弹垂直侵彻半无限 STA61 合金靶板的试验结果。从图中可以看出，两组试验中，杆弹尺寸增加对侵彻效率与入射速度之间的定量规律并无明显影响，这说明此两类情况下短杆弹的侵彻满足严格的几何相似律。

图 4.52 为长径比为 1 时，C110W1 合金杆弹垂直侵彻半无限 ST37 和 GAS 合金的试验结果。从图中可以看出，虽然弹体长度尺寸从 5.5mm 增加到 12.0mm，增加到原有的 2 倍以上，但侵彻效率与入射速度之间的关系基本一致。

上面试验结果显示，当长径比为 1、3、5、6 时，几种不同材料金属杆弹以不同速度垂直侵彻不同材料半无限金属靶板，其对应的侵彻效率与入射速度满足基本相同的定量规律，这在某种程度上可以说明对于金属短杆弹垂直侵彻半无限金属靶板的问题而言，可以认为其满足严格的几何相似律。

因此，我们可以认为

$$\begin{cases} (\sigma_p)_m \approx (\sigma_p)_p \\ (\sigma_t)_m \approx (\sigma_t)_p \end{cases} \tag{4.87}$$

结合式 (4.85) 可以得到

$$\begin{cases} \left(\dfrac{\sigma_p}{\rho_p V^2}\right)_m \approx \left(\dfrac{\sigma_p}{\rho_p V^2}\right)_p \\ \left(\dfrac{\sigma_t}{\rho_p V^2}\right)_m \approx \left(\dfrac{\sigma_t}{\rho_p V^2}\right)_p \end{cases} \tag{4.88}$$

此时必有

$$\left(\frac{P}{L}\right)_m = \left(\frac{P}{L}\right)_p \Rightarrow \lambda_p = \frac{(P)_m}{(P)_p} = \lambda \tag{4.89}$$

上述分析表明，对于金属短杆弹侵彻半无限金属靶板的最终侵彻深度问题而言，当满足材料相似条件时，可以认为该问题满足严格的几何相似律。

从以上试验结果容易看出，侵彻效率与入射速度呈正比关系，因此，式 (4.80) 写为以下形式更为合理：

$$\bar{P} = f\left(\frac{\rho_p V^2}{\sigma_p}, \frac{\rho_p V^2}{\sigma_t}, \frac{\rho_p V^2}{E_p}, \frac{\rho_p V^2}{E_t}, \frac{L}{D}, \Lambda\right) \tag{4.90}$$

类似长杆弹侵彻问题中的分析，式 (4.90) 可以简化为

$$\bar{P} = f\left(\frac{\rho_p V^2}{\sigma_p}, \frac{\sigma_p}{\sigma_t}, \frac{V}{C_p}, \frac{C_p}{C_t}, \frac{L}{D}, \Lambda\right) \tag{4.91}$$

式中，弹靶材料声速比或杨氏模量之比对于侵彻而言有一定的影响 (硬度对侵彻行为有一定的影响，而硬度与杨氏模量有一定的关系)，但侵彻过程中塑性非线性行为占主要部分，弹性

对侵彻行为的影响可以忽略或利用线性校正来消除,因此该无量纲项可以忽略。即有

$$\bar{P} = f\left(\frac{\rho_p V^2}{\sigma_p}, \frac{\sigma_p}{\sigma_t}, \frac{V}{C_p}, \frac{L}{D}, \Lambda\right) \tag{4.92}$$

同时对于短杆弹而言,入射速度一般远小于材料的弹性声速,结合 4.1 节长杆弹侵彻问题的分析,我们可以将式 (4.92) 中无量纲入射速度项中声速以临界开坑速度来代替,如此更为直观、物理意义更加明显:

$$\bar{P} = f\left(\frac{\rho_p V^2}{\sigma_p}, \frac{\sigma_p}{\sigma_t}, \frac{V}{V_0}, \frac{L}{D}, \Lambda\right) \tag{4.93}$$

式中,临界开坑速度我们可以参考长杆弹侵彻问题中的相关定义:

$$V_0 = f(R_t, R_p, \rho_p, \rho_t) = \phi(\sigma_t, \sigma_p, \rho_p, \rho_t) \tag{4.94}$$

其中,R_t 和 R_p 的物理意义同长杆弹侵彻章节对应定义;从侵彻效率与入射速度曲线图上可以看出,该点对应曲线在横坐标轴上的起点坐标。需要说明的是,由后面分析可知,在短杆弹垂直侵彻半无限金属靶板问题中,弹体头部形状和长径比等因素对临界开坑速度皆有明显的影响,式 (4.94) 中并不包含此两个因素,后面内容将这两个因素作为校正因素放置于该式之外,因此,式 (4.94) 的临界开坑速度我们定义为参考临界开坑速度,即长径比为 1、头部形状为平头短杆弹垂直侵彻临界开坑速度。

4.2.1 短杆弹头部形状的影响

由 4.1 节的分析可知,长杆弹弹体头部形状对于长杆弹的侵彻效率影响有限,特别是长径比越大,其影响就越小,其主要原因是长杆弹侵彻主要侵彻深度贡献于准稳定阶段,而一般金属长杆弹高速侵彻准稳定过程中,弹体头部基本为 "蘑菇头" 形,不同弹体头部形状只能够影响开坑阶段,且影响较小。而对于短杆弹而言,其准稳定侵彻行为并不明显,而且当前短杆弹武器入射速度范围比较大,在低速入射时,若靶板强度较低,其弹体侵彻过程中会出现类似刚体侵彻行为;因此,需要考虑短杆弹侵彻问题中弹体头部形状,如图 4.53 所示。

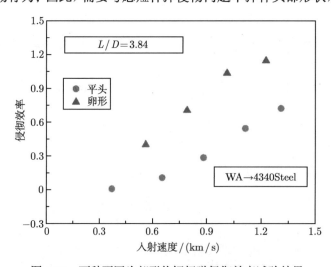

图 4.53 两种不同头部形状短杆弹侵彻效率试验结果

图 4.53 中为长径比为 3.84 的两种不同头部形状钨合金短杆弹垂直侵彻半无限 4340 钢靶板的试验结果,试验中,非平头弹的长径比是一种等效长径比,其直径是主体部分的直径,与平头弹一致,为保证等长度时其动能相同,其等效长度定义如下:

$$L = \frac{4m_p/\rho_p}{\pi D^2} \tag{4.95}$$

式中,L 表示弹体的质量。如此就能够保证直径相同且长径比相同的弹体质量相等,从而实现相同直径的弹体在相同动能条件下的对比。

从图 4.53 可以看出,对于相同长径比条件下,入射速度在 0.5~1.3km/s 范围内,相同速度 (动能相等) 条件下,卵形头部形状钨合金短杆弹对半无限 4340 钢靶板的侵彻效率明显大于对应平头弹的侵彻效率。图中还显示:首先,对于平头弹而言,当入射速度小于约 0.6km/s 时,侵彻效率随入射速度的增加速率明显低于 0.6~1.3km/s 曲线内的增加速率;其次,对于两种头部形状,在 0.6~1.0km/s 区间内,侵彻效率与入射速度均呈现线性正比关系;最后,随着入射速度的继续增大 (1.0~1.3km/s),对于平头弹而言,其侵彻效率与入射速度仍保持原有的线性关系,而对于卵形弹而言,其侵彻效率与入射速度之间的递增关系逐渐趋缓。

图 4.54 为长径比 (等效长径比) 均为 4 的锥形尖头钢制杆弹垂直侵彻半无限 65-S 铝靶板的试验结果。尖头弹的长径比的计算同上,利用等效长度来确定,以确保相同入射速度和相关直径弹体动能相同。试验中锥体顶角角度从 10° 增加到 90°,即由尖锐逐渐变钝。

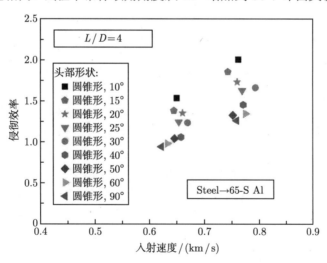

图 4.54 九种不同角度尖头弹侵彻效率试验结果

从图 4.54 可以看出:首先,锥角为 10° 的尖头弹侵彻效率明显大于相同入射速度条件下的锥角为 90° 的尖头弹;其次,锥角从 10°、15°、20° 到 25°,相同入射速度条件下,侵彻效率逐渐减小;第三,当弹头锥角大于 40° 时,锥角对侵彻效率的影响并不明显。

研究表明,不同弹靶材料时,弹体头部形状对侵彻效率的影响也不尽相同,如图 4.55 所示。

图 4.55 显示,相同弹体头部形状,不同弹靶材料,其侵彻规律也明显不同。

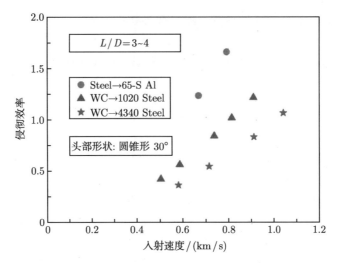

图 4.55 三种不同材料尖头短杆弹侵彻效率试验结果

事实上，对于短杆弹而言，一般涉及侵彻半无限金属靶板的短杆弹武器速度皆在 1.2km/s 以下，高速的短杆弹一般为长径比接近于 1 的高速破片，其侵彻对象也主要是中厚或薄金属或复合材料靶板而已。从图 4.53~ 图 4.55 中可以看出，在此速度范围内，弹体的侵彻效率与入射速度皆近似呈线性正比关系。当弹体较软时大部分侵彻过程是侵蚀过程，而弹体头部只影响空气动力学性能 (在此不考虑这方面的影响) 和少许开坑性能，即此时头部形状只影响其临界开坑速度 V_0，并不改变侵彻效率随入射速度增大而增大的趋势；此时式 (4.93) 可以近似写为

$$\bar{P} = f\left(\frac{\rho_p V^2}{\sigma_p}, \frac{\sigma_p}{\sigma_t}, \frac{V}{K'_\Lambda \cdot V_0}, \frac{L}{D}\right) \tag{4.96}$$

若弹靶的硬度或强度比不足够大或入射速度相对过大，弹体在一部分侵彻过程近似为刚性侵彻，另一部分弹体头部呈现侵蚀现象。在常规短杆弹武器中，如 $\Phi 7.62mm$、$\Phi 12.7mm$ 口径等弹体对普通金属靶板的侵彻呈现近似刚性侵彻行为，此时弹体头部形状影响整个侵彻过程中的侵彻阻力从而影响侵彻效率与入射速度之间的关系，也就是说，在侵彻效率与入射速度关系曲线上看，它不仅影响临界开坑速度，同时也影响其变化趋势。结合式 (4.96)，弹体头部的影响可以写为

$$\bar{P} = K_\Lambda \cdot f\left(\frac{\rho_p V^2}{\sigma_p}, \frac{\sigma_p}{\sigma_t}, \frac{V}{K'_\Lambda \cdot V_0}, \frac{L}{D}\right) \tag{4.97}$$

式中，K_Λ 和 K'_Λ 分别表示由弹体头部形状引起趋势变化系数和临界开坑速度变化系数。这里我们以平头短杆弹为参考，即弹体头部形状为平头时，有

$$\begin{cases} K_\Lambda \equiv 1 \\ K'_\Lambda \equiv 1 \end{cases}$$

4.2.2 短杆弹长径比的影响

由 4.1 节长杆弹的对应分析和图 4.46~ 图 4.48 可知，对于长杆弹而言，长径比对侵彻效率的影响近似线性递减关系，而且其递减趋势非常缓慢，对于很多弹靶材料而言，当长径

比变化不是很大时,可以忽略不计;而对于短杆弹而言,长径比对侵彻效率的影响明显大得多,且为非线性递减关系,同时由于短杆弹与长杆弹主要侵彻过程中侵彻机理的不同,短杆弹长径比对侵彻效率的影响更为复杂,如图 4.56 所示。

从图 4.56 中可以看出,在入射速度为 1500m/s 时,这五种弹靶组合侵彻试验中,侵彻效率与长径比基本满足对数关系:

$$\bar{P} = -A \ln \left(\frac{L}{D} \right) + B \tag{4.98}$$

式中,A 和 B 表示两个拟合系数,对于不同弹靶材料而言,其值不尽相同。

图 4.56 中 C1015 钢的布氏硬度为 110,2024-T3 铝合金的布氏硬度为 125,1100-0 铝合金的布氏硬度为 25。我们可以看到,弹靶材料相同时 C1015 弹侵彻 C1015 靶板与 2024-T3 侵彻 2024-T3 靶板对于拟合系数中 A 相近;相同弹体材料时,靶板材料不同,以上拟合系数也不同;相同靶板材料时,弹体材料不同,拟合系数不同。图 4.57 和图 4.58 为图 4.56 相同弹靶材料分别在入射速度 3500m/s 和 5000m/s 时的试验结果。

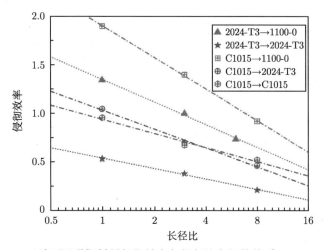

图 4.56 五种不同弹靶材料侵彻效率与长径比之间的关系 (V =1.5km/s)

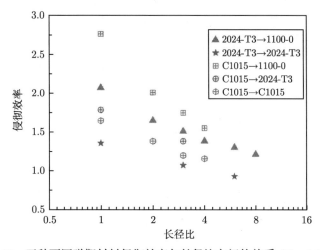

图 4.57 五种不同弹靶材料侵彻效率与长径比之间的关系 (V =3.5km/s)

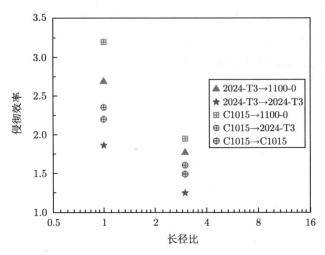

图 4.58   五种不同弹靶材料侵彻效率与长径比之间的关系 (V =5.0km/s)

从图 4.57 和图 4.58 可以看出，短杆弹长径比对侵彻效率的影响与弹靶材料性能相关。图 4.59 所示为这五种弹靶材料短杆弹在不同入射速度侵彻条件下侵彻效率与长径比之间的关系。

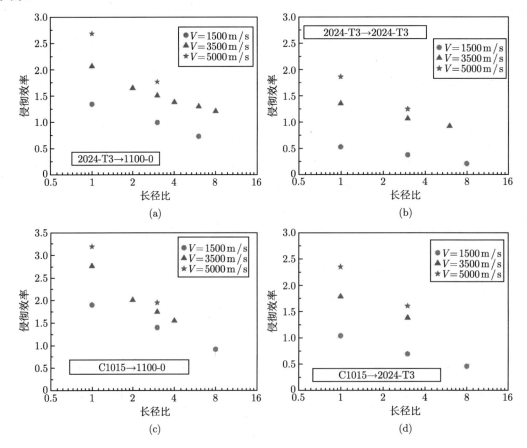

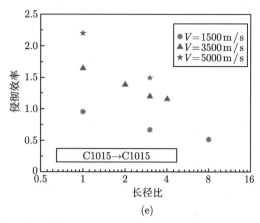

图 4.59 五种不同弹靶材料不同入射速度时侵彻效率与长径比之间的关系

从图 4.59 中可以看出，当入射速度达到 5000m/s 时，这五种弹靶组合短杆弹侵彻效率随长径比增大而减小的趋势明显高于 1500m/s 和 3500m/s 时的情况。图中还显示，当入射速度为 1500m/s 和 3500m/s 时拟合参数 A 基本相近，只是常数项参数 B 有所差别，考虑到短杆弹侵彻的主要应用对象，当前的应用速度大多数情况下在 3500m/s 以下，因此我们可以认为，当前常用的短杆弹长径比对侵彻效率的影响规律主要由弹靶材料性能决定，入射速度只是影响规律函数中的常数项。

图 4.60 所示为弹靶各自材料相同的钢短杆弹垂直侵彻半无限钢靶试验结果。从图中可以看出，在入射速度 1.0~2.5km/s 范围内，长径比的提高会导致相同入射速度对应的侵彻效率，而且这种关系在不同速度条件下定量关系近似相同，即不同长径比条件下侵彻效率与入射速度线性关系的斜率基本相等。

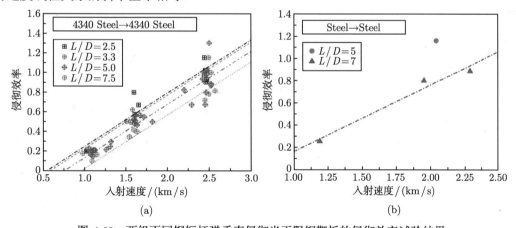

图 4.60 两组不同钢短杆弹垂直侵彻半无限钢靶板的侵彻效率试验结果

图 4.61 所示为两组钨合金短杆弹垂直侵彻合金钢的试验结果。与图 4.59 和图 4.60 不同的是，图 4.59 和图 4.60 中弹靶材料相同，而图 4.61 中所示弹靶材料不同，且弹体材料密度高于靶板材料密度，硬度相近或弹体材料高于靶板材料。从图中可以看出，不同长径比时，小长径比的侵彻效率均大于大长径比对应的侵彻效率，但在不同长径比时，侵彻效率随速度增大而增加的趋势基本相同。

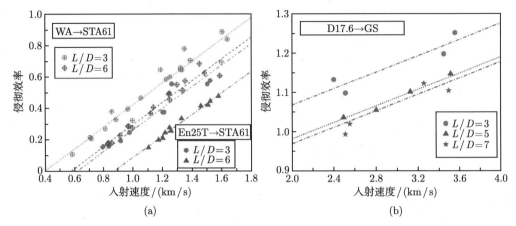

图 4.61 两组不同钨合金短杆弹垂直侵彻半无限钢靶板的侵彻效率试验结果

图 4.62 所示为铝合金短杆弹垂直侵彻半无限合金钢靶板的试验结果。与上面两种情况不同的是，该试验中弹体材料的密度远小于靶板材料的密度，而且弹体的强度也低于靶板的强度；但从图中试验结果也可以看出，小长径比杆弹的侵彻效率大于大长径比杆弹对应的侵彻效率，但与以上四组弹靶材料试验结果规律一致的是，不同长径比弹体侵彻效率与入射速度的线性递增关系相似，拟合直线的斜率近似相等。

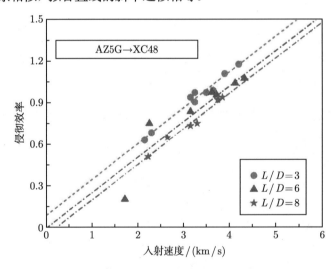

图 4.62 铝合金短杆弹垂直侵彻半无限钢靶板的侵彻效率试验结果

根据以上五组短杆弹侵彻试验结果，我们可以认为，在当前一般短杆弹的高速侵彻速度范围内，长径比的影响与入射速度之间的关系可以不予考虑。

综合以上分析结果，我们可以近似地认为：首先，相比于长杆弹侵彻金属靶板的侵彻行为，长径比对于短杆弹的侵彻效率影响更为明显，且不可忽视，对于相同弹靶材料和相同入射速度条件，侵彻效率与长径比的对数呈近似线性递减关系；其次，长径比对短杆弹的影响与入射速度关系可以忽略；然后，长径比对侵彻效率的影响明显与弹靶材料性能相关；最后，与弹体头部形状的影响不同的是，长径比的变化并不影响侵彻效率与入射速度之间的变化趋势关系, 而只是影响临界开坑速度。

因此, 对于短杆弹垂直侵彻半无限金属靶板而言, 参考长杆弹侵彻规律, 在常规武器速度范围之内, 侵彻效率可以近似写为

$$\bar{P} = K_\Lambda \cdot f \left(\frac{\rho_p V^2}{\sigma_p}, \frac{\sigma_p}{\sigma_t}, \frac{V}{K'_\Lambda \cdot \left[K_{L/D} \cdot \ln \left(\frac{L}{D} \right) + 1 \right] \cdot V_0}, \frac{L}{D} \right) \tag{4.99}$$

式中

$$K_{L/D} = g \left(\frac{\sigma_p}{\sigma_t} \right) \tag{4.100}$$

从式 (4.100) 容易看出, 这两个参数一般对于特定的弹靶材料而言, 其值基本能够确定或近似确定。因此, 式 (4.99) 可以进一步写为

$$\bar{P} = K_\Lambda \cdot f \left(\frac{\rho_p V^2}{\sigma_p}, \frac{\sigma_p}{\sigma_t}, \frac{V}{K_{\Lambda L/D} \cdot V_0} \right) \tag{4.101}$$

式中

$$K_{\Lambda L/D} = K'_\Lambda \cdot \left[K_{L/D} \cdot \ln \left(\frac{L}{D} \right) + 1 \right] \tag{4.102}$$

当短杆弹长径比为 1 且头部形状为平头时, 式 (4.102) 的值为 1。同时, 从以上公式可以看出, 当弹靶材料特定, 且弹体头部形状指定时, 以上参数即可以近似确定。

4.2.3 短杆入射速度的影响

无论长杆弹的侵彻规律还是相关试验结果, 均显示在主要侵彻速度区间, 侵彻效率随着入射速度的增加呈明显增加的趋势。诸多研究表明, 短杆弹入射速度是影响其侵彻效率的最主要因素之一。

对于长杆弹而言, 在主要侵彻速度区间 (以准稳定侵彻行为为主要其侵彻过程), 准稳定侵彻过程中, 弹体速度基本保持不变, 弹体动能损失以长度 (即质量) 的形成呈现, 侵彻入射与入射速度呈线性正比关系, 而且此关系与入射速度、长径比和弹体头部形状无关, 只与弹靶材料性能相关, 因此当其他因素相同时侵彻效率与入射速度之间的关系较为简单。而对于短杆弹而言, 侵彻机理与长杆弹的准稳定侵彻机理完全不同; 然而, 试验结果表明, 在短杆弹武器常规速度区间, 其对半无限金属靶板的侵彻效率与入射速度之间也呈现线性正比关系, 如图 4.63 所示。

图 4.63 为长径比为 1 的两种钨合金短杆弹垂直侵彻半无限合金钢靶板的试验结果。从图中容易看出, 在速度范围为 900~2000m/s 和 3000~5500m/s 时, 弹体的侵彻效率与入射速度之间均呈现线性正比关系, 相对于长杆弹的侵彻行为而言, 该速度区间明显大了很多; 从图 4.63 中还可以看出, 最大侵彻效率均明显大于长杆弹的流体动力学极限 1.0, 而且, 随着入射速度的升高, 呈相同线性正比关系穿过流体动力学极限, 也就是说, 流体动力学极限对其毫无影响, 这进一步说明短杆弹的侵彻机理与长杆弹的侵彻机理的不同。

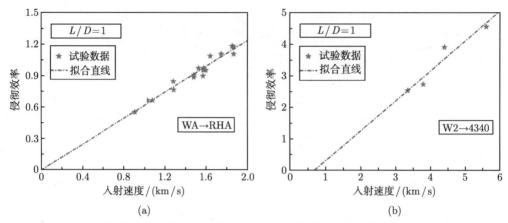

图 4.63　长径比为 1 短杆弹垂直侵彻半无限合金钢靶板侵彻效率与入射速度的线性关系

图 4.64 所示为长径比分别为 2.5 和 3 的两种金属短杆弹垂直侵彻半无限金属靶板的试验结果。从图中可以看出，对于此两种短杆弹而言，在入射速度在 500~2500m/s 时，侵彻效率与入射速度皆呈线性正比关系。

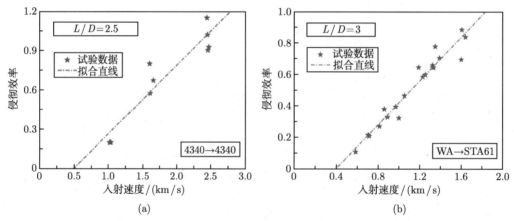

图 4.64　长径比为 2.5 和 3 短杆弹垂直侵彻半无限金属靶板侵彻效率与入射速度的线性关系

图 4.65 所示为长径比分别为 3.33 和 5 的 4340 短杆弹垂直侵彻半无限 4340 金属靶板的试验结果。同上，从试验结果可以看出，对于此两种中短杆弹而言，入射速度在 500~2500m/s 区间内，侵彻效率与入射速度皆呈线性正比关系。

图 4.66 所示为长径比分别为 6、7.5 和 8 的较长短杆弹垂直侵彻半无限金属靶板的试验结果。同以上几种长径比，从试验结果可以看出，对于此两种较长短杆弹而言，入射速度在 500~2500m/s 区间内，侵彻效率与入射速度也皆呈线性正比关系。

图 4.63~ 图 4.66 中短杆弹长径比从 1 到 8，虽然长径比变化很大，但侵彻效率与入射速度之间均近似满足线性正比关系；这在某种程度上说明对于短杆弹而言，侵彻效率与入射速度可以认为满足近似的线性正比关系，即

$$f\left(\frac{\rho_p V^2}{\sigma_p}, \frac{\sigma_p}{\sigma_t}, \frac{V}{K_{\Lambda L/D} \cdot V_0}\right) \propto V \tag{4.103}$$

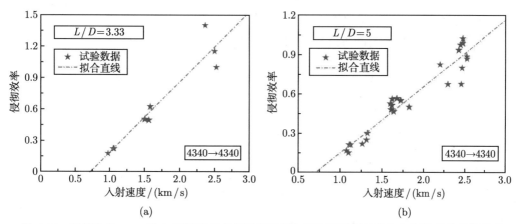

图 4.65 长径比为 3.33 和 5 短杆弹垂直侵彻半无限金属靶板侵彻效率与入射速度的线性关系

而且，对于任何长径比金属短杆弹垂直侵彻半无限金属靶板而言，该线性关系皆成立。结合前面长径比对短杆弹垂直侵彻半无限金属靶板的研究结论，我们可以认为式 (4.101) 中函数的形式与长径比无关。

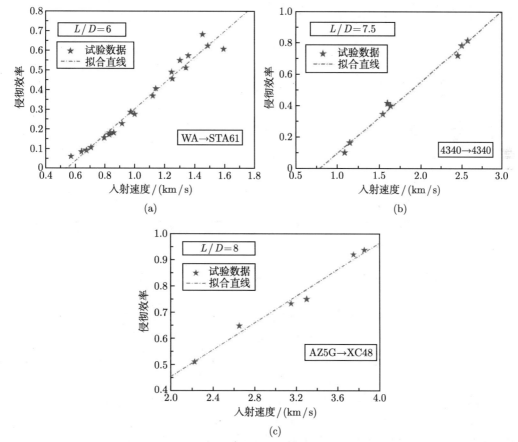

图 4.66 长径比为 6、7.5 和 8 短杆弹垂直侵彻半无限金属靶板侵彻效率与入射速度的线性关系

图 4.67 所示为卵形头部形状钨合金短杆弹和半球形头部形状合金钢短杆弹垂直侵彻半

无限金属靶板的试验结果。从图中可以看出，与平头短杆弹相似，这两种常用头部形状短杆弹的侵彻效率与入射速度之间也近似满足线性正比关系。

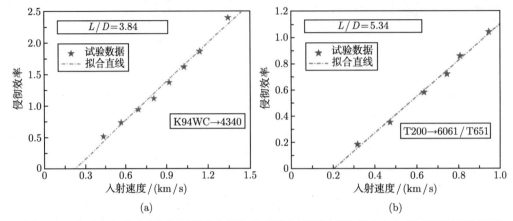

图 4.67 卵形和半球形头部短杆弹垂直侵彻半无限金属靶板侵彻效率与入射速度的线性关系

图 4.68 所示为锥角 30° 时圆锥形头部钨合金短杆弹和双锥形钢短杆弹垂直侵彻不同金属靶板的试验结果。从图中容易看出，两种不同头部形状短杆弹侵彻效率同上，其与入射速度也呈线性正比关系。

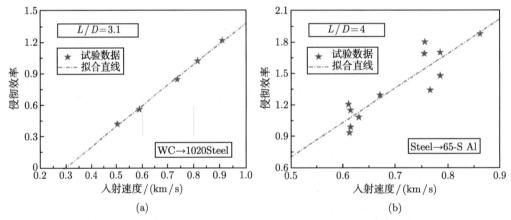

图 4.68 30° 锥形和双锥形头部短杆弹垂直侵彻半无限金属靶板侵彻效率与入射速度的线性关系

以上所述卵形、半球形、双锥形、圆锥形和平头形等五种形状是当前短杆弹武器常用的头部形状，以上的试验结果和分析皆表明，在常规短杆弹武器侵彻速度区间，不同弹体头部形状短杆弹侵彻效率与入射速度之间皆满足近似线性正比关系。根据以上长径比对入射速度影响规律的影响分析结论，我们可以认为式 (4.103) 所示函数形式与弹体头部形状无关，即对于当前常用头部形状金属短杆弹垂直侵彻半无限金属靶板而言，该线性关系皆成立。

图 4.69 所示为三组不同弹靶材料短杆弹垂直侵彻不同金属半无限靶板的试验结果。从图中可以看出，低密度低强度短杆弹垂直侵彻高密度高强度靶板、低密度低强度短杆弹垂直侵彻低密度低强度靶板、高密度高强度短杆弹垂直侵彻低密度低强度靶板这三种完全不同弹靶性能情况下，侵彻效率与入射速度在主要短杆弹武器侵彻速度区间皆满足线性正比

关系。

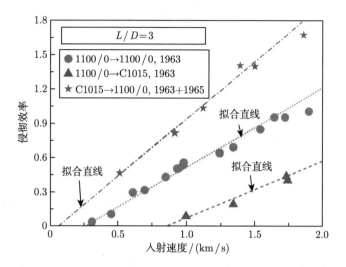

图 4.69 不同弹靶材料短杆弹垂直侵彻半无限金属靶板侵彻效率与入射速度的线性关系

事实上，类似于长杆弹侵彻行为，若入射速度连续增大，接近或超过某特定速度范围后，由于受到流体动力学理论极限的限制，侵彻效率与入射速度之间会逐渐呈现非线性特征；短杆弹侵彻虽然没有此类极限，但当入射速度增大甚至超过某特定值时侵彻效率与入射速度之间关系也会呈现非线性特征，并不总是满足线性正比关系，如图 4.70 和图 4.71 所示。

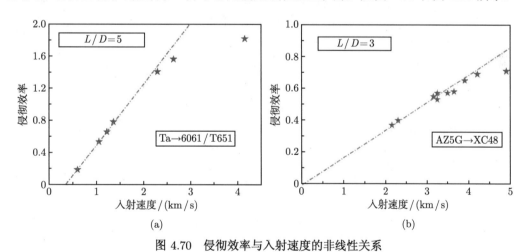

图 4.70 侵彻效率与入射速度的非线性关系

从图 4.70 可以看出，图 (a) 中高密度金属钽短杆弹在入射速度 550~2500m/s 区间内垂直侵彻半无限铝合金靶板侵彻效率与入射速度呈线性正比关系，当入射速度大于 2500m/s 时，该线性关系不复存在；同样，图 (b) 中 AZ5G 铝合金短杆弹在入射速度 2000~4200m/s 区间内垂直侵彻把无限钢靶板侵彻效率与入射速度呈线性正比关系，当入射速度大于 4200m/s 时，该线性关系也不存在。

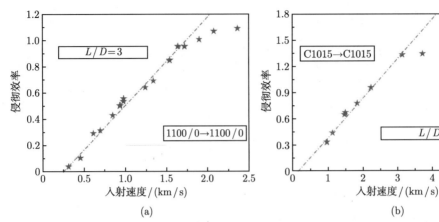

图 4.71 侵彻效率与入射速度的非线性关系 II

从图 4.71 可以看出，图 (a) 中 1100/0 铝合金短杆弹在入射速度 250~1700m/s 区间内垂直侵彻半无限铝合金靶板侵彻效率与入射速度呈线性正比关系，当入射速度大于 1700m/s 时，该线性关系不复存在；同样，图 (b) 中 C1015 钢短杆弹在入射速度 1000~3000m/s 区间内垂直侵彻把无限钢靶板侵彻效率与入射速度呈线性正比关系，当入射速度大于 3000m/s 时，该线性关系也不存在。不过幸运的是，当前针对半无限靶板侵彻的常用短杆弹武器的主要速度范围基本皆在线性区间，因此，本节不考虑非线性区间的侵彻行为与规律，只重点关注线性区间的侵彻规律。

从以上的分析结果可知，当前常用短杆弹武器主要侵彻速度区间，对于任何常用特定头部形状、长径比和弹靶材料而言，在主要侵彻速度区间内，式 (4.101) 应可以近似写为

$$\bar{P} = K_\Lambda \cdot f\left(\frac{\rho_p V^2}{\sigma_p}, \frac{\sigma_p}{\sigma_t}, \frac{V}{K_{\Lambda L/D} \cdot V_0}\right) = K_\Lambda \cdot f\left(\sqrt{\frac{\rho_p}{\sigma_p}}, \frac{\sigma_p}{\sigma_t}, V_0\right)\left(V - K_{\Lambda L/D} \cdot V_0\right) \quad (4.104)$$

考虑到临界入射速度 V_0 的物理含义和式 (4.94)，结合以上所示试验结果，我们可以进一步将式 (4.104) 写为

$$\bar{P} = K_\Lambda \cdot f\left(\sqrt{\frac{\rho_p}{\sigma_p}}, \frac{\sigma_p}{\sigma_t}, \rho_p\right)\left(V - K_{\Lambda L/D} \cdot V_0\right) \quad (4.105)$$

或

$$\bar{P} = K_\Lambda \cdot f\left(\sqrt{\frac{\rho_p}{\sigma_p}}, \frac{\sigma_p}{\sigma_t}, \rho_p\right)V - K_\Lambda \cdot K_{\Lambda L/D} \cdot f\left(\sqrt{\frac{\rho_p}{\sigma_p}}, \frac{\sigma_p}{\sigma_t}, \rho_p\right) \cdot V_0 \quad (4.106)$$

上述线性函数表明，短杆弹侵彻效率与入射速度之间关系拟合曲线斜率与在侵彻效率横坐标轴上的截距皆与弹靶强度和弹体密度相关。

图 4.72 所示为长径比为 3 和 6 的短杆弹垂直侵彻半无限钢靶的试验结果，试验中所有靶板材料均为 STA61，短杆弹材料选取两种强度相近材料钨合金和 En25T 钢，短杆弹以 600 ~ 1700m/s 的入射速度垂直侵彻半无限 STA61 钢靶，弹体头部均为平头。

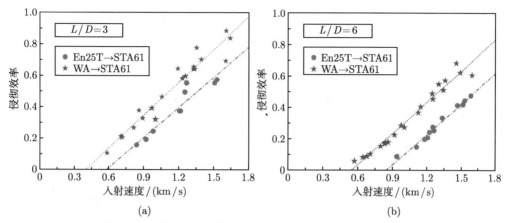

图 4.72 长径比分别为 3 和 6 的短杆弹垂直侵彻合金钢靶板侵彻效率试验与拟合

从图 4.72 中容易看出，这四组试验均显示短杆弹的侵彻效率与入射速度呈线性正比关系，特别在小长径比时，类似长杆弹侵彻时的开坑非线性阶段并不明显；另外，以上两组试验对应长径比相同、弹体头部形状相同、靶板相同，但在不同入射速度时弹体的侵彻效率差别较大。

以上试验中，由于两种弹体金属材料硬度接近，当然，理论上讲钨合金和合金钢塑性本构有一定的差别，我们可以认为两者的强度相近，这说明弹体的强度并不是影响以上问题的最关键因素；上面四组试验中对应长径比下两种弹体最大差别即为其密度相差较大，其中钨合金材料密度为 $17.0\mathrm{g/cm^3}$，合金钢弹体材料密度为 $7.8\mathrm{g/cm^3}$，因此，我们可以初步认为密度差别是造成以上两种弹体侵彻效率差别的最关键因素。

此时，式 (4.105) 可以进一步简化写为

$$\bar{P} = \phi\left(\rho_p\right)\left(V - K_{\Lambda L/D} \cdot V_0\right) \tag{4.107}$$

在前面长杆弹的侵彻规律量纲分析过程中，我们看到，入射速度与弹体材料密度开方乘积的量纲与动能开方的量纲相同，以之作为横坐标规律性更为明显；参考该分析，式 (4.107) 可以写为

$$\bar{P} = \alpha\sqrt{\rho_p} \cdot V - \alpha\sqrt{\rho_p} \cdot K_{\Lambda L/D} \cdot V_0 \tag{4.108}$$

式中，α 表示某一待定常数。

利用式 (4.108)，对以上四组试验结果进行整理，可以得到图 4.73。

从图 4.73 可以看出，虽然在低速入射时两种短杆弹的侵彻效率相对于图 4.72 而言有所接近，但随着速度的增大，两者的差别逐渐增大；而且，对比图 4.72 和图 4.73 可以看到，图 4.73 中不同长径比中两种短杆弹的侵彻效率之间的联系更加不明显。因此，我们可以认为式 (4.108) 所假设的函数关系对于短杆弹垂直侵彻半无限靶板而言并不准确。

事实上，如果只从图 4.72 所示试验结果和拟合直线来看，容易对比看出，无论长径比是 3 还是 6，两种短杆弹对相同靶板的垂直侵彻效率与入射速度之间的线性关系基本平行，我们对以上四组数据均向左平移，让其拟合直线经过原点，可以得到图 4.74。

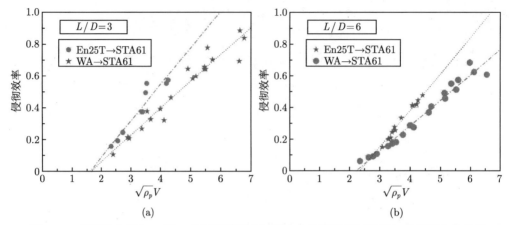

图 4.73 长径比分别为 3 和 6 的短杆弹垂直侵彻合金钢靶板侵彻效率与动能开方的关系

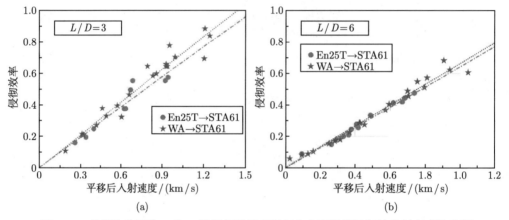

图 4.74 长径比分别为 3 和 6 的短杆弹垂直侵彻合金钢靶板侵彻效率斜率对比分析

从图 4.74 中可以看出，经过平移后，两种短杆弹在相应的长径比条件时侵彻效率与入射速度之间的线性定量关系基本一致，只有少许差别，考虑到两种材料硬度和塑性流动性能的差别，这些差别也是合理的。另外短杆弹侵彻行为相对复杂，本次量纲分析和规律总结基于试验结果，属于唯象规律，理论上不可能完全满足精确的线性关系，因此，我们可以认为对于以上情况而言可以总结为当弹靶力学性能相同和其他条件相同时，侵彻效率与入射速度之间的线性关系满足平行的关系。

图 4.75 所示为铝合金短杆弹与硬度相近的钢弹分别垂直侵彻半无限铝合金靶和钢靶的试验结果。试验中铝合金的布氏硬度为 125，C1015 钢的布氏硬度为 110，两者相对接近；两种材料的密度分别为 2.77g/cm^3 和 7.83g/cm^3。

从图 4.75 可以看出，对于相同靶板而言，无论密度较低的软铝靶板还是密度较高的钢靶，铝合金短杆弹和钢杆弹侵彻效率与入射速度之间的线性关系斜率非常接近，相应的拟合直线相互近似平行。

对于当前短杆弹武器，一般其密度皆在铝以上钨以下，极少数短杆弹材料密度稍大于钨金属；其强度一般也在以上八组试验中金属材料的范围内或接近；因此，以上的试验结果和分析具有代表性，其规律相对当前短杆弹武器而言具有一定的普适性。因此，基于式 (4.105)

可以近似认为对于特定长径比和头部形状而言，该式线性关系中斜率表示为

$$f\left(\sqrt{\frac{\rho_p}{\sigma_p}}, \frac{\sigma_p}{\sigma_t}, \rho_p\right) \tag{4.109}$$

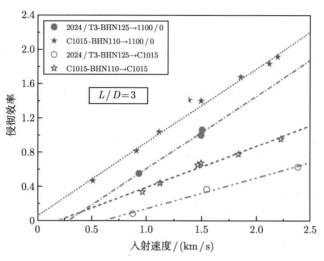

图 4.75　四组长径比为 3 短杆弹侵彻试验结果

相对于类似长杆弹中分析的项：

$$\phi\left(\frac{\sigma_p}{\sigma_t}, \sigma_p\right) \cdot \sqrt{\rho_p} \tag{4.110}$$

更加接近

$$\varphi\left(\frac{\sigma_p}{\sigma_t}, \sigma_p\right) \tag{4.111}$$

　　将式 (4.111) 代入式 (4.106) 中，对于入射速度的一次项：

$$K_\Lambda \cdot f\left(\frac{\sigma_p}{\sigma_t}, \sigma_p\right) \cdot V \tag{4.112}$$

其无量纲参数有

$$K_\Lambda, \frac{\sigma_p}{\sigma_t} \tag{4.113}$$

有量纲参数为

$$\sigma_p, V \tag{4.114}$$

　　然而，从量纲上看，式 (4.106) 左端侵彻效率为无量纲量，而入射速度的一次项中的两个有量纲量无法组合形成无量纲量，因此该式两侧量纲无法对应，不符合物理问题中的量纲对应条件。从量纲角度上看，容易知道，对于式 (4.106) 中所涉及的物理量而言，这两个有量纲量需要组合一个密度量才能形成无量纲量，这与以上分析似乎有些冲突。

　　我们可以注意到，本节以上试验中对应分析过程中，弹体材料密度不同，但靶板密度相同。试验发现，当弹靶材料强度接近、头部形状与长径比相同时，在不同靶板材料密度的情况下，侵彻效率与入射速度之间的线性关系斜率也有明显差别，如图 4.76 所示。

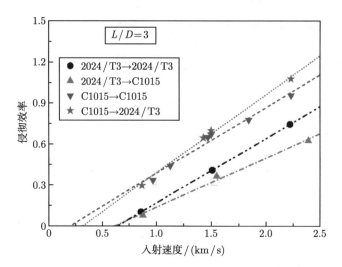

图 4.76 弹靶材料强度相近不同相同弹体材料不同靶板材料密度短杆弹侵彻试验结果

图 4.76 中弹靶硬度相近, 同图 4.75 中对应材料相同, 从图中容易看出, 四组试验中弹靶材料硬度虽然相近, 但随着靶板密度的增大, 斜率则相应增大, 因此, 从唯象的角度分析, 式 (4.111) 应该写为

$$\varphi\left(\frac{\sigma_p}{\sigma_t}, \sigma_p\right) \cdot \gamma\left(\sqrt{\rho_t}\right) \tag{4.115}$$

式 (4.115) 与式 (4.110) 从量纲分析角度上是一致的, 因为以上量纲分析中变量中存在弹靶密度比这一无量纲量, 该无量纲量乘以式 (4.115) 即可以得到式 (4.110)。

事实上, 短杆弹的侵彻分析中, 我们参考长杆弹的相关分析结论, 也利用侵彻效率作为纵坐标, 由侵彻效率的定义可知, 它是无量纲侵彻深度与流体动力学理论极限值的比值; 然而, 短杆弹的侵彻行为中, 流体动力学理论并无直接指导价值, 这点从以上的分析也可以看出, 因此, 这里我们需要把侵彻效率中的密度项放入右端, 此时即有

$$\bar{P} = K_\Lambda \cdot f\left(\sqrt{\frac{\rho_p}{\sigma_p}}, \frac{\sigma_p}{\sigma_t}, \rho_p\right) \cdot \sqrt{\frac{\rho_p}{\rho_t}}\left(V - K_{\Lambda L/D} \cdot V_0\right) \tag{4.116}$$

结合式 (4.115), 式 (4.116) 所对应的一次项可近似写为

$$K_\Lambda \cdot \varphi\left(\frac{\sigma_p}{\sigma_t}, \sigma_p\right) \cdot \gamma\left(\sqrt{\rho_t}\right) \cdot \sqrt{\frac{\rho_p}{\rho_t}} \cdot V \tag{4.117}$$

假设我们可以近似认为

$$\gamma\left(\sqrt{\rho_t}\right) \approx \rho_t^\gamma \tag{4.118}$$

式中, γ 表示某待定常数。则式 (4.117) 可写为

$$K_\Lambda \cdot \varphi\left(\frac{\sigma_p}{\sigma_t}, \sigma_p\right) \cdot \frac{\sqrt{\rho_p}V}{\rho_t^{1/2-\gamma}} \tag{4.119}$$

从以上分析可知, 无量纲侵彻深度也应该与入射速度呈线性正比关系, 而从量纲上讲, 速度的一次方应与密度的开方形成乘积正好与应力的开方量纲一致, 结合物理意义, 我们容

易知道，无量纲侵彻深度应与入射动能呈某种正比关系，因此式 (4.119) 应该是合理的。因此有

$$\frac{P}{L} = \left\{ K_\Lambda \cdot \frac{\varphi\left(\dfrac{\sigma_p}{\sigma_t}, \sigma_p\right)}{\rho_t^{1/2-\gamma}} \right\} \cdot \sqrt{\rho_p}\left(V - K_{\Lambda L/D} \cdot V_0\right) \tag{4.120}$$

我们以等效入射动能 $\sqrt{\rho_p}V$(入射动能两倍的开方) 为横坐标，无量纲侵彻深度 P/L 为纵坐标因变量对前面试验结果重新整理可以得到图 4.77 和图 4.78。需要说明的是，以上短杆弹侵彻行为几何相似律和头部形状的影响规律分析中，我们是以侵彻速度而非等效入射动能为自变量，但由于对比分析过程中弹靶材料相同，此时密度和密度比可视为常数，等效入射动能可视为侵彻速度的常数倍而已，因此其分析结论并不受影响。

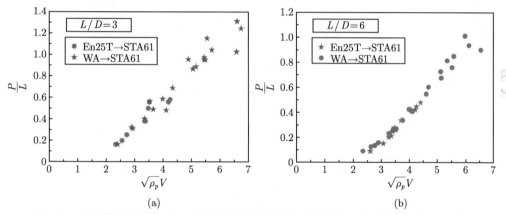

图 4.77　长径比分别为 3 和 6 的短杆弹垂直侵彻合金钢靶板无量纲侵彻深度试验结果

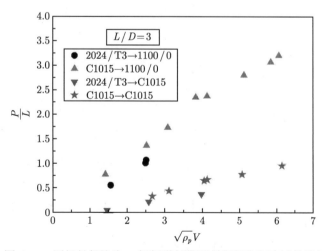

图 4.78　四组长径比为 3 短杆弹侵彻无量纲侵彻深度试验结果

从图 4.77 中容易看出，对于长径比为 3 和 6 两种短杆弹垂直侵彻半无限金属靶板而言，无量纲侵彻深度与等效入射动能之间的关系基本一致。以图 (a) 为例，两组试验中长径比均为 3，头部形状均为平头，且不同长径比两组试验中弹体强度相近，靶板相同，此时每两组

试验中:

$$K_{\Lambda L/D}, \varphi\left(\frac{\sigma_p}{\sigma_t}, \sigma_p\right), K_\Lambda, \rho_t \tag{4.121}$$

可以将其视为常数值, 此时式 (4.120) 可简化写为

$$\frac{P}{L} = K \cdot \sqrt{\rho_p}\,(V - K'V_0) \tag{4.122}$$

式中, K 和 K' 表示两个与弹靶强度、头部形状与长径比等相关的系数。

从式 (4.122) 可以看出, 长径比为 3 和 6 短杆弹侵彻试验中, 每个长径比中两个试验对应的无量纲侵彻深度与等效入射动能之间线性关系斜率应该相同, 这个结论与图 4.77 中所示结果基本相同。

从图 4.78 也可以看出, 靶板强度相同的两组数据之间线性关系的斜率非常接近, 这也说明式 (4.122) 相对更加准确。因此我们也可以基本确定式 (4.120) 是相对准确的。

然而, 从量纲上看, 一次项与常数项应该为无量纲量, 即

$$\left[\frac{\rho_t^{1/2-\gamma}}{\varphi\left(\dfrac{\sigma_p}{\sigma_t}, \sigma_p\right)}\right] = \left[\sqrt{\rho_p}V\right] = \left[\sqrt{\sigma}\right] \tag{4.123}$$

容易看出, 若需式 (4.123) 成立, 必须满足

$$\gamma = \frac{1}{2} \tag{4.124}$$

且

$$\varphi\left(\frac{\sigma_p}{\sigma_t}, \sigma_p\right) = \frac{K'''}{\sqrt{\varphi'\left(\dfrac{\sigma_p}{\sigma_t}, \sigma_p\right)}} \quad 或 \quad \varphi\left(\frac{\sigma_p}{\sigma_t}, \sigma_p\right) = \varphi''\left(\sqrt{\frac{\sigma_p}{\sigma_t}}, \sqrt{\sigma_p}\right) \tag{4.125}$$

此时, 式 (4.120) 即可写为

$$\frac{P}{L} = \left\{K_\Lambda \cdot \varphi\left(\frac{\sigma_p}{\sigma_t}, \sigma_p\right)\right\} \cdot \sqrt{\rho_p}\,(V - K_{\Lambda L/D} \cdot V_0) \tag{4.126}$$

式 (4.126) 意味着, 对于短杆弹垂直侵彻半无限金属靶板的侵彻行为而言, 当长径比一定、头部形状和弹靶强度相同且弹体密度相同时, 无量纲侵彻深度与入射速度线性关系的斜率就基本确定, 并不随靶板的密度变化而变化。容易判断, 该结论并不符合实际情况, 而且从图 4.78 也可以看出, 当弹体密度和其他条件相同或近似时, 靶板为铝合金与靶板为钢的无量纲侵彻深度拟合直线斜率相差较大, 靶板密度小的斜率明显大得多, 因此式 (4.124) 不应成立, 也就是说式 (4.120) 还需要进一步改正。

若需一次项

$$\left\{K_\Lambda \cdot \frac{\varphi\left(\dfrac{\sigma_p}{\sigma_t}, \sigma_p\right)}{\rho_t^{1/2-\gamma}}\right\} \cdot \sqrt{\rho_p}V \tag{4.127}$$

为无量纲量, 且靶板密度指数大于零 (从图 4.78 分析, 其他条件相同时, 靶板密度越大, 斜率越小, 因此该项的指数应大于零), 从量纲上讲, 最大可能是该项应为

$$\left\{ K_\Lambda \cdot \varphi \left(\frac{\sigma_p}{\sigma_t}, \sigma_p \right) \cdot \frac{\rho_p^{1/2-\gamma}}{\rho_t^{1/2-\gamma}} \right\} \cdot \sqrt{\rho_p} V \tag{4.128}$$

或简化写为

$$\left\{ K_\Lambda \cdot \varphi \left(\frac{\sigma_p}{\sigma_t}, \sigma_p \right) \cdot \left(\frac{\rho_p}{\rho_t} \right)^\lambda \right\} \cdot \sqrt{\rho_p} V \tag{4.129}$$

式中

$$\lambda = \frac{1}{2} - \gamma > 0$$

表示某待定常数。

此时, 式 (4.120) 中常数项的量纲为

$$\left[K_\Lambda \cdot K_{\Lambda L/D} \cdot \varphi \left(\frac{\sigma_p}{\sigma_t}, \sigma_p \right) \cdot \left(\frac{\rho_p}{\rho_t} \right)^\lambda \cdot \sqrt{\rho_p} \cdot V_0 \right] = 1 \tag{4.130}$$

也就是说, 此时无量纲侵彻深度与等效入射动能之间的线性关系满足量纲一致的基本要求, 即可以认为在以上分析基础上, 式 (4.131) 是合理的:

$$\frac{P}{L} = \left\{ K_\Lambda \cdot \varphi \left(\frac{\sigma_p}{\sigma_t}, \sigma_p \right) \cdot \left(\frac{\rho_p}{\rho_t} \right)^\lambda \right\} \cdot \sqrt{\rho_p} \left(V - K_{\Lambda L/D} \cdot V_0 \right) \tag{4.131}$$

4.2.4 短杆弹靶材料强度的影响

由前面分析可知, 对于短杆弹武器垂直侵彻半无限金属靶板而言, 弹体长径比对于其侵彻效率有着较大的影响, 其影响规律与弹靶材料性能密切相关, 因此, 显而易见弹靶材料性能特别是强度对于短杆弹侵彻行为有着不可忽视的影响; 同时, 从式 (4.131) 也可以看出, 弹靶强度除干扰长径比的影响规律从而间接影响侵彻效率之外, 还能够直接影响短杆弹的侵彻效率。事实上, 与长杆弹高速行为不同, 弹靶材料对于短杆弹的侵彻更为明显, 不仅影响弹体的侵彻效率, 还影响弹体的侵彻稳定性, 其影响机理更为复杂, 如图 4.79 所示。

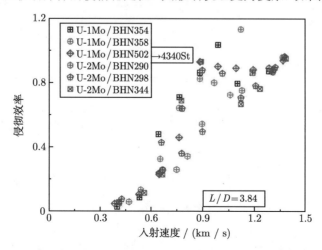

图 4.79 U 合金短杆弹垂直侵彻半无限 4340 钢靶板的侵彻效率试验结果

从图 4.79 可以看出，整体上，这六种 U 合金短杆弹垂直侵彻半无限靶板的侵彻效率随着入射速度的增加而提高，但在入射速度 650~1200m/s 区间内，弹体的侵彻效率稳定性较差，每种 U 合金弹体均是如此；同时，弹体的硬度从 290 到 502，侵彻效率与入射速度之间的定量关系基本相同，这在某种程度上说明弹体的硬度并不能完全表征侵彻过程中弹靶的强度性能。

虽然弹靶材料强度是长径比的影响规律的一个主要因素，但其影响规律与弹靶材料强度对弹体侵彻行为直接影响有所不同，在这里我们假设两种影响规律是解耦的，即本节在对比分析时，考虑相同长径比、相同弹体头部形状情况并进行对比分析，即

$$\begin{cases} K_{AL/D} = K_A \cdot \left[K_{L/D} \cdot \ln\left(\dfrac{L}{D}\right) + 1 \right] \equiv \text{const} \\ K_A \equiv \text{const} \end{cases} \tag{4.132}$$

1) 临界开坑等效入射动能与临界开坑入射速度的形式

根据式 (4.131) 和式 (4.94) 可知，在以无量纲侵彻深度为纵坐标且以等效入射动能为横坐标的坐标系统中，两者之间的拟线性关系在横坐标轴上的截距即临界开坑等效入射动能的表达式为

$$E = K_{AL/D} \cdot \sqrt{\rho_p} V_0 = K_{AL/D} \cdot \sqrt{\rho_p} \cdot \phi\left(\sigma_p, \sigma_t, \rho_p, \rho_t\right) \tag{4.133}$$

图 4.80 所示为两种长径比均为 3 的金属短杆弹垂直侵彻半无限金属靶板的试验结果。试验中两种材料分别为 2024T3 铝合金 (密度为 2.77g/cm^3，布氏硬度为 125) 和 C1015 钢 (密度为 7.83g/cm^3，布氏硬度为 110)；两种短杆弹均为平头弹，试验中分别取两种材料中的一种为弹体材料，另一种即为靶板材料。

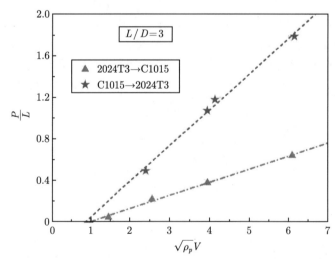

图 4.80 两种强度相近不同密度材料短杆弹侵彻试验结果

根据式 (4.133) 我们可以给出两组试验的临界开坑等效入射动能之比应为

$$\frac{E_{2024T3}}{E_{C1015}} = \frac{\left[K_{AL/D} \cdot \sqrt{\rho_p} \cdot \phi\left(\sigma_p, \sigma_t, \rho_p, \rho_t\right) \right]_{2024T3}}{\left[K_{AL/D} \cdot \sqrt{\rho_p} \cdot \phi\left(\sigma_p, \sigma_t, \rho_p, \rho_t\right) \right]_{C1015}} \tag{4.134}$$

式中，下标 2024T3 和 C1015 分别表示以它们为弹体材料时侵彻试验结果对应的值。由于两种材料弹靶强度对应相近，长径比相同，弹体头部形状相同，因此式 (4.134) 可简化为

$$\frac{E_{2024T3}}{E_{C1015}} \approx \frac{\left[\sqrt{\rho_p} \cdot \phi\left(\rho_p, \rho_t\right)\right]_{2024T3}}{\left[\sqrt{\rho_p} \cdot \phi\left(\rho_p, \rho_t\right)\right]_{C1015}} \tag{4.135}$$

从图 4.80 可以看出，虽然两种弹靶材料对应不同，密度相差也较大，但两者对应的临界开坑等效入射动能相近，因此式 (4.135) 值近似等于 1，即有

$$\frac{\left[\phi\left(\rho_p, \rho_t\right)\right]_{2024T3}}{\left[\phi\left(\rho_p, \rho_t\right)\right]_{C1015}} = \frac{\left[1/\sqrt{\rho_p}\right]_{2024T3}}{\left[1/\sqrt{\rho_p}\right]_{C1015}} \tag{4.136}$$

式 (4.136) 说明，当弹靶强度为特定值时，临界开坑速度与弹体材料密度的开方呈反比关系，而与靶板材料密度无关。

图 4.81 所示为短杆弹垂直半无限金属靶板的无量纲深度与入射速度之间的关系。图 (a) 为 2024T3 短杆弹垂直侵彻 2024T3 和 C1015 两种强度相近、密度不同的靶板，图 (b) 为 C1015 短杆弹垂直侵彻 2024T3 和 C1015 两种强度相近、密度不同的靶板；短杆弹皆为平头弹，长径比为 3。试验中材料参数同上。

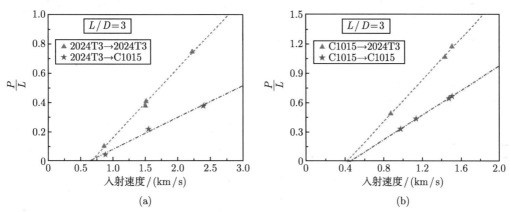

图 4.81　相同短杆弹垂直侵彻强度相近半无限金属靶板试验结果

由于图 4.81 中弹体长径比和头部形状相同，因此，对于这两种靶板而言，基于式 (4.131) 有

$$\frac{V_{2024T3}}{V_{C1015}} = \frac{\left[K_{\Lambda L/D} \cdot V_0\right]_{2024T3}}{\left[K_{\Lambda L/D} \cdot V_0\right]_{C1015}} = \frac{\left[\phi\left(\sigma_p, \sigma_t, \rho_p, \rho_t\right)\right]_{2024T3}}{\left[\phi\left(\sigma_p, \sigma_t, \rho_p, \rho_t\right)\right]_{C1015}} \approx \frac{\left[\phi\left(\rho_p, \rho_t\right)\right]_{2024T3}}{\left[\phi\left(\rho_p, \rho_t\right)\right]_{C1015}} \tag{4.137}$$

式中，下标表示该标号材料作为靶板时侵彻参数。

从图 4.81 中看到，图 (a) 中弹体相同、靶板材料强度相近但其密度明显不同，但垂直侵彻时其临界开坑速度基本相同；图 (b) 也是如此；两图中弹体材料密度也不同但其临界开坑速度基本相同，因此这一规律在一定范围内具有普适性，即当

$$\left(\rho_p\right)_{2024T3} = \left(\rho_p\right)_{C1015} \tag{4.138}$$

时，恒有

$$\left[\phi\left(\rho_p, \rho_t\right)\right]_{2024T3} = \left[\phi\left(\rho_p, \rho_t\right)\right]_{C1015} \tag{4.139}$$

对比以上两式，容易发现其内涵为：短杆弹临界开坑入射速度与靶板的密度无关；这个结论与前面分析完全一致。因此，我们可以确定式 (4.131) 中参考临界开坑入射速度 (长径比为 1 平头弹临界开坑入射速度，即不考虑长径比和头部形状系数) 函数可以简化为

$$\phi\left(\sigma_p, \sigma_t, \rho_p, \rho_t\right) \to \phi\left(\sigma_p, \sigma_t, \rho_p\right) \tag{4.140}$$

图 4.82 所示为四组弹靶材料密度不同、强度相近短杆弹侵彻半无限金属靶板试验结果。试验与图 4.81 中四组试验完全相同；图 4.82 与图 4.81 不同之处在于，前者将图 4.81 的横坐标入射速度转换为等效入射动能，因此横坐标上的截距从图 4.81 的临界开坑入射速度转换为临界开坑等效入射动能。

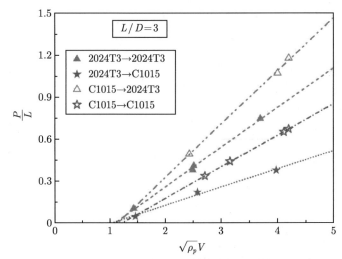

图 4.82　四组弹靶材料密度不同强度相近短杆弹侵彻试验结果

图 4.82 所示四组试验结果显示，这四组试验临界开坑等效入射动能近似相等，即

$$E_1 \doteq E_2 \doteq E_3 \doteq E_4 \tag{4.141}$$

式中，下标 1、2、3 和 4 分别表示图 4.82 中四组试验，对应的值分别代表图 4.82 中图例从上到下四组试验对应的结果。

结合式 (4.133) 和式 (4.140)，并考虑到以上四组试验中弹体长径比和头部形状完全相同，而且图 4.82 中两种弹靶材料强度相近，可以认为它们近似相等，因此有

$$\left[\sqrt{\rho_p} \cdot \phi\left(\rho_p\right)\right]_1 = \left[\sqrt{\rho_p} \cdot \phi\left(\rho_p\right)\right]_2 = \left[\sqrt{\rho_p} \cdot \phi\left(\rho_p\right)\right]_3 = \left[\sqrt{\rho_p} \cdot \phi\left(\rho_p\right)\right]_4 \tag{4.142}$$

式 (4.142) 意味着

$$\phi\left(\rho_p\right) \propto \frac{1}{\sqrt{\rho_p}} \tag{4.143}$$

式 (4.143) 的物理意义是：短杆弹垂直侵彻半无限金属靶板的参考临界开坑入射速度与弹体材料的密度的开方呈反比关系。这与图 4.80 所给出的结果一致 (事实上，它们属于同一大组试验，结论应该一致)。

根据以上研究结论，我们可以将式 (4.140) 进一步简化为

$$\phi\left(\sigma_p, \sigma_t, \rho_p, \rho_t\right) = \frac{\phi'\left(\sigma_p, \sigma_t\right)}{\sqrt{\rho_p}} \tag{4.144}$$

图 4.83 所示为四种不同材料短杆弹垂直侵彻半无限钢靶板的试验结果。试验中四个短杆弹分为两个小组，每个小组采用两种材料弹体，一组为密度较小、强度较小的铝或铝合金短杆弹垂直侵彻钢靶，另一组为钢弹侵彻钢靶；弹体长径比均为 3，均为平头弹。靶板均为 304 不锈钢，布氏硬度为 180，密度为 $7.90\mathrm{g/cm^3}$；四种弹体分别为 1100/0(密度为 $2.72\mathrm{g/cm^3}$，布氏硬度为 25)、2024T3 合金 (密度为 $2.77\mathrm{g/cm^3}$，布氏硬度为 125)、C1015 钢 (密度为 $7.83\mathrm{g/cm^3}$，布氏硬度为 110) 和 304 不锈钢。

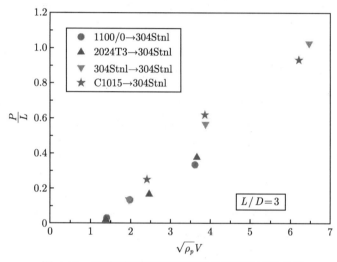

图 4.83　四种不同密度和强度平头短杆弹试验结果

从图 4.83 中可以看出，当靶板特定时，四种弹体密度虽然有的差别较大，但是临界开坑等效入射动能基本相同，即

$$\left(\sqrt{\rho_p}V_0\right)_1 = \left(\sqrt{\rho_p}V_0\right)_2 \tag{4.145}$$

即

$$\frac{(V_0)_1}{(V_0)_2} = \frac{\left(1/\sqrt{\rho_p}\right)_1}{\left(1/\sqrt{\rho_p}\right)_2} \tag{4.146}$$

这与前面根据不同试验分析得出的结论完全一致。因此，我们可以认为式 (4.140) 是科学合理且准确的。因此式 (4.131) 可以更具体地写为

$$\frac{P}{L} = \left\{ K_\Lambda \cdot \varphi\left(\frac{\sigma_p}{\sigma_t}, \sigma_p\right) \cdot \left(\frac{\rho_p}{\rho_t}\right)^\lambda \right\} \cdot \left[\sqrt{\rho_p}V - K_{\Lambda L/D} \cdot \phi'\left(\sigma_p, \sigma_t\right)\right] \tag{4.147}$$

同时，从图 4.83 可以看出，当弹体材料密度相等 (1100/0 软铝材料与 2024T3 铝合金材料、C1015 钢材料与 304 不锈钢材料) 且弹体头部形状与长径比相同时，临界开坑等效入射动能近似一致，这说明，当弹体材料强度在试验的材料范围内变化时 (低强度或中强度短杆

弹垂直侵彻中等强度金属靶板), 弹体材料强度对临界开坑等效入射动能的影响非常小。也就是说, 在类似以上情况下, 且靶板材料强度特定时, 我们可以近似认为

$$\phi'(\sigma_p, \sigma_t) \approx \phi'(\sigma_t) \tag{4.148}$$

也是相对准确的。

同时, 从图 4.81 中可以看出, 2024T3 或 C1015 短杆弹垂直侵彻半无限 2024T3 靶板的斜率 k_{2024T3} 明显大于垂直侵彻半无限 C1015 靶板的斜率 k_{C1015}, 即

$$\frac{k_{2024T3}}{k_{C1015}} > 1 \tag{4.149}$$

考虑到弹靶材料强度近似相等、弹体相同、试验中短杆弹头部形状相同等条件, 利用式 (4.147)、式 (4.149) 可以得到

$$\frac{k_{2024T3}}{k_{C1015}} = \frac{\left\{(1/\rho_t)^\lambda\right\}_{2024T3}}{\left\{(1/\rho_t)^\lambda\right\}_{C1015}} = \left(\frac{7.83}{2.77}\right)^\lambda > 1 \tag{4.150}$$

因此, 容易知道式 (4.150) 中 λ 值应大于 0; 从定性层次看, 该值应该不是对于所有材料或所有情况皆是相同的, 它与侵彻形式有关, 如刚体侵彻、侵蚀侵彻等; 但从以上试验结果初步计算, 该值小于 1, 即

$$0 < \lambda < 1 \tag{4.151}$$

图 4.83 中, 对于性能和参数完全相同的半无限钢靶, 两种铝基材料短杆弹虽然强度差别较大, 但无量纲侵彻深度与等效入射动能之间的线性关系斜率相近; 两种钢材料也是如此。相比之下, C1015 钢和 2024T3 铝合金虽然强度相近, 但斜率差别明显大得多; 结合式 (4.147) 对应斜率项, 并考虑到此四种短杆弹均为平头弹且靶板相同, 可以初步认为, 对于这一情况或相似侵彻情况, 密度的影响明显大于靶板材料强度的影响。

2) 弹体材料强度的影响

若我们只考虑短杆弹头部形状为平头, 式 (4.147) 可简化为

$$\frac{P}{L} = \left\{\varphi\left(\frac{\sigma_p}{\sigma_t}, \sigma_p\right) \cdot \left(\frac{\rho_p}{\rho_t}\right)^\lambda\right\} \cdot \left[\sqrt{\rho_p}V - K_{L/D} \cdot \phi'(\sigma_p, \sigma_t)\right] \tag{4.152}$$

图 4.84 所示为三种铝或铝合金短杆弹垂直侵彻半无限钢靶的试验结果。图中靶板均为 C1015 钢 (材料参数同上); 三种弹体分别为 1100/0、2024T3 合金和 7075T6 (密度为 2.80g/cm^3, 布氏硬度为 175); 三种短杆弹长径比为 3, 头部形状均为平头。试验中 1100/0 材料强度明显小于靶板材料强度, 2024T3 材料强度与靶板材料强度相近, 7075T6 材料强度大于靶板材料强度。根据式 (4.152) 并考虑到此三组试验中靶板材料相同、弹体材料密度相近可近似认为它们相等、弹体的长径比均为 3 这三个条件, 我们可以给出三种短杆弹无量纲侵彻深度与等效入射动能之间线性关系的斜率比和临界开坑等效入射动能之比为

$$k_{1100/0} : k_{2024T3} : k_{7075T6} = \left\{\varphi'(\sigma_p)\right\}_{1100/0} : \left\{\varphi'(\sigma_p)\right\}_{2024T3} : \left\{\varphi'(\sigma_p)\right\}_{7075T6} \tag{4.153}$$

$$E_{1100/0} : E_{2024T3} : E_{7075T6} = \{\phi''(\sigma_p)\}_{1100/0} : \{\phi''(\sigma_p)\}_{2024T3} : \{\phi''(\sigma_p)\}_{7075T6} \qquad (4.154)$$

式中, 下标代表该标号材料短杆弹侵彻试验结果对应数据。

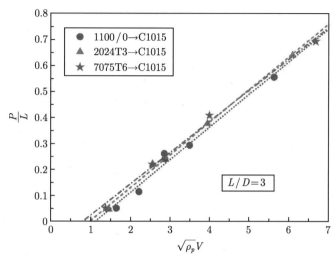

图 4.84　三种铝和铝合金平头短杆弹侵彻钢靶试验结果

图 4.84 中三种弹体材料的硬度从 25 增加到 145, 提高了接近 5 倍, 但从图 4.84 中可以发现, 考虑到试验测量误差, 它们之间的无量纲侵彻深度与等效入射动能的线性关系斜率非常接近。在以上试验的情况下, 虽然弹体材料的强度 σ_p 变化较大, 但代表斜率的函数 $\varphi'(\sigma_p)$ 变化却极小, 结合式 (4.153) 可知, 在此种情况下, 弹体强度对无量纲侵彻深度随等效入射动能变化而变化的趋势影响极小。同时可以看出, 随着弹体强度的增大, 横坐标轴上的截距逐渐减小, 但变化很小。结合式 (4.154) 可知, 我们可以认为这种试验条件下 (弹体材料与靶板材料相比, 密度皆较低), 临界开坑速度随弹体强度的增大而减小, 但后者对前者的影响很小, 在一定程度上可以不予考虑。

图 4.85 所示为与图 4.84 所示相同的三种等长径比铝或铝合金短杆弹垂直侵彻半无限软铝靶板的试验结果。与图 4.81 的不同之处在于, 此处靶板相对于以上的钢靶而言物理强度和密度都小得多, 而且弹体的强度均等于或明显大于靶板, 相对于图 4.84 可以近似认为是软轻弹侵彻较硬重靶的情况, 本例可以将其作为硬弹侵彻软靶的一种情况。

此三组试验其他条件同上三组试验, 从图 4.85 中可以看到: 首先, 同上, 虽然短杆弹的强度差别很大, 但其斜率非常相近, 也就是说函数 $\varphi'(\sigma_p)$ 随其中变量弹体强度 σ_p 的变化而变化的趋势不明显; 其次, 软铝侵彻斜率明显小于后两者, 考虑到试验和测量问题, 后两种弹体强度差别较小, 我们不予比较, 我们可以认为斜率即函数 $\varphi'(\sigma_p)$ 随着弹体强度 σ_p 的增大而少量增大。同上例, 我们也可以看出, 随着弹体强度的增大, 临界开坑等效入射动能逐渐减小, 这一规律与上例相同; 而且, 对比本三组试验和上三组试验, 我们可以看到, 靶板强度较小使得临界开坑等效入射动能对弹体强度增加而减小的趋势更加明显。

图 4.86 所示为两种钢弹垂直侵彻半无限较 "软" 铝合金靶板的试验结果。试验中弹体长径比均为 5, 皆为平头弹, 入射速度在 1000~2500m/s 范围内; 靶板材料为 7075T6 铝合金, 密度为 2.80g/cm³, 布氏硬度为 144。两种弹体材料均为 4340 钢, 密度均为密度为 7.85g/cm³,

布氏硬度分别为 249 和 411。

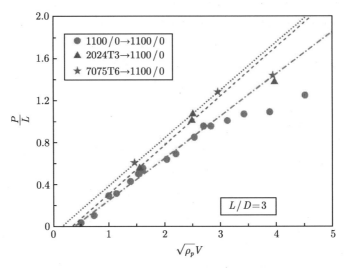

图 4.85 三种铝和铝合金平头短杆弹侵彻软铝靶板试验结果

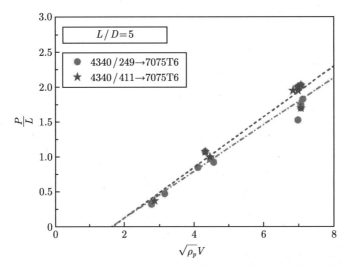

图 4.86 两种不同强度相同密度短杆弹侵彻同一较 "软" 靶板试验结果

　　根据式 (4.152) 可以得到图 4.86 两个拟合直线斜率和临界开坑等效入射动能之比分别为

$$\frac{k_{249}}{k_{411}} = \frac{\left\{\varphi\left(\frac{\sigma_p}{\sigma_t}, \sigma_p\right) \cdot \left(\frac{\rho_p}{\rho_t}\right)^{\lambda}\right\}_{249}}{\left\{\varphi\left(\frac{\sigma_p}{\sigma_t}, \sigma_p\right) \cdot \left(\frac{\rho_p}{\rho_t}\right)^{\lambda}\right\}_{411}}, \quad \frac{E_{249}}{E_{411}} = \frac{\left[K_{L/D} \cdot \phi'\left(\sigma_p, \sigma_t\right)\right]_{249}}{\left[K_{L/D} \cdot \phi'\left(\sigma_p, \sigma_t\right)\right]_{411}} \tag{4.155}$$

式中，下标 249 和 411 分别表示两种布氏硬度的短杆弹侵彻对应数据，本例中下同。

　　由于图 4.86 中所示两组试验中弹体的长径比均为 5，靶板材料相同，弹体材料密度相

同，式 (4.155) 可作进一步简化，并结合图 4.86 中试验结果所示规律，有

$$\frac{k_{249}}{k_{411}} = \frac{\{\varphi'(\sigma_p)\}_{249}}{\{\varphi'(\sigma_p)\}_{411}} < 1 \tag{4.156}$$

$$\frac{E_{249}}{E_{411}} = \frac{[\phi''(\sigma_p)]_{249}}{[\phi''(\sigma_p)]_{411}} \approx 1 \tag{4.157}$$

对比以上两式和图 4.86 可以看到：首先，在试验范围内，短杆弹材料的强度越大，斜率越大，即相同等效入射动能下无量纲侵彻深度越大；其次，在试验材料强度变化范围内，弹体材料强度对临界开坑等效入射动能几乎没有影响或影响很小可以忽略。

图 4.87 所示为两种高强度材料短杆弹垂直侵彻半无限靶板的试验结果。试验中靶板材料均为 HzB/A 钢 (密度为 7.85g/cm³，布氏硬度为 255)，两种弹体材料分别为 35CrNiMo 合金钢 (密度为 7.85g/cm³，布氏硬度为 540) 和 D17.6 钨合金 (密度为 17.6g/cm³，布氏硬度为 406)。试验中弹体长径比均为 1，皆为平头弹。

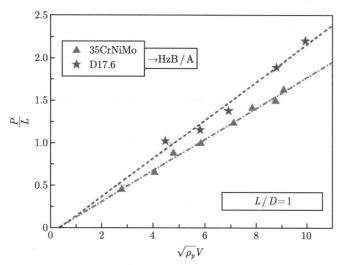

图 4.87 两种不同材料短杆弹垂直侵彻 HzB/A 靶板试验结果

根据式 (4.152) 可以得到图 4.87 两个拟合直线斜率和临界开坑等效入射动能之比，考虑到两组试验中靶板材料相同、弹体长径比均为 1，结合图 4.87 中两组试验结果拟合直线特征，因此有

$$\frac{k_{35CrNiMo}}{k_{D17.6}} = \frac{\left\{\varphi'(\sigma_p) \cdot (\rho_p)^\lambda\right\}_{35CrNiMo}}{\left\{\varphi'(\sigma_p) \cdot (\rho_p)^\lambda\right\}_{D17.6}} < 1 \tag{4.158}$$

$$\frac{E_{35CrNiMo}}{E_{D17.6}} = \frac{[K_{L/D} \cdot \phi''(\sigma_p)]_{35CrNiMo}}{[K_{L/D} \cdot \phi''(\sigma_p)]_{D17.6}} \approx 1 \tag{4.159}$$

式中，下标分别为该标号材料弹体侵彻试验结果对应数据，本例中下同。

从式 (4.159) 可以看出同前面所得结论，即靶板材料强度对临界开坑等效入射动能影响极小，在以上试验范围内可以忽略不计。然而，从式 (4.158) 可以得到，虽然 35CrNiMo 材料

强度明显高于 D17.6 材料强度，根据前面结论应该有

$$\frac{\{\varphi'(\sigma_p)\}_{35\text{CrNiMo}}}{\{\varphi'(\sigma_p)\}_{\text{D17.6}}} > 1 \tag{4.160}$$

但实际上两者斜率比却小于 1。对比式 (4.160) 和式 (4.158)，我们不难发现

$$\frac{k_{35\text{CrNiMo}}}{k_{\text{D17.6}}} = \frac{\{\varphi'(\sigma_p)\}_{35\text{CrNiMo}}}{\{\varphi'(\sigma_p)\}_{\text{D17.6}}} \cdot \frac{\left\{(\rho_p)^\lambda\right\}_{35\text{CrNiMo}}}{\left\{(\rho_p)^\lambda\right\}_{\text{D17.6}}} \tag{4.161}$$

式中，右端第二项明显小于 1。综合考虑以上两式和式 (4.158)，我们可以认为在短杆弹垂直侵彻半无限金属靶板行为中，弹体材料密度比对无量纲侵彻深度与等效入射动能之间线性关系的斜率的影响明显高于弹体材料强度的影响。这个结论与前面对应结论也完全一致。

图 4.88 所示为四种不同强度短杆弹垂直侵彻两种不同材料强度靶板的试验结果。其中，图 (a) 中靶板材料为密度小强度非常低的软铝靶板，图 (b) 中靶板材料 2024T3 密度与图 (a) 中靶板材料基本相等但强度高于后者，图 (c) 中靶板材料 C1015 密度比图 (b) 中靶板材料 2024T3 大但两者材料强度相近，图 (d) 中靶板材料密度与图 (c) 中靶板材料基本相等但强度高于后者。

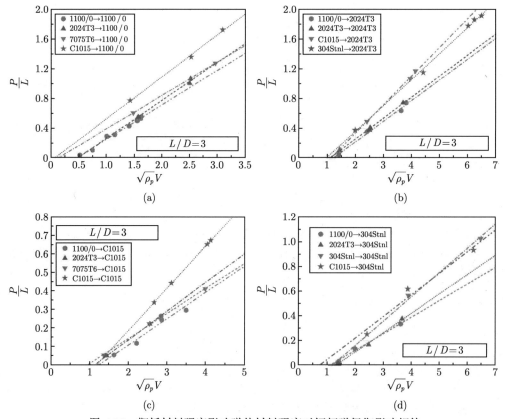

图 4.88　靶板材料强度影响弹体材料强度对短杆弹侵彻影响规律

对比图 4.88(a)～(d) 不难发现,图 (b)～(d) 中四种不同材料短杆弹垂直侵彻半无限金属靶板的临界开坑等效入射动能明显较图 (a) 集中,即弹体材料强度变化相同或相近时,临界开坑等效入射动能差别明显小于图 (a) 中对应值,我们以 1100/0 铝和 C1015 钢两种材料短杆弹为例,即图 (b)～(d) 中这两种短杆弹临界开坑等效入射动能之比明显小于图 (a) 对应的值:

$$\frac{\left(E_{1100/0}/E_{C1015}\right)_{(b)(c)(d)}}{\left(E_{1100/0}/E_{C1015}\right)_{(a)}} < 1 \tag{4.162}$$

利用式 (4.152) 即有

$$\frac{\left\{\left[K_{L/D}\cdot\phi'\left(\sigma_p,\sigma_t\right)\right]_{1100/0}\big/\left[K_{L/D}\cdot\phi'\left(\sigma_p,\sigma_t\right)\right]_{C1015}\right\}_{(b)(c)(d)}}{\left\{\left[K_{L/D}\cdot\phi'\left(\sigma_p,\sigma_t\right)\right]_{1100/0}\big/\left[K_{L/D}\cdot\phi'\left(\sigma_p,\sigma_t\right)\right]_{C1015}\right\}_{(a)}} < 1 \tag{4.163}$$

图 4.88 中短杆弹均为平头弹,长径比均为 3,因此式 (4.163) 可以简化为

$$\frac{\left\{\left[\phi'\left(\sigma_p,\sigma_t\right)\right]_{1100/0}\big/\left[\phi'\left(\sigma_p,\sigma_t\right)\right]_{C1015}\right\}_{(b)(c)(d)}}{\left\{\left[\phi'\left(\sigma_p,\sigma_t\right)\right]_{1100/0}\big/\left[\phi'\left(\sigma_p,\sigma_t\right)\right]_{C1015}\right\}_{(a)}} < 1 \tag{4.164}$$

由于两种情况下弹体材料的强度对应相同,因此图 4.88 意味着靶板材料的强度对其具有明显影响,综合考虑这四种靶板材料的强度,我们可以初步得到如下结论:对应短杆弹垂直半无限金属靶板而言,弹体材料对临界开坑等效入射动能的影响也受靶板材料强度的影响,在以上试验范围内,靶板材料强度越大,弹体材料强度的影响就越小。

3) 靶板材料强度的影响

图 4.89 所示为布氏硬度为 411、长径比为 5 的 4340 短杆弹垂直侵彻两种不同强度 4340 钢靶的试验结果。两种靶板材料均为 4340 钢,一个布氏硬度为 249,另一个布氏硬度为 411,两种材料的密度同上,入射速度范围为 1000～2500m/s,两种短杆弹均为平头弹。

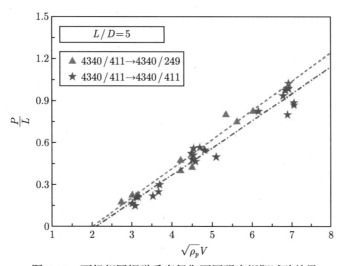

图 4.89 两组相同钢弹垂直侵彻不同强度钢靶试验结果

根据式 (4.152) 可以得到图 4.89 两个拟合直线斜率和临界开坑等效入射动能之比，考虑到两组试验中弹体材料相同、弹体长径比均为 5，结合图 4.89 中两组试验结果拟合直线特征，因此有

$$\frac{k_{249}}{k_{411}} = \frac{\{\varphi''(\sigma_t)\}_{249}}{\{\varphi''(\sigma_t)\}_{411}} > 1 \tag{4.165}$$

$$\frac{E_{249}}{E_{411}} = \frac{\left[K_{L/D} \cdot \phi'''(\sigma_t)\right]_{249}}{\left[K_{L/D} \cdot \phi'''(\sigma_t)\right]_{411}} < 1 \tag{4.166}$$

式中，下标分别该硬度钢材料为靶板时侵彻试验结果对应数据，本例中下同。

从式 (4.165) 可以看出，虽然

$$\{\sigma_t\}_{411} > \{\sigma_t\}_{249} \tag{4.167}$$

两个拟合直线的斜率却有

$$k_{411} < k_{249} \tag{4.168}$$

这说明随着靶板材料强度的增大，无量纲侵彻深度与等效入射动能之间线性关系斜率减小。而根据式 (4.166) 可以看出，随着靶板材料强度的增大，临界开坑等效入射动能的值也减小。

图 4.89 为硬短杆弹垂直侵彻密度相同材料靶板的试验结果。图 4.90 为较高密度较高强度钢短杆弹垂直侵彻密度较小强度较小的铝合金半无限靶板的试验结果。图中短杆弹材料为布氏硬度 249 的 4340 钢，长径比均为 5，皆为平头弹。两种靶板材料密度基本相等，均为铝合金材料，一个为强度相对较低的 2024T3 铝，另一个为强度相对较高的 7075T6 铝，材料其他参数同前面对应值。对于相同弹体材料而言，等效入射动能与入射速度一一对应，不同试验中临界开坑等效入射动能与临界开坑入射速度之比完全相同。

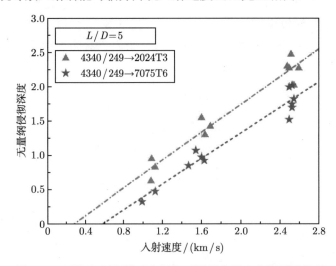

图 4.90　两组相同钢弹垂直侵彻不同强度铝合金靶试验结果

根据式 (4.152) 可以得到图 4.90 两个拟合直线斜率和临界开坑等效入射动能之比，考虑到两组试验中弹体材料相同，弹体长径比均为 5，结合图 4.90 中两组试验结果拟合直线特

征，因此有

$$\frac{k_{2024T3}}{k_{7075T6}} = \frac{\{\varphi''(\sigma_t)\}_{2024T3}}{\{\varphi''(\sigma_t)\}_{7075T6}} > 1 \tag{4.169}$$

$$\frac{E_{2024T3}}{E_{7075T6}} = \frac{[K_{L/D} \cdot \phi'''(\sigma_t)]_{2024T3}}{[K_{L/D} \cdot \phi'''(\sigma_t)]_{7075T6}} < 1 \tag{4.170}$$

基于弹靶材料密度和强度数据，对比以上两式和图 4.90，我们也可以得到与前面完全相同的结论。与上例对比分析可以发现：首先，本例中两种靶板材料即铝合金材料相对强度差与上例中两种 4340 钢材料相对强度差近似，但临界开坑等效入射动能差前者明显大于后者，这也说明了靶板材料强度对临界开坑等效入射动能的影响不仅与强度的相对增量有关，还可能与靶板材料性能有关；其次，两例中靶板材料强度虽然变化明显，但对应斜率变化皆并不大。

图 4.91 为软铝短杆弹垂直侵彻四种不同密度不同强度半无限金属靶板的试验结果。靶板材料为两种铝基材料和两种钢材；靶板材料密度和强度均等于或明显大于弹体材料。短杆弹长径比均为 3 且均为平头弹，弹靶材料参数同前面对应值。

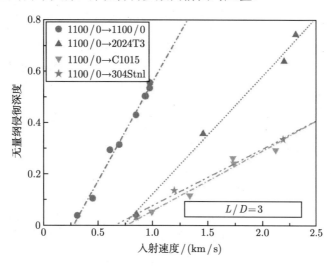

图 4.91 四组相同软铝短杆弹垂直侵彻不同强度靶试验结果

从图 4.91 可以看出，其规律与上两例中对应规律一致。需要说明，从图 4.91 中 2024T3 铝靶板和 C1015 钢靶板侵彻试验对比容易发现，弹靶材料密度比对无量纲侵彻深度与入射速度 (对比等效入射动能) 影响非常明显，再对比两种铝靶板和两种钢靶板的侵彻试验结果同时发现，虽然靶板材料强度增量很大，但斜率变化远小于密度的影响，因此我们可以认为，如同前面弹体材料的分析结论，靶板材料强度对斜率有着一定的影响，但其影响明显小于弹靶材料密度比对其的影响。

按照以上结论，当其他条件相同时，靶板材料强度的影响对临界开坑等效入射动能或入射速度有一定的影响，但影响并不非常明显；而且图 4.91 中较硬三种靶板材料的试验结果也验证了这一结论，以上大量试验结果皆说明这一结论的正确性与准确性；然而，从图 4.91 中可以看出一个非常明显的规律，1100/0 软铝靶板抗侵彻试验结果所示临界开坑入射速度明显小于密度近似相等的 2024T3 铝合金靶板抗侵彻对应结果, 这可能是由于该材料过软, 短杆弹侵彻该靶板的模式与侵彻其他三种靶板有所不同。

图 4.92 所示为两大组相同弹体材料垂直侵彻四种不同材料靶板的试验结果。试验中, 弹体长径比为 3 且皆为平头弹, 弹靶材料参数同前面对应值。

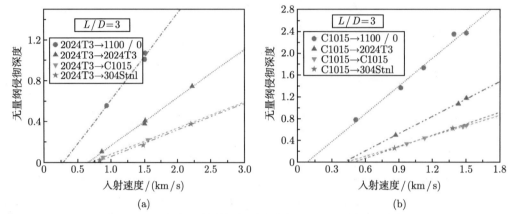

图 4.92 两组相同材料短杆弹垂直侵彻不同强度靶试验结果

图 4.92 中弹体长径比、头部形状等皆与图 4.91 相同, 图 4.91 和图 4.92 中弹体材料的布氏硬度和密度变化很大, 但容易看出, 图 4.91 和图 4.92 所显示的规律基本相同。图 4.91 和图 4.92 皆显示靶板材料强度对临界开坑入射速度影响并不大, 弹靶密度比对斜率的影响明显大于靶板材料强度的影响。而且, 值得注意的是, 1100/0 靶板对应的临界开坑入射速度远小于其他三种材料靶板对应值。

4) 弹靶材料强度的影响

前面研究结果显示, 无量纲侵彻深度与入射速度之间满足式 (4.147) 所示关系, 对于平头弹而言, 其满足式 (4.152) 所示关系, 也可写为

$$\frac{P}{L} = \left\{ \varphi \left(\frac{\sigma_p}{\sigma_t}, \sigma_p \right) \cdot \left(\frac{\rho_p}{\rho_t} \right)^{\lambda} \right\} \cdot \left[\sqrt{\rho_p} V - K_{L/D} \cdot \phi' \left(\frac{\sigma_p}{\sigma_t}, \sigma_p \right) \right] \tag{4.171}$$

同时, 弹体材料强度对斜率与临界开坑等效入射动能有一定的影响, 但影响相对较小; 靶板材料强度对斜率与临界开坑等效入射动能也有一定的影响, 影响也较小, 但相对弹体材料而言却较大。当其他条件不变时, 弹体材料强度增大, 则无量纲侵彻深度与等效入射动能之间的线性关系斜率增大、临界开坑等效入射动能减小; 靶板材料强度增大, 则效率减小, 临界开坑等效入射动能增大。另外, 弹靶材料强度对斜率和临界开坑等效入射动能的影响规律同时也受到弹靶材料强度比的影响; 而且弹靶材料强度的影响远小于弹靶密度对斜率和临界开坑等效入射动能的影响。

以上结论在定性层次上与长杆弹侵彻半无限金属靶板类似, 因此我们可以参考长杆弹部分理论上与短杆弹侵彻类似的结论。从侵彻行为和过程特征容易发现, 影响弹体侵彻行为的最直接因素是弹体强度 R_p 和靶板强度 R_t, 诸多试验表明, 杆弹 (无论长杆弹还是短杆弹) 对半无限靶板的垂直侵彻过程中, 弹体强度与弹体材料强度、靶板强度及靶板材料强度无论从物理意义还是数值意义考虑一般皆不相同。在某种程度上, 式 (4.171) 写成以下形式更为

科学和准确:

$$\frac{P}{L} = \left\{ \varphi\left(\frac{R_p}{R_t}, R_p\right) \cdot \left(\frac{\rho_p}{\rho_t}\right)^{\lambda} \right\} \cdot \left[\sqrt{\rho_p}V - K_{L/D} \cdot \phi'\left(\frac{R_p}{R_t}, R_p\right) \right] \tag{4.172}$$

参考长杆弹侵彻行为，我们假设弹体强度 R_p 与弹体材料强度 σ_p、靶板强度 R_t 及靶板材料强度 σ_t 之间近似满足线性关系 (实际上它们之间的关系并不是固定的，影响因素较多):

$$\begin{cases} R_t = \kappa_t \cdot \sigma_t \\ R_p = \kappa_p \cdot \sigma_p \end{cases} \tag{4.173}$$

式中，κ_t 和 κ_p 表示两个待定常数，对于特定长径比、头部形状和弹靶材料及侵彻行为而言其值是特定的。

与长杆弹侵彻行为对应分析不同的是，长杆弹垂直侵彻半无限靶板开坑瞬间弹体受力状态可假设为一维应力状态，此时其系数可取为 1，而对于短杆弹而言，其长径比较小，甚至为 1，因此该系数应该大于 1。另外，式 (4.173) 中的系数与材料的受力状态相关，影响因素也较多，由于该系数也只是一个唯象的规律性近似拟合值，我们姑且不考虑侵彻速度对其值的影响; 简单分析可知，其应与弹体长径比、弹体头部形状 (事实上，也应与弹靶强度比相关，因为刚性侵彻与侵蚀侵彻应力状态也不同，由于我们可以针对某类侵彻分别进行分析，在此不考虑如此复杂的耦合情况) 等相关，因此式 (4.172) 可等效为以下更具体的形式:

$$\frac{P}{L} = \left\{ \varphi\left(\frac{\kappa_p \cdot \sigma_p}{\kappa_t \cdot \sigma_t}, \kappa_p \cdot \sigma_p\right) \cdot \left(\frac{\rho_p}{\rho_t}\right)^{\lambda} \right\} \cdot \left[\sqrt{\rho_p}V - K_{L/D} \cdot \phi'\left(\frac{\kappa_p \cdot \sigma_p}{\kappa_t \cdot \sigma_t}, \kappa_p \cdot \sigma_p\right) \right] \tag{4.174}$$

而且，从以上试验结果分析可知，靶板材料强度的影响明显大于弹体材料强度，因此，我们可以认为

$$\kappa_t > \kappa_p \tag{4.175}$$

根据前面弹靶材料强度对无量纲侵彻深度与等效入射动能线性关系斜率和临界开坑等效入射动能的影响规律，容易知道，其规律与长杆弹侵彻行为在定性上也是相似的，因此我们在此也参考长杆弹侵彻行为相关理论和试验结果分析，可初步假设:

$$\begin{cases} \varphi\left(\frac{\kappa_p \cdot \sigma_p}{\kappa_t \cdot \sigma_t}, \kappa_p \cdot \sigma_p\right) \to \varphi\left(\kappa_t \cdot \sigma_t - \kappa_p \cdot \sigma_p\right) \\ \phi'\left(\frac{\kappa_p \cdot \sigma_p}{\kappa_t \cdot \sigma_t}, \kappa_p \cdot \sigma_p\right) \to \phi'\left(\kappa_t \cdot \sigma_t - \kappa_p \cdot \sigma_p\right) \end{cases} \tag{4.176}$$

结合以上量纲分析结论可知，上述函数的量纲应该是应力的开方的函数，根据量纲一致性原则可进一步假设:

$$\begin{cases} \varphi\left(\frac{\kappa_p \cdot \sigma_p}{\kappa_t \cdot \sigma_t}, \kappa_p \cdot \sigma_p\right) = \dfrac{\kappa}{\sqrt{\kappa_t \cdot \sigma_t - \kappa_p \cdot \sigma_p}} \\ \phi'\left(\frac{\kappa_p \cdot \sigma_p}{\kappa_t \cdot \sigma_t}, \kappa_p \cdot \sigma_p\right) = \kappa\sqrt{\kappa_t \cdot \sigma_t - \kappa_p \cdot \sigma_p} \end{cases} \tag{4.177}$$

式中，κ 表示某一拟合常数，若参考前面内容，长杆弹侵彻行为暂取该值为 1，式 (4.177) 可以写为更加具体的形式：

$$\begin{cases} \varphi\left(\dfrac{\kappa_p \cdot \sigma_p}{\kappa_t \cdot \sigma_t}, \kappa_p \cdot \sigma_p\right) = \dfrac{1}{\sqrt{\kappa_t \cdot \sigma_t - \kappa_p \cdot \sigma_p}} \\ \phi'\left(\dfrac{\kappa_p \cdot \sigma_p}{\kappa_t \cdot \sigma_t}, \kappa_p \cdot \sigma_p\right) = \sqrt{\kappa_t \cdot \sigma_t - \kappa_p \cdot \sigma_p} \end{cases} \tag{4.178}$$

由此，式 (4.174) 可以更进一步表示为

$$\frac{P}{L} = \left\{ \frac{1}{\sqrt{\kappa_t \cdot \sigma_t - \kappa_p \cdot \sigma_p}} \cdot \left(\frac{\rho_p}{\rho_t}\right)^\lambda \right\} \cdot \left[\sqrt{\rho_p} V - K_{L/D} \cdot \sqrt{\kappa_t \cdot \sigma_t - \kappa_p \cdot \sigma_p} \right] \tag{4.179}$$

若我们只考虑满足弹靶材料相同时的情况，此时，平头短杆弹对半无限金属靶板的无量纲侵彻深度与入射速度之间的关系可以进一步简化为

$$\frac{P}{L} = \frac{1}{\sqrt{\kappa_t - \kappa_p}} \cdot \frac{1}{\sqrt{\sigma_p}} \cdot \left[\sqrt{\rho_p} V - K_{L/D} \cdot \sqrt{\kappa_t - \kappa_p} \cdot \sqrt{\sigma_p} \right] \tag{4.180}$$

或

$$\frac{P}{L} = \frac{1}{\sqrt{\kappa_t - \kappa_p}} \cdot \frac{1}{\sqrt{\sigma_t}} \cdot \left[\sqrt{\rho_p} V - K_{L/D} \cdot \sqrt{\kappa_t - \kappa_p} \cdot \sqrt{\sigma_t} \right] \tag{4.181}$$

根据前面所得结论可知，靶板材料强度的影响明显高于弹体材料的影响，因此，采用式 (4.181) 更为合适。

图 4.93 所示为两种钢短杆弹垂直侵彻半无限钢靶的试验结果。试验中短杆弹的长径比为 7，皆为平头弹，两种弹靶材料密度相同但强度差别较大，一种为普通钢，另一种为高强度 4340 钢；两组试验中弹靶材料相同。我们根据式 (4.181) 可以给出两组试验无量纲侵彻深度与等效入射动能线性关系斜率比为

$$\frac{k_{\text{steel}}}{k_{4340}} = \frac{\left\{ \dfrac{1}{\sqrt{\kappa_t - \kappa_p}} \cdot \dfrac{1}{\sqrt{\sigma_t}} \right\}_{\text{steel}}}{\left\{ \dfrac{1}{\sqrt{\kappa_t - \kappa_p}} \cdot \dfrac{1}{\sqrt{\sigma_t}} \right\}_{4340}} \tag{4.182}$$

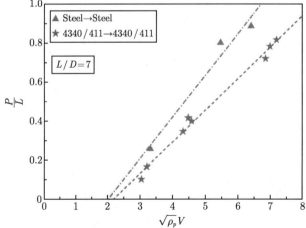

图 4.93 两组不同强度弹靶材料相同平头短杆弹侵彻试验结果

由于两种材料皆为钢材, 硬度虽不同但其他性能整体上应相近, 我们可以假设它们之间弹靶硬度系数对应相等, 此时式 (4.182) 可以简化为

$$\frac{k_{\text{steel}}}{k_{4340}} = \frac{\left\{\sqrt{\sigma_t}\right\}_{4340}}{\left\{\sqrt{\sigma_t}\right\}_{\text{steel}}} > 1 \qquad (4.183)$$

同理, 可以给出临界开坑等效入射动能之比, 在考虑两组试验中长径比相等, 且弹靶材料相同, 因此长径比系数相等。需要特别指出的是, 前面虽然弹靶材料强度比不同, 我们也认为长径比系数相等, 主要是因为前面已说明将弹靶材料强度比从长径比系数剥离出来, 认为长径比影响系数是长径比系数和弹靶材料强度比的函数, 而把其中弹靶材料强度比融入临界开坑等效入射动能函数中, 认为弹靶材料强度比与长径比系数是解耦的, 因此, 前面的结论是合理准确的。而此处由于涉及研究独立的弹靶材料强度对临界开坑等效入射动能函数具体形式的影响, 为了将弹靶材料强度比直接对临界开坑等效入射动能的影响和弹靶材料强度比通过长径比系数间接影响临界开坑等效入射动能区分开来, 这时长径比系数是长径比影响系数, 其是前面涉及长径比系数和弹靶材料强度之比的函数。此时有

$$\frac{E_{\text{steel}}}{E_{4340}} = \frac{\left[\sqrt{\sigma_t}\right]_{\text{steel}}}{\left[\sqrt{\sigma_t}\right]_{4340}} < 1 \qquad (4.184)$$

对比图 4.93 所示规律和以上两式所给出结论, 容易看出, 两者定性上完全一致。定量上, 以上两式显示, 两者之比的积应为 1, 而根据图 4.93 有

$$\frac{k_{\text{steel}}}{k_{4340}} \cdot \frac{E_{\text{steel}}}{E_{4340}} = \frac{0.21}{0.16} \cdot \frac{2.03}{2.19} = 1.22 > 1 \qquad (4.185)$$

图 4.94 所示为三种不同且弹靶材料相同短杆弹垂直侵彻半无限靶板的试验结果。试验中弹体长径比均为 3, 皆为平头弹; 三种材料分别为 304 不锈钢 (密度为 7.90g/cm³, 布氏硬度为 180)、C1015 钢 (密度为 7.83g/cm³, 布氏硬度为 110) 和 4340 钢 (密度为 7.85g/cm³, 布氏硬度为 411)。

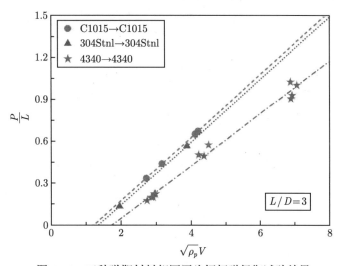

图 4.94 三种弹靶材料相同平头短杆弹侵彻试验结果

同上，三种材料均为钢材，可以认为其弹靶强度系数对应相等或非常相近；材料长径比均为 3，三组试验弹靶材料强度均为 1，我们可以给出三组试验的斜率比和临界开坑等效入射动能之比分别为

$$k_{C1015} : k_{304} : k_{4340} = \left\{\frac{1}{\sqrt{\sigma_t}}\right\}_{C1015} : \left\{\frac{1}{\sqrt{\sigma_t}}\right\}_{304} : \left\{\frac{1}{\sqrt{\sigma_t}}\right\}_{4340} \tag{4.186}$$

$$E_{C1015} : E_{304} : E_{4340} = \{\sqrt{\sigma_t}\}_{C1015} : \{\sqrt{\sigma_t}\}_{304} : \{\sqrt{\sigma_t}\}_{4340} \tag{4.187}$$

容易看出，图 4.94 所示规律与以上两式所给出的规律在定性上完全一致。对于常用钢材而言，根据硬度值经查表可以估算出其抗拉强度值，不过硬度与强度之间并不是直接对应关系，因此，该值也是经验估算值，存在一定的误差，而且不同材料估算值的准确性皆不同。C1015 的布氏硬度为 110，其抗拉强度约为 370MPa；304 不锈钢的布氏硬度为 180，其抗拉强度约为 610MPa；4340 钢的布氏硬度为 411，其抗拉强度约为 1385MPa。因此，以上两式可以估算出其具体比值：

$$k_{C1015}:k_{304}:k_{4340} \approx 52:40:27 \tag{4.188}$$

$$E_{C1015}:E_{304}:E_{4340} \approx 19:25:37 \tag{4.189}$$

考虑到试验中测量和入射角、着靶角等误差，且布氏硬度与强度之间的关系复杂，以上两式与图 4.94 所示规律在定量上有一定的误差，特别是 304 不锈钢与另外两种材料之间的关系在定量上存在一定的差别。这里我们以 C1015 和 4340 钢为例，以上两式的斜率比与临界开坑等效入射动能比分别满足

$$\frac{k_{C1015}}{k_{4340}} \approx 1.9, \quad \frac{E_{C1015}}{E_{4340}} \approx 0.51, \quad \frac{k_{C1015}}{k_{4340}} \cdot \frac{E_{C1015}}{E_{4340}} \approx 1 \tag{4.190}$$

根据图 4.94 我们可以给出

$$\frac{k_{C1015}}{k_{4340}} \approx 1.2, \quad \frac{E_{C1015}}{E_{4340}} \approx 0.67 \tag{4.191}$$

对比以上两式不难发现，试验所得到的斜率比小于理论值，临界开坑等效入射动能比大于理论值。

图 4.95 中显示两组软铝和铝合金短杆弹垂直侵彻半无限金属靶板的试验结果。两组试验中弹靶材料相同，长径比均为 3，皆为平头弹。试验中材料参数同前面对应参数。

经查询可知，1100/0 软铝拉伸强度为 110~136MPa，暂取 120MPa；2024T3 铝合金拉伸强度约为 346MPa。同上例，我们可以求出两者的斜率比与临界开坑等效入射动能比分别为

$$\frac{k_{1100}}{k_{2024}} = \left\{\frac{1}{\sqrt{\sigma_t}}\right\}_{1100} \Big/ \left\{\frac{1}{\sqrt{\sigma_t}}\right\}_{2024} \approx \frac{91}{54} = 1.7 \tag{4.192}$$

$$\frac{E_{1100}}{E_{2024}} = \frac{\{\sqrt{\sigma_t}\}_{1100}}{\{\sqrt{\sigma_t}\}_{2024}} \approx \frac{110}{186} = 0.59 \tag{4.193}$$

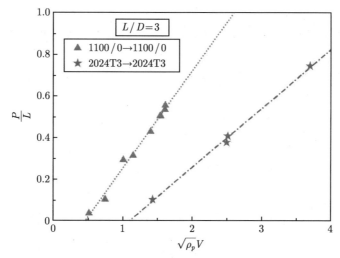

图 4.95 两种弹靶材料相同平头短杆弹侵彻试验结果

根据图 4.95 我们可以给出

$$\frac{k_{1100}}{k_{2024}} = 1.64, \quad \frac{E_{1100}}{E_{2024}} = 0.41 \tag{4.194}$$

对比式 (4.192)~ 式 (4.194) 可以看出, 理论上所推导出的斜率比大于试验结果, 这点与以上结论相同; 但此例中临界开坑等效入射动能比方面理论值却大于试验值。

图 4.96 所示为两组弹靶材料相同短杆弹垂直侵彻半无限靶板的试验结果。试验中弹体长径比均为 3, 皆为平头弹, 弹靶材料参数同前面对应值; 与上三例不同之处在于, 本试验中弹靶材料分别为铝和钢材料, 不属于同一系列的材料, 但弹靶材料相同时, 由于侵彻过程中或开坑过程靶板材料应力状态与弹体材料应力状态的不同, 靶板强度系数大于弹体强度系数, 从而导致靶板强度大于弹体强度 (需要再次说明的是, 靶板和弹体强度一般皆大于靶板材料和弹体材料的强度), 因此可以认为这两种情况下皆存在或部分存在侵彻行为, 两者

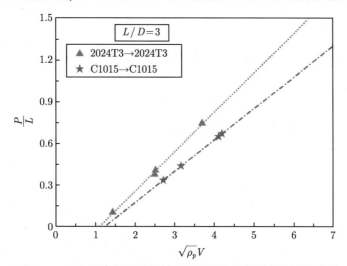

图 4.96 两组强度相近弹靶材料相同平头短杆弹侵彻试验结果

侵彻过程中弹靶中材料对应应力状态应该类似, 因此也可以假设: 在金属短杆弹垂直侵彻半无限金属靶板行为中, 若侵彻行为或侵彻过程中弹靶材料应力状态类似, 则靶板强度系数和弹体强度系数对应相等。

同理, 我们可以根据以上理论推导结果计算出两组试验对应斜率比和临界开坑等效入射动能比分别为

$$\frac{k_{2024}}{k_{C1015}} = \left\{\frac{1}{\sqrt{\sigma_t}}\right\}_{2024} \bigg/ \left\{\frac{1}{\sqrt{\sigma_t}}\right\}_{C1015} \approx \frac{54}{52} = 1.03 \tag{4.195}$$

$$\frac{E_{2024}}{E_{C1015}} = \frac{\{\sqrt{\sigma_t}\}_{2024}}{\{\sqrt{\sigma_t}\}_{C1015}} \approx \frac{186}{192} = 0.97 \tag{4.196}$$

根据图 4.96 我们可以给出

$$\frac{k_{2024}}{k_{C1015}} = 1.26, \quad \frac{E_{2024}}{E_{C1015}} = 0.90 \tag{4.197}$$

对比式 (4.195)~ 式 (4.197) 容易发现, 此例中理论斜率比计算值明显小于试验拟合值, 而临界开坑等效入射动能比却稍大于试验拟合值; 这个规律与上三例明显不同。

综上分析, 从定性上看出, 理论所给出规律与试验一致, 这些说明以上理论推导是合理科学的; 从定量角度来看, 以上四例中斜率比与临界开坑等效入射动能比之比的乘积理论均为 1, 但试验值却分别为 1.22、0.80、0.67 和 1.13, 从定量角度来看理论与试验有一定的差距; 考虑到试验误差和弹靶强度系数估算误差等因素, 我们可以认为这些估算相对准确; 其中 1100/0 侵彻数据与其他数据差别较大, 这点在前面许多图中都可以发现这一现象, 因此其对应的数据 0.67 差别较大。然而, 在短杆弹武器侵彻行为中, 很多时候弹体呈现刚体侵彻现象, 此时以上假设中存在物理意义不合理等问题, 因此, 需要对其进行进一步分析讨论与校正。

5) 临界开坑等效入射动能函数形式的分析

对于式 (4.179) 而言, 当考虑靶板为刚体即靶板强度无穷大时, 可写为

$$\frac{P}{L} = 0 \tag{4.198}$$

该结论与实际情况一致。考虑靶板材料强度非常小, 若弹体材料强度也很小, 弹体强度与靶板强度相近且稍小于后者, 即

$$\kappa_t \cdot \sigma_t - \kappa_p \cdot \sigma_p \to 0 \tag{4.199}$$

这时侵彻行为类似流体动力学理论所示流体侵彻情况, 此时

$$\frac{P}{L} = \left(\frac{\rho_p}{\rho_t}\right)^{1/2} \tag{4.200}$$

将式 (4.199) 代入式 (4.179) 可以计算出临界开坑等效入射动能为零, 这与式 (4.200) 的理论结果一致; 但斜率则为无穷大, 与式 (4.200) 不符。当然, 对于常规短杆弹武器而言, 此类情况极少, 另外, 对于短杆弹或弹丸而言, 即使流体侵彻也不像长杆流体侵彻一样完全满足式 (4.200), 此类类似长杆弹侵彻过程中的第三阶段起不可忽视的作用, 也就是说此时无

量纲侵彻深度也与入射速度密切相关, 这些因素不在本书考虑范围之内; 但是斜率为无穷大确实不合理, 这也说明斜率项中函数形式 $\varphi(\sigma_t, \sigma_p)$ 不合理。

当靶板强度较小且小于弹体强度时, 这类似于考虑弹体为刚体即弹体材料强度为无穷大时的情况 (这种情况在长杆弹武器中比较少, 但对于短杆弹武器而言, 这种情况非常普遍, 如多种口径步枪穿甲弹丸侵彻一般金属材料皆呈现刚体侵彻行为), 此时有

$$\kappa_t \cdot \sigma_t - \kappa_p \cdot \sigma_p < 0 \tag{4.201}$$

的情况, 使得式 (4.179) 无意义。

我们先根据试验结果分析该式中临界开坑入射动能的表达式的特征:

$$K_{L/D} \cdot \phi' \left(\frac{\kappa_p \cdot \sigma_p}{\kappa_t \cdot \sigma_t}, \kappa_p \cdot \sigma_p \right) \tag{4.202}$$

姑且将长径比的影响与弹靶材料强度比的影响解耦, 认为式 (4.202) 中长径比的系数是与长径比无关的一个量, 而前面分析弹靶材料强度长径比的影响部分也融于式 (4.202), 因此我们先只考虑式 (4.202) 中第二项的函数形式。

从前面弹体材料强度对临界开坑入射速度的影响部分分析结论可以看出, 在一般情况下, 弹体材料强度的影响可以忽略不计, 然而, 从图 4.88 可以看出, 此时弹体材料强度的影响却不可忽视。由前面分析可知, 一般情况下靶板强度系数 κ_t 大于弹体强度系数 κ_p, 而且一般前者是后者的数倍, 因此当弹体材料强度之一不是远大于靶板材料强度时, 靶板强度皆不小于或大于弹体强度, 从而使得弹体侵彻过程存在侵蚀现象, 但当靶板材料强度过小时, 如图 4.88 所示 1100/0 软铝材料, 一般金属弹体侵彻该材料呈现刚体侵彻行为, 软铝弹体侵彻则为侵蚀侵彻; 两种侵彻模式不同, 导致此时弹体材料强度影响较大, 但也可以看出此时两种模式中同一种模式的临界开坑等效入射动能与弹体材料强度的影响关系也是不甚明显。这种现象在非平头短杆弹侵彻试验中更加常见, 如图 4.97 所示。

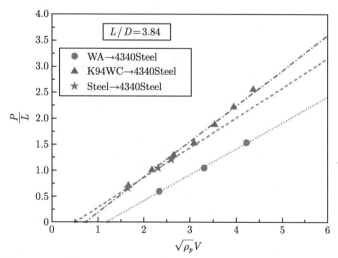

图 4.97　三种卵形短杆弹无量纲侵彻深度与等效入射动能试验结果

图 4.97 所示为三种等长径比短杆弹垂直侵彻半无限金属靶板的试验结果。图中靶板均为 4340 钢, 布氏硬度为 294; 三种弹体分别为钨合金 (密度为 17.36g/cm³, 布氏硬度为

227)、K94WC 合金 (密度为 14.72g/cm³，布氏硬度为 427) 和钢 (密度为 7.80g/cm³，布氏硬度为 684)；三种短杆弹等效长径比为 3.84，头部形状均为卵形。

从图 4.97 中明显可以看出

$$\left[\phi'\left(R_t, R_p\right)_{\text{steel}} < \phi'\left(R_t, R_p\right)_{\text{K94WC}} \right] < \phi'\left(R_t, R_p\right)_{\text{WA}} \tag{4.203}$$

从图 4.97 中还可以看出，式 (4.203) 中前两者非常接近，皆明显小于后者。同时，从图 4.97 容易得到同前面相同的结论：临界开坑等效入射动能与靶板材料密度、弹体材料密度无关，只是弹靶材料强度的函数。此三组试验中钨合金的密度最大，但强度最低，出现式 (4.203) 所示规律及弹体材料强度对临界开坑等效入射动能影响的突变这一现象的最主要原因是钨合金材料强度明显较低，使得其在侵彻过程中呈现侵蚀侵彻行为，而另两种短杆弹侵彻近似刚体侵彻行为。因此，从工程唯象规律总结的角度来看，最简单的方法就是我们将其分为以下两种情况考虑。

当 $R_p \geqslant R_t > 0$ 时，短杆弹对半无限金属靶板侵彻行为近似刚体侵彻行为，需要再次说明的是，弹体侵彻呈现刚体侵彻行为，并不是指弹体材料强度无穷大，而是弹体强度等于或大于靶板强度，从而使其在侵彻过程中近似不变形，式 (4.204) 中无穷大也指这种情况。考虑前面分析和该函数的量纲，有

$$\phi'\left(R_t, R_p\right)\big|_{\sigma_p \to \infty} \to \phi''\left(R_t\right) \approx \sqrt{\kappa_1 \cdot R_t} \tag{4.204}$$

式中，κ_1 表示某待定系数。

当 $0 < R_p < R_t$ 时，短杆弹对半无限金属靶板的侵彻行为具有或部分具有侵蚀现象，根据前面研究结论 —— 临界开坑等效入射动能与靶板材料强度呈广义正比关系，与弹体材料强度呈广义反比关系，两者对临界开坑等效入射动能的影响皆较小，且后者的影响更小。此种情况的临界开坑等效入射动能应该高于以上情况；同时容易知道，如果考虑靶板为刚体，临界开坑等效入射动能无穷大；基于式 (4.204) 并考虑该函数的量纲，此时有

$$\phi'\left(R_t, R_p\right) \approx \sqrt{\kappa_1 \cdot R_t + \varpi\left(R_t, R_p\right)} \tag{4.205}$$

考虑到上一种刚体侵彻情况，式中

$$\varpi\left(R_t, R_p\right)_{\sigma_p \to \infty} \to 0 \tag{4.206}$$

当弹体材料强度相对于靶板材料而言可以忽略不计时，有

$$\phi'\left(R_t, R_p\right)_{\sigma_p \to 0} \approx \sqrt{\kappa_2 \cdot R_t} \tag{4.207}$$

式中，κ_2 表示某待定系数。容易知道

$$\kappa_2 > \kappa_1 \tag{4.208}$$

若靶板强度高于弹体强度，但两者强度不足以让靶板或弹体视为刚体，则有

$$0 < \varpi\left(R_t, R_p\right) < \left(\kappa_2 - \kappa_1\right) \cdot R_t \tag{4.209}$$

且随着弹体强度的增大,该函数值减小;随着靶板强度的增大,该函数值增大。同时,考虑量纲的一致性,该函数的量纲为强度的量纲。根据式 (4.205)~ 式 (4.209),此时可以给出一个符合条件的最简单形式:

$$\varpi\left(R_t, R_p\right) = \left(\kappa_2 - \kappa_1\right) \cdot R_t \left[1 - \frac{\min\left(R_t, R_p\right)}{R_t}\right] \tag{4.210}$$

将式 (4.210) 代入式 (4.205),可以得到临界开坑等效入射动能的一种简单函数形式:

$$\phi'\left(R_t, R_p\right) = \sqrt{\kappa_2 R_t - \left(\kappa_2 - \kappa_1\right) \cdot \min\left(R_t, R_p\right)} \tag{4.211}$$

容易计算式 (4.211) 的几种情况的具体值。当弹体强度大于靶板强度时,该短杆弹的侵彻行为近似刚性侵彻,式 (4.211) 为

$$\phi'\left(R_t, R_p\right)\big|_{R_p \to \infty} = \sqrt{\kappa_2 R_t - \left(\kappa_2 - \kappa_1\right) R_t} = \sqrt{\kappa_1 R_t} \tag{4.212}$$

当靶板强度相对于弹体强度和入射速度而言极大时,即在撞击过程中靶板可视为刚体,此时靶板强度视为无穷大,此时式 (4.212) 即为

$$\phi'\left(R_t, R_p\right)\big|_{R_t \to \infty} = \sqrt{\kappa_2 R_t - \left(\kappa_2 - \kappa_1\right) R_p} \to \infty \tag{4.213}$$

当靶板强度大于弹体强度时,但短杆弹对靶板能够进行有效的侵彻,此时式 (4.213) 即为

$$\phi'\left(R_t, R_p\right)\big|_{R_t > R_p} = \sqrt{\kappa_2 R_t - \left(\kappa_2 - \kappa_1\right) R_p} \tag{4.214}$$

此时式 (4.214) 的值随着靶板强度的增大而增大,随着弹体强度的增大而减小。

从以上该函数的几种极限情况和过渡情况来看,式 (4.211) 满足所有以上条件且在定性上满足试验中临界开坑等效入射动能与靶板强度、弹体强度之间的关系。在定量上,对于刚性短杆弹垂直侵彻半无限金属靶板而言,该形式是符合理论推导的且准确的;对于侵蚀侵彻模式而言,从以上研究结论来看,此时弹体材料强度和靶板材料强度 (或弹体强度和靶板强度) 对临界开坑等效入射动能的影响较小,特别是靶板强度的影响极小,因此根号内利用线性函数既简单也是相对准确的。

综上分析,式 (4.172) 可初步校正为

$$\frac{P}{L} = \left[\varphi\left(\frac{R_p}{R_t}, R_p\right) \cdot \left(\frac{\rho_p}{\rho_t}\right)^\lambda\right] \cdot \left[\sqrt{\rho_p} V - K_{L/D} \cdot \sqrt{\kappa_2 R_t - \left(\kappa_2 - \kappa_1\right) \cdot \min\left(R_t, R_p\right)}\right] \tag{4.215}$$

式 (4.215) 所给出的规律与图 4.92 中八组试验结果对应的临界开坑等效入射动能分布特征一致性较好。

6) 无量纲侵彻深度与等效入射动能线性关系斜率函数形式的分析

前面的分析中,我们假设斜率的函数形式为

$$\varphi\left(R_t, R_p\right) \cdot \left(\frac{\rho_p}{\rho_t}\right)^\lambda = \frac{\kappa}{\sqrt{R_t - R_p}} \cdot \left(\frac{\rho_p}{\rho_t}\right)^\lambda \tag{4.216}$$

从前面的分析可知，式 (4.216) 所给出的函数形式与试验结果定性一致，但是在定量上存在一定的误差。我们首先同上考虑几种极端情况，当靶板强度远大于弹体强度和弹体动能产生的压力时，即可考虑靶板为刚体、靶板强度无穷大，此时式 (4.216) 值为零；这个计算结果与理论是一致的且准确的。当弹体强度大于靶板强度时，短杆弹对半无限金属靶板的垂直侵彻近似视为刚性弹侵彻，此时弹体强度可视为无穷大，此时式 (4.216) 就不成立了；同前面所述，此种情况在短杆弹武器中十分常见，因此式 (4.216) 必须进行修正。

从冲击动力学理论和终点弹道效应学容易知道，当我们将短杆弹视为刚体时，如不考虑弹体长径比和头部形状等几何参数，无量纲侵彻深度与等效入射动能之间的关系只是靶板强度、弹靶材料密度比的函数，而且与靶板强度和密度呈广义反比关系，与弹体密度呈广义正比关系，即此时弹体强度的增加对无量纲侵彻深度无明显影响，此时的函数 φ 形式应为

$$\varphi\left(R_t, R_p\right)|_{R_p \to \infty} = \frac{1}{\sqrt{\kappa_3 \cdot R_t}} \tag{4.217}$$

当靶板强度远大于弹体强度时，即弹体强度在靶板强度面前可以忽略不计，但在撞击过程中又能够形成稳定的侵彻现象，容易知道，此时无量纲侵彻深度与等效入射动能之间的关系也只是靶板强度、弹靶材料密度比的函数，而且同样与靶板强度和密度呈广义反比关系，与弹体密度呈广义正比关系，此时的函数 φ 形式应为

$$\varphi\left(R_t, R_p\right)|_{R_t \gg R_p} = \frac{1}{\sqrt{\kappa_4 \cdot R_t}} \tag{4.218}$$

容易知道，此时两个系数之间的关系满足

$$\kappa_4 > \kappa_3 \tag{4.219}$$

当靶板强度大于弹体强度时，但两者差别不足以让弹体强度忽略不计：

$$\varphi\left(R_t, R_p\right) \approx \frac{1}{\sqrt{\kappa_3 \cdot R_t + \varpi'\left(R_t, R_p\right)}} \tag{4.220}$$

且

$$0 < \varpi'\left(R_t, R_p\right) < \left(\kappa_4 - \kappa_3\right) \cdot R_t \tag{4.221}$$

随着弹体强度的增大，该函数值减小；随着靶板强度的增大，该函数值增大。同时，考虑量纲的一致性，该函数的量纲为强度的量纲。根据式 (4.217)~ 式 (4.221)，此时可以给出一个符合条件的最简单形式：

$$\varpi'\left(R_t, R_p\right) = \left(\kappa_4 - \kappa_3\right) \cdot R_t\left[1 - \frac{\min\left(R_t, R_p\right)}{R_t}\right] \tag{4.222}$$

将式 (4.222) 代入式 (4.220)，可以得到函数 φ 的一种简单函数形式：

$$\varphi\left(R_t, R_p\right) \approx \frac{1}{\sqrt{\kappa_3 \cdot R_t + \left(\kappa_4 - \kappa_3\right) \cdot R_t\left[1 - \frac{\min\left(R_t, R_p\right)}{R_t}\right]}} \tag{4.223}$$

简化后有

$$\varphi\left(R_t, R_p\right) \approx \frac{1}{\sqrt{\kappa_4 \cdot R_t - \left(\kappa_4 - \kappa_3\right) \min\left(R_t, R_p\right)}} \tag{4.224}$$

容易计算式 (4.224) 的几种情况的具体值。当弹体强度大于靶板强度时，该短杆弹的侵彻行为近似刚性侵彻，式 (4.224) 为

$$\varphi\left(R_t, R_p\right)|_{R_p \to \infty} = \frac{1}{\sqrt{\kappa_4 \cdot R_t - \left(\kappa_4 - \kappa_3\right) \cdot R_t}} = \frac{1}{\sqrt{\kappa_3 R_t}} \tag{4.225}$$

当靶板强度相对于弹体强度和入射速度而言极大时，即在撞击过程中靶板可视为刚体，此时靶板强度视为无穷大，此时式 (4.225) 即为

$$\varphi\left(R_t, R_p\right)|_{R_t \to \infty} = \frac{1}{\sqrt{\kappa_4 R_t - \left(\kappa_4 - \kappa_3\right) R_p}} \to 0 \tag{4.226}$$

当靶板强度大于弹体强度时，但短杆弹对靶板能够进行有效的侵彻，此时式 (4.226) 即为

$$\varphi\left(R_t, R_p\right)|_{R_t > R_p} = \frac{1}{\sqrt{\kappa_4 R_t - \left(\kappa_4 - \kappa_3\right) R_p}} \tag{4.227}$$

此时式 (4.227) 的值随着靶板强度的增大而减小，随着弹体强度的增大而增大。

从以上该函数的几种极限情况和过渡情况来看，式 (4.224) 满足所有以上条件且在定性上满足试验中无量纲侵彻深度与等效入射动能之间线性关系斜率与靶板强度、弹体强度之间的关系。在定量上，对于刚性短杆弹垂直侵彻半无限金属靶板而言，该形式是符合理论推导的且准确的；对于侵蚀侵彻模式而言，从以上研究结论来看，此时弹体材料强度和靶板材料强度 (或弹体强度和靶板强度) 对临界开坑等效入射动能的影响较小，特别是靶板强度的影响相对更小，因此根号内利用线性函数既简单也是相对准确的。

综上分析，式 (4.215) 可进一步校正为

$$\frac{P}{L} = \left[\frac{1}{\sqrt{\kappa_4 \cdot R_t - \left(\kappa_4 - \kappa_3\right) \min\left(R_t, R_p\right)}} \cdot \left(\frac{\rho_p}{\rho_t}\right)^\lambda\right]$$
$$\cdot \left[\sqrt{\rho_p} V - K_{L/D} \cdot \sqrt{\kappa_2 R_t - \left(\kappa_2 - \kappa_1\right) \cdot \min\left(R_t, R_p\right)}\right] \tag{4.228}$$

在很多情况下，如刚体弹侵彻、靶板强度远大于弹体强度等，考虑到其他情况下弹体材料的强度对斜率和临界开坑等效入射动能的影响也相对很小，因此，如果并不是针对弹体强度方面的研究，在很多时候式 (4.228) 可以简化为

$$\frac{P}{L} \approx \left[\frac{1}{\sqrt{\kappa_4 \cdot R_t}} \cdot \left(\frac{\rho_p}{\rho_t}\right)^\lambda\right] \cdot \left(\sqrt{\rho_p} V - K_{L/D} \cdot \sqrt{\kappa_2 R_t}\right) \quad (\text{侵蚀}) \tag{4.229}$$

$$\frac{P}{L} \approx \left[\frac{1}{\sqrt{\kappa_3 \cdot R_t}} \cdot \left(\frac{\rho_p}{\rho_t}\right)^\lambda\right] \cdot \left(\sqrt{\rho_p} V - K_{L/D} \cdot \sqrt{\kappa_1 R_t}\right) \quad (\text{刚体}) \tag{4.230}$$

可以发现以上两式的形式一致，只是系数不同，如果只是根据试验结果或数值仿真结果进行唯象规律性总结，以上两式可以写成同一种形式：

$$\frac{P}{L} \approx \left[\frac{\kappa'_3}{\sqrt{R_t}} \cdot \left(\frac{\rho_p}{\rho_t} \right)^\lambda \right] \cdot \left(\sqrt{\rho_p} V - \kappa'_1 \cdot \sqrt{R_t} \right) \tag{4.231}$$

当弹靶材料相同时，此时靶板强度一般明显大于弹体强度，式 (4.228) 可简化为

$$\frac{P}{L} = \left[\frac{1}{\sqrt{\kappa_4 \cdot R_t - (\kappa_4 - \kappa_3) \cdot R_p}} \right] \cdot \left[\sqrt{\rho_p} V - K_{L/D} \cdot \sqrt{\kappa_2 R_t - (\kappa_2 - \kappa_1) \cdot R_p} \right] \tag{4.232}$$

同上，假设靶板强度与弹体强度与其材料强度呈正比关系，此时根据式 (4.232) 有

$$\frac{P}{L} = \left[\frac{1}{\sqrt{\kappa_4 \cdot \kappa_t \cdot \sigma_t - (\kappa_4 - \kappa_3) \cdot \kappa_p \cdot \sigma_p}} \right] \cdot \left[\sqrt{\rho_p} V - K_{L/D} \cdot \sqrt{\kappa_2 \cdot \kappa_t \cdot \sigma_t - (\kappa_2 - \kappa_1) \cdot \kappa_p \cdot \sigma_p} \right] \tag{4.233}$$

由于弹靶材料强度相同，式 (4.233) 可进一步简化为

$$\frac{P}{L} = \left[\frac{1}{\sqrt{\sigma_t} \sqrt{\kappa_4 \cdot \kappa_t - (\kappa_4 - \kappa_3) \cdot \kappa_p}} \right] \cdot \left[\sqrt{\rho_p} V - K_{L/D} \cdot \sqrt{\sigma_t} \sqrt{\kappa_2 \cdot \kappa_t - (\kappa_2 - \kappa_1) \cdot \kappa_p} \right] \tag{4.234}$$

如令

$$\begin{cases} K_1 = \sqrt{\kappa_4 \cdot \kappa_t - (\kappa_4 - \kappa_3) \cdot \kappa_p} \\ K_2 = \sqrt{\kappa_2 \cdot \kappa_t - (\kappa_2 - \kappa_1) \cdot \kappa_p} \end{cases} \tag{4.235}$$

则有

$$\frac{P}{L} = \left(\frac{1}{K_1 \cdot \sqrt{\sigma_t}} \right) \cdot \left(\sqrt{\rho_p} V - K_{L/D} \cdot K_2 \cdot \sqrt{\sigma_t} \right) \tag{4.236}$$

图 4.98 所示为五组不同平头短杆弹垂直侵彻半无限靶板的试验结果。试验中弹体长径比均为 3，弹靶材料相同，入射速度范围为 500～2300m/s。试验中 4340 钢布氏硬度为 411，其他材料参数与前面对应材料相同。

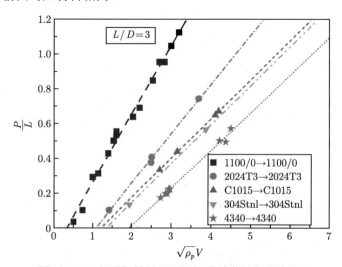

图 4.98　五组弹靶材料相同短杆弹垂直侵彻试验结果

对比图 4.98 和式 (4.236) 所示规律容易看出, 试验结果无论斜率还是临界开坑等效入射动能在定性上与式 (4.236) 一致。容易看出, 式 (4.236) 对前面初步形式进行了校正, 使得不同情况下短杆弹垂直侵彻半无限靶板无量纲侵彻深度的推导在物理意义上都符合要求, 也在定性上满足理论与试验结果, 能够满足不同状态甚至极端状态时的计算。然而, 任意两组弹靶材料相同时的斜率比和临界开坑等效入射动能比与前面结果有所差异, 即理论计算与试验拟合结果也有一定的差别。对于任意两组此类试验, 根据式 (4.236), 我们可以得到其斜率比和临界开坑等效入射动能比分别为

$$\frac{k_1}{k_2} = \frac{\left\{ \dfrac{1}{K_1 \cdot \sqrt{\sigma_t}} \right\}_1}{\left\{ \dfrac{1}{K_1 \cdot \sqrt{\sigma_t}} \right\}_2} = \frac{\left\{ K_1 \cdot \sqrt{\sigma_t} \right\}_1}{\left\{ K_1 \cdot \sqrt{\sigma_t} \right\}_2} \tag{4.237}$$

$$\frac{E_1}{E_2} = \frac{\left\{ K_2 \cdot \sqrt{\sigma_t} \right\}_1}{\left\{ K_2 \cdot \sqrt{\sigma_t} \right\}_2} \tag{4.238}$$

造成前面所示试验结果与理论结果存在差别, 我们认为主要有以下原因: 首先, 试验结果存在一定的误差, 试验中很多数据是带一定着靶角度的侵彻数据, 而且一般而言, 侵彻试验过程中弹道容易发生偏转, 因此试验测量与理论分析有误差; 其次, 理论计算中所用的材料强度是根据试验中弹靶硬度估算而成, 硬度与强度之间在物理意义上并不相同, 其换算受到很多因素影响, 因此这种估算也有一定的误差; 然后, 试验中材料强度存在一定的离散性, 如试验中同一个材料在几种不同试验中材料密度和硬度皆显示有一定的差别, 因此此方面也有一定的误差; 最后, 从前面试验结果对比中可以看出 1100/0 软铝材料数据与其他材料数据差别相对较大, 该材料强度远小于其他材料, 根据这一现象我们根据以上两式可以认为不同材料系数 K_1 和 K_2 应不尽相同, 这也是导致以上两式计算出不同组弹靶材料相同时侵彻试验斜率比和临界开坑等效入射动能比与试验结果不同的另一个原因。

从式 (4.228) 可以看出, 由于

$$\begin{cases} \kappa_4 \gg \kappa_4 - \kappa_3 \\ \kappa_2 \gg \kappa_2 - \kappa_1 \end{cases} \tag{4.239}$$

而且, 靶板强度系数明显大于弹体强度系数, 因此, 弹体材料强度对斜率和临界开坑等效入射动能的影响明显小于靶板材料强度的影响, 这个结论与前面从试验分析出的规律完全一致。

4.3 分离式 Hopkinson 杆试验问题量纲分析与相似律

材料的动态力学性能和行为与准静态下不尽一致, 在很多情况下甚至差别很大, 研究材料及其结构在动态荷载下的动力学行为, 以及材料的动态力学性能必不可少。材料的准静态力学性能的测试装置当前较为成熟, 以压缩性能试验为例, 随着技术的进步, 动态试验平台也被生产和使用, 然而, 其试验范围有限, 其测试材料应变率一般小于 100/s。对于更高应变率下材料的动态压缩行为试验而言, 利用传统的压力试验系统很难实现: 首先, 应变率

大意味着加载速度大, 在很大的加载速率下利用液压系统实现, 这是非常难的; 其次, 传统的压头质量很大, 加载时间也长, 在高速加载过程中的能量过大, 其可操作性和安全性值得怀疑。理论上讲, 随着加载速率的增加, 材料屈服和破坏时间就较短, 此时我们完全可以通过较短时间的加载实现材料的动态压缩试验, 即通过脉冲加载实现材料的短时间动态加载。分离式 Hopkinson 压杆装置 (简称 SHPB 装置) 即是利用这一原理实现材料动态加载过程的当前国际应用最广泛的试验装置。早期 (1914 年)Hopkinson 发明这一装置的主要用途是利用波动力学理论测量爆炸或子弹射击杆弹时的应力时程曲线, 后来 (1949 年)Kolsky 利用 Hopkinson 压杆产生脉冲压缩波特性设计出一套可以用于测量材料动态压缩行为的装置, 即当前应用最广泛的分离式 Hopkinson 压杆装置, 如图 4.99 所示。

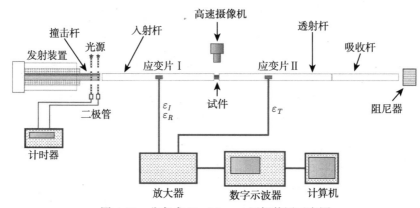

图 4.99 分离式 Hopkinson 压杆装置示意图

我们在满足以上基本条件和两个基本假设 —— 杆中一维波 (平面波) 假设和试件中应力均匀假设的基础上, 可以得到

$$
\begin{cases}
\sigma_s = \dfrac{EA}{2A_s}\left(\varepsilon_T + \varepsilon_I + \varepsilon_R\right) \\[2mm]
\varepsilon_s = \dfrac{C}{l_s}\displaystyle\int_0^t \left(\varepsilon_I - \varepsilon_T - \varepsilon_R\right)\mathrm{d}t \\[2mm]
\dot{\varepsilon}_s = \dfrac{C}{l_s}\left(\varepsilon_I - \varepsilon_T - \varepsilon_R\right)
\end{cases}
\tag{4.240}
$$

式中, σ_s、ε_s 和 $\dot{\varepsilon}_s$ 分别代表试件所受的平均工程应力、平均工程应变和平均工程应变率; E 代表杆材料的杨氏模量; C 代表杆材料声速; ε_T、ε_I 和 ε_R 分别代表对波后透射波应变、入射波应变与反射波应变; A 和 A_s 分别代表杆和试件的截面面积; l_s 代表试件的长度。

若试件为介质均匀性较好、声速较大的材料如金属材料, 此时试件尺寸较小且试件中达到应力均匀性时间很短, 此时对于整个入射、反射和透射波形而言, 绝大部分时间内试件应力达到了均匀, 如此一来我们就可以认为

$$
\varepsilon_I + \varepsilon_R = \varepsilon_T
\tag{4.241}
$$

此时式 (4.240) 就可以简化为

$$
\begin{cases}
\sigma_s = \dfrac{EA}{A_s}\left(\varepsilon_I + \varepsilon_R\right) \\[2mm]
\varepsilon_s = -\dfrac{2C}{l_s}\displaystyle\int_0^t \varepsilon_R \mathrm{d}t \\[2mm]
\dot{\varepsilon}_s = -\dfrac{2C}{l_s}\varepsilon_R
\end{cases}
\tag{2.242}
$$

式 (4.242) 即说明我们可以只通过入射杆上的应变片测量出入射应变波形和反射应变波形,从而可以计算出试件的压缩应变率以及在此应变率下试件的应力和应变。

同理,若我们测得的透射波信号较好,我们也可以利用式 (4.241) 对式 (4.240) 做进一步简化:

$$
\begin{cases}
\sigma_s = \dfrac{EA}{A_s}\varepsilon_T \\[2mm]
\varepsilon_s = -\dfrac{2C}{l_s}\displaystyle\int_0^t \varepsilon_R \mathrm{d}t \\[2mm]
\dot{\varepsilon}_s = -\dfrac{2C}{l_s}\varepsilon_R
\end{cases}
\tag{4.243}
$$

式 (4.243) 说明,我们也可以只通过测量入射杆中的反射应变波形和透射杆中的透射应变波形来计算出试件的加载应变率,并在此基础上求解出试件的应力应变关系;同时也可以看出决定试件应变率计算的量是反射应变波,而决定试件应力强度计算的量是透射应变波。

4.3.1 入射杆中应力波问题

对于常规分离式 Hopkinson 压杆而言,其入射波形理论上近似矩形波,如图 4.100 所示。图中曲线为 $\Phi14.5\text{mm}$ 分离式 Hopkinson 压杆原始波形,其中横坐标和纵坐标根据波动理论皆进行了无量纲化处理。

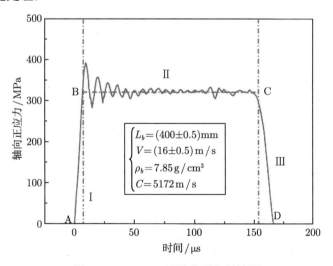

图 4.100 SHPB 试验典型入射波形

图 4.100 中波浪线即为原始波形,其振荡的主要原因是杆并不能完全满足理想的一维杆假设,存在波形弥散及其在杆侧界面的透反射等现象。图 4.100 中显示,撞击杆撞击入射杆

主要分为三个阶段: 第一个阶段为撞击加载阶段, 此时入射杆中轴向应力从 0 线性增加到峰值应力区, 与理论完全符合, 见图中 I 区, 该阶段我们也常称为上升沿阶段; 第二个阶段为恒应力加载阶段, 此阶段入射杆中测量点处轴向正应力在某一个恒定值上下波动, 排除装置与理想条件的差别导致的弥散效应等, 从理论上讲该阶段测量点处的正应力应为一个特定值, 从图 4.100 也可以看出该阶段是该应力波的主要阶段, 见图中 II 区; 第三个阶段即线性卸载阶段, 其测量点轴向应力从峰值线性减小到 0, 与理论也完全符合, 见图中 III 区。

设 SHPB 装置杆材料密度为 ρ_b, 材料杨氏模量和泊松比分别为 E_b 和 ν_b, 传统 SHPB 装置试验的基本前提是杆中的应力波为线弹性波, 因此不需考虑杆材料的屈服参数等; 设杆直径为 D, 撞击杆长度为 L_b, 本节重点研究入射波波形相关问题, 不考虑反射波和透射波, 因此无须考虑透射杆等参数, 入射杆的长度也不需要考虑。当撞击杆以速度 V 正撞击共轴入射杆时, 入射杆中测量处轴向正应力的函数关系可以写为

$$\sigma_b = f(\rho_b, E_b, \nu_b, L_b, D, V, t) \tag{4.244}$$

根据 SHPB 装置的理论基础及其假设, 应力波在杆中的传播可以近似为一维应力波的传播行为, 图 4.100 中振荡问题也是由于直径和泊松比等参数的影响使得实际条件与理想条件存在偏差, 而这种偏差我们一般通过对波形进行滤波等试验手段或数据处理手段进行消除或尽可能消除; 因此, 从理论上讲, 杆直径 D 和杆材料泊松比 ν_b 不应列入主要影响因素。因而, 式 (4.244) 可以简化为

$$\sigma_b = f(\rho_b, E_b, L_b, V, t) \tag{4.245}$$

该问题中有 6 个物理量, 作为一个典型的纯力学问题, 其基本量纲有 3 个; 这里我们取杆的密度 ρ_b、撞击杆长度 L_b 和撞击速度 V 为参考物理量。此 6 个物理量的量纲幂次系数如表 4.6 所示。

表 4.6　入射波应力问题中变量的量纲幂次系数

	ρ_b	L_b	V	E_b	t	σ_b
M	1	0	0	1	0	1
L	−3	1	1	−1	0	−1
T	0	0	−1	−2	1	−2

对表 4.6 进行类似矩阵初等变换, 可以得到表 4.7。

表 4.7　入射波应力问题中变量的量纲幂次系数 (初等变换)

	ρ_b	L_b	V	E_b	t	σ_b
ρ_b	1	0	0	1	0	1
L_b	0	1	0	0	1	0
V	0	0	1	2	−1	2

根据 II 定理和表 4.7 容易知道, 最终表达式中无量纲量有 3 个, 包含 1 个因无量纲因变量和 2 个无量纲自变量:

$$\frac{\sigma_b}{\rho_b V^2} = f\left(\frac{E_b}{\rho_b V^2}, \frac{t}{L_b/V}\right) \tag{4.246}$$

已知，一维弹性杆中声速 C_b 为

$$C_b = \sqrt{\frac{E_b}{\rho_b}} \qquad (4.247)$$

式中，第一个无量纲自变量可写为

$$\frac{E_b}{\rho_b V^2} = \frac{E_b}{\rho_b} \Big/ V^2 = \frac{C_b^2}{V^2} \qquad (4.248)$$

此时，式 (4.246) 可以整理为

$$\frac{\sigma_b}{\rho_b V^2} = f\left(\frac{C_b}{V}, \frac{t}{L_b/V}\right) \qquad (4.249)$$

式 (4.249) 中函数内两个自变量均含有撞击速度 V，根据以上量纲分析方法，因此式 (4.249) 可以进一步整理为

$$\frac{\sigma_b}{\rho_b V^2} = f\left(\frac{V}{C_b}, \frac{t}{L_b/C_b}\right) \qquad (4.250)$$

式中，第二个自变量中 L_b/C_b 的物理意义是应力波在撞击杆中传播一次所需时间。根据应力波理论可知，两个同质一维弹性杆以相对速度 V 同轴撞击瞬时端面应力为

$$\sigma = \frac{1}{2}\rho_b C_b V \qquad (4.251)$$

此时，式 (4.249) 可以写为更符合理论的形式：

$$\frac{\sigma_b}{\frac{1}{2}\rho_b C_b V} = f\left(\frac{V}{C_b}, \frac{t}{L_b/C_b}\right) \qquad (4.252)$$

若分别定义无量纲轴向正应力 $\bar{\sigma}$、无量纲撞击速度 $\bar{V}$ 和无量纲时间 $\bar{t}$ 分别为

$$\bar{\sigma} = \frac{\sigma_b}{\frac{1}{2}\rho_b C_b V}, \quad \bar{V} = \frac{V}{C_b}, \quad \bar{t} = \frac{t}{L_b/C_b} \qquad (4.253)$$

此时即有

$$\bar{\sigma} = f\left(\bar{V}, \bar{t}\right) \qquad (4.254)$$

以 $\Phi 14.5\mathrm{mm}$ 口径 SHPB 为例，撞击杆和入射杆均为 45# 钢，其密度为 $7.85\mathrm{g/cm^3}$，杨氏模量为 210GPa，可以计算出其一维杆中的弹性声速为 5172m/s，当撞击杆以约 16m/s 的速度同轴正撞击入射杆，入射杆中的试验波形与仿真波形如图 4.101 所示。

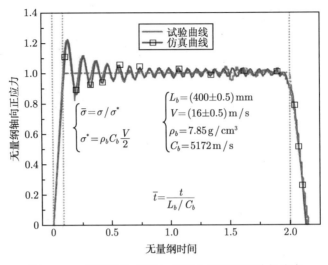

图 4.101 无整形片 SHPB 原始入射波形试验与仿真

图 4.101 显示，仿真结果、理论分析结果与试验结果一致性好，这说明模型与参数合理且准确，仿真结果准确性高。同上，以 Φ14.5mm 口径 SHPB 为例，撞击杆和入射杆均为 45#钢，其密度为 7.85g/cm³，泊松比为 0.3，杨氏模量为 210GPa，可以计算出其一维杆中的弹性声速为 5172m/s，当撞击杆以约 16m/s 的速度同轴正撞击入射杆时，利用以上通过验证的模型开展仿真计算。计算中撞击杆长度为 400mm，撞击速度为从 4m/s、6m/s 到 32m/s 等 15 个不同速度，仿真结果如图 4.102 所示。

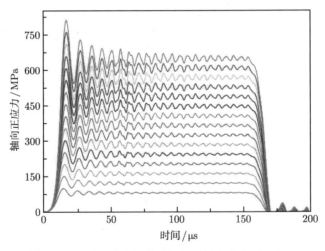

图 4.102 不同撞击速度时入射波杆中应力时程曲线

从图 4.102 可以看出，随着撞击速度的增大，入射波峰值应力逐渐增大，波长不变。根据应力波理论容易计算出撞击杆正撞击共轴入射杆时的应力峰值，容易计算出，对于此杆材，撞击速度分别为 4m/s、8m/s、16m/s、24m/s 和 32m/s 时对应的峰值应力分别约为 81MPa、162MPa、325MPa、487MPa 和 650MPa。利用式 (4.252) 对图 4.102 中部分曲线纵坐标即应力值进行无量纲化，可得到图 4.103。

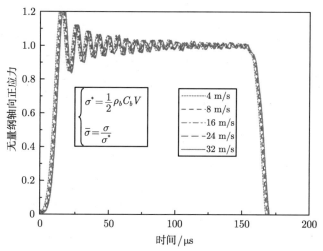

图 4.103 不同撞击速度时入射波杆中无量纲应力时程曲线

图 4.103 显示，长杆弹材料相同且撞击杆长度相同时，不同撞击速度下 (此处仅是分析速度的影响，不考虑速度过大导致杆中出现塑性变形现象，只将材料视为线弹性材料，不考虑其屈服行为)，入射杆中测量点处任意时刻对应的无量纲轴向正应力基本相同，而且不考虑波形振荡，将峰值压力取平均值，容易得到，该应力峰值平台无量纲正应力的值为 1，这与应力波理论分析结论完全一致。

上例中杆材料相同，即其密度和声速相同，当材料不同撞击速度相同时，我们也可以得到如上相同规律。图 4.104 所示为四种不同材料杆材，撞击杆以 16m/s 的速度正撞击共轴入射杆时入射杆内的应力时程曲线，其中撞击杆长度为 400mm，杆材料分别为钢 (密度为 $7.85\mathrm{g/cm^3}$，杨氏模量为 210GPa，声速为 5172m/s)、铝 (密度为 $2.70\mathrm{g/cm^3}$，杨氏模量为 71GPa，声速为 5128m/s)、铜 (密度为 $8.50\mathrm{g/cm^3}$，杨氏模量为 89GPa，声速为 3236m/s) 和钛 (密度为 $4.40\mathrm{g/cm^3}$，杨氏模量为 110GPa，声速为 5000m/s)。

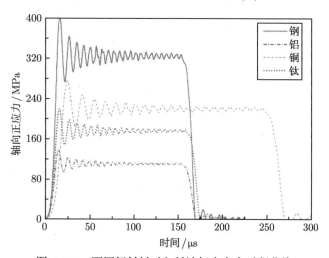

图 4.104 不同杆材料时入射波杆中应力时程曲线

从图 4.104 中可以看出，对于不同材料，入射波波形相似，皆如上分析呈现三个阶段特征，皆为梯形且可近似为矩形波；另外，容易看出，此四个不同材料以相同撞击速度撞击产生的入射波无论是波幅还是波长皆不相同，其波幅应力平台值差别非常明显。同上，可以计算出当撞击杆的长度均为 400mm、撞击速度为 16m/s 时钢、铝、铜和钛四种材料对应的峰值应力分别约为 325MPa、111MPa、220MPa 和 176MPa。对纵坐标即应力值进行无量纲化后可以得到图 4.105。

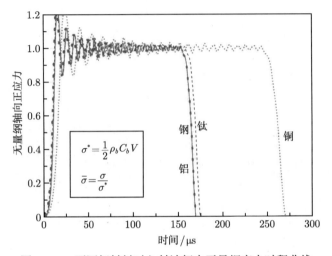

图 4.105 不同杆材料时入射波杆中无量纲应力时程曲线

从图 4.105 容易发现，应力无量纲化后，入射波形虽然仍存在一定的差别，但不同材料无量纲应力平台皆相同，且皆约为 1，这与理论计算结果完全一致。本例和上例无量纲化结果皆表明，利用以上方法对入射波应力进行无量纲化处理是科学准确的。

同上开展不同撞击杆长度的数值仿真，如图 4.106 所示。图中撞击杆有 125mm、150mm、175mm 到 500mm 等 16 个不同长度，杆材料为 45#钢，撞击速度为 16m/s。

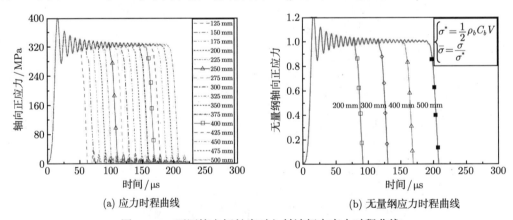

(a) 应力时程曲线 （b) 无量纲应力时程曲线

图 4.106 不同撞击杆长度时入射波杆中应力时程曲线

图 4.106(a) 为入射杆中测点处轴向正应力时程曲线，图 4.106(b) 为对图 (a) 中 4 条不同撞击杆长度对应的曲线的应力进行无量纲化处理后的曲线。从图 4.106 中可以看出，材料

与撞击速度相同,撞击杆长度不同时,入射波的应力峰值平台和无量纲应力峰值平台对应相同,也就是说撞击杆长度对入射波的应力值并无影响。结合该例和以上不同撞击速度、不同材料的仿真结果,我们可以看出,对应力进行无量纲化处理后,不同条件时入射杆中测量点无量纲轴向正应力只是时间的函数,与撞击速度无关,因此式 (4.252) 可以简化为

$$\frac{\sigma_b}{\frac{1}{2}\rho_b C_b V} = f\left(\frac{t}{L_b/C_b}\right) \tag{4.255}$$

同时,从图 4.106 容易发现,当杆材料与撞击速度相同时,入射波波长与撞击杆长度呈正比关系;从图 4.105 中可以看出,当撞击杆长度和撞击速度相同时,入射波波长与材料声速呈反比关系。结合应力波理论分析可知,入射波波长应等于应力波在撞击杆中往返一次所需时间,因此,利用以上时间无量纲方法,对以上不同杆材料和不同撞击速度两种条件下入射波的横坐标即时间进行无量纲化可以得到图 4.107。

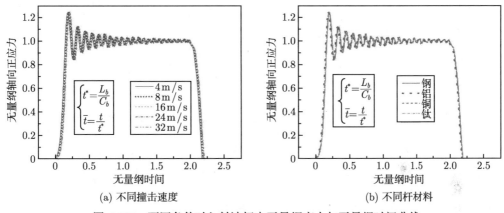

图 4.107 不同条件时入射波杆中无量纲应力与无量纲时间曲线

从图 4.107 可以看出,无量纲峰值平台应力为 1,无量纲波长约为 2,这与理论值基本一致。从以上三种不同条件的分析结果来看,可以发现:首先,在撞击杆与入射杆撞击后很短的时间内,应力随时间缓慢增大,之后在入射波形上升沿阶段呈线性增大,整体来讲,上升沿阶段是线性增加阶段,而撞击瞬间的缓慢增加的原因主要是模型和计算与一维杆完美假设的误差,该阶段对数据处理和理论分析皆无明显影响,因此可以对图 4.107(a) 中撞击速度为 16m/s 所示曲线进行简化校正;其次,在应力到达理论值附近呈现振荡现象,这主要是由于实际杆皆不可能达到理论的一维理想条件,皆存在弥散效应,我们也可以将其结合理论进行拟合并取平均值,如图 4.108 所示。

从图 4.108 可以看出,SHPB 装置仿真所给出的入射波可以等效为等腰梯形波,上升沿阶段时间远小于恒应力加载阶段,因此在某些情况下可以将其视为矩形波加载情况;同时,我们也可以看出,除去卸载段,整个加载段的无量纲时间近似为 2,这与应力波理论推导出的结果完全一致。利用图 4.108 所示方法,对图 4.107 中不同撞击速度和不同材料两种情况的无量纲轴向正应力与无量纲时间即无量纲应力波曲线进行修正简化,即可以得到图 4.109。

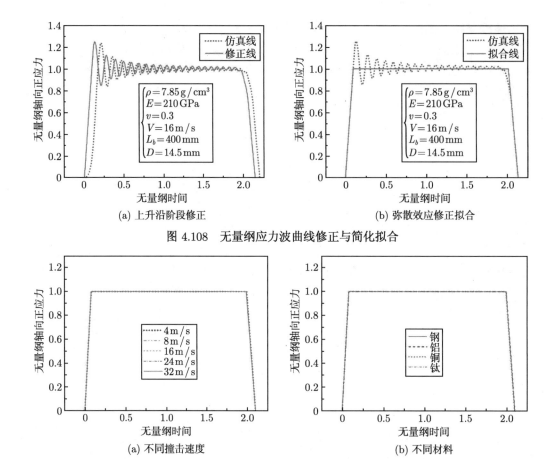

图 4.108 无量纲应力波曲线修正与简化拟合

图 4.109 不同入射速度和不同材料无量纲修正与简化无量纲应力波曲线

从图 4.109(a) 中可以看出,当相同材料和相同长度撞击杆以不同速度 (4~32m/s) 撞击入射杆时,其入射杆中校正后的无量纲应力波曲线基本一致,无论上升沿段、平台段还是卸载段,皆是如此。从图 4.109(b) 中也可以看出,对比密度、声速、杨氏模量等完全不同的四种材料而言,当其撞击速度相同和撞击杆长度相同时,其入射杆中校正后的无量纲应力波曲线也基本一致。

将图 4.109 中不同材料和不同撞击速度时入射杆中应力波波形进行对比,可以得到图 4.110。从图中容易发现,不同材料相同撞击杆长度相同撞击速度时的曲线与不同撞击速度相同材料相同撞击杆长度时的曲线基本重合。

因此,我们可以认为,在杆材料的弹性范围内,相同撞击杆长度时,不同材料不同撞击速度条件下入射杆中的校正简化的应力波形基本一致,即相同时间对应的无量纲应力相等:

$$\bar{\sigma} = f(\bar{t}) \tag{4.256}$$

对于其他条件相同,不同撞击杆长度时的入射波同上方法进行无量纲化并校正简化,可以得到图 4.111。

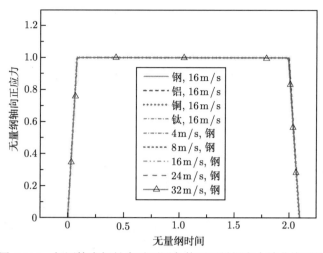

图 4.110 相同撞击杆长度时不同条件下无量纲应力波曲线对比

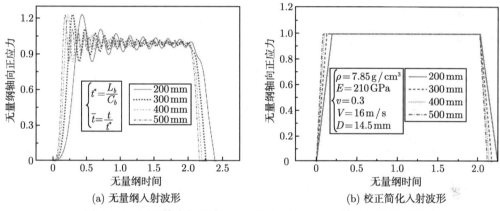

(a) 无量纲入射波形   (b) 校正简化入射波形

图 4.111 不同撞击杆长度时无量纲入射波与校正简化后的入射波

从图 4.111 可以看出，当不同撞击杆长度时入射波进行以上无量纲化后，虽然，上升沿段和平台段两个阶段的无量纲时间之和与理论一致约等于 2，但其上升沿段的斜率和平台段起始点对应的无量纲时间却并不相同，如图 4.111(b) 所示。事实上，对于相同撞击速度和杆材料而言，不同撞击杆长度入射波上升沿段应力随时间增加而增大的趋势相同，如图 4.112 所示。

也就是说，相同时刻对应的应力基本一致，如图 4.112 所示，此时在上升沿段，对于相同时刻：

$$\begin{cases} \sigma_t = \sigma_t' \\ \bar{\sigma}_t \neq \bar{\sigma}_t' \end{cases} \tag{4.257}$$

从以上多图可以看出，对于校正简化后入射杆中应力波而言，其主要包含三个阶段：上升沿段、平台段和卸载段，如不考虑卸载段 (对于 SHPB 装置而言，其试验中恒应变率和应力均匀等条件的调试、试验数据的整理等主要关注前两个阶段)，我们可以将参考时间写为

$$t^* = \frac{L_0}{C_b} \tag{4.258}$$

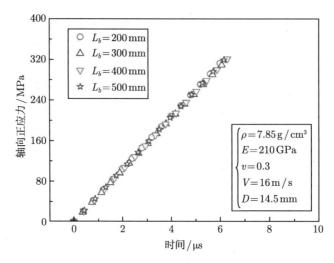

图 4.112 相同材料与撞击速度不同撞击杆长度时上升沿段

式中，L_0 表示某参考长度，可以根据需要取某一特定值，如 100mm 或其他。此时无量纲时间可以写为

$$\bar{t} = \frac{t}{t^*} = \frac{C_b \cdot t}{L_0} \tag{4.259}$$

令上升沿段到平台段的转折点对应的无量纲时间为 $\bar{t}_s$，从上面几幅图中可以看出，该时间值与撞击速度、材料和撞击杆长度基本无关。根据以上分析我们可以给出无整形片时，在不同撞击速度、撞击杆长度和不同材料条件下，入射杆中应力波上升沿阶段和平台段函数皆可写为

$$\bar{\sigma} = \begin{cases} K\bar{t}, & \bar{t} < \bar{t}_s \\ 1, & \bar{t}_s \leqslant \bar{t} \leqslant \bar{t}_e \end{cases} \tag{4.260}$$

式中，K 为常数值，与撞击杆长度、材料与撞击速度无关。时间可表示为

$$\bar{t}_e = 2\frac{L_b}{L_0} \tag{4.261}$$

整体上看，在整个应力波加载和平台阶段，其可以写为以下简要形式：

$$\bar{\sigma} = \min(K\bar{t}, 1) \tag{4.262}$$

对于无整形片情况，我们一般视以上入射波为矩形波，其上升沿段经常并忽略，因此，在此种情况下，我们可以认为在不同条件下，式 (4.263) 是科学合理且准确的：

$$\bar{\sigma} = f(\bar{t}) \tag{4.263}$$

4.3.2 整形片受力情况问题

根据 SHPB 试验基本理论即式 (4.240) 可知，在满足两个基本假设的前提下，我们可以根据入射波、反射波和透射波波形给出不同应变率条件下的材料应力应变曲线；反之，对于某一个特定的材料而言，我们可以通过材料的动态性能和入射波即可以给出反射波和透射波; 也就是说, 在满足两个基本假设的基础上, 对于某一个特定的材料而言, 入射波是决定反射波和透射波的充要条件。同时, 入射波也是影响基本假设之一应力均匀性假设的关键因素。因此通过调整入射波形实现试件中轴向应力均匀, 并调整反射波波形与透射波波形从而实现近似恒应变率加载, 这是当前理论上最可靠科学的方法。

图 4.100 中 I 区我们常称为上升沿阶段或升时区, 其宽度对于试件从加载到破坏过程中的轴向应力均匀性起着关键的作用。II 区理论波形一般为水平直线, 而在试验中, 为了调整反射波形, 关键加载阶段处于恒应变率阶段, 因此需要根据材料性能进行调整。而当前调整波形中升时和波形一般使用整形片技术进行处理。一般来讲, 整形片皆选择较软的材料, 如黄铜、紫铜、铝、尼龙、橡胶等, 这些材料在加载过程中其应力应变关系可以近似为理想弹塑性或线性硬化关系。

如图 4.113 所示, 设入射杆自由静止, 撞击杆速度为 V, 其他参数同上; 设杆的截面面积为 S_b, 整形片初始截面面积为 S_s, 瞬时截面面积为 s_s; 假设整形片的膨胀变形轴向分布均匀, 不考虑其中的应力波传播影响, 整形片两端受力均匀; 在撞击杆撞击到整形片瞬间, 整形片两端应力瞬间上升至 Y(不考虑弹性段和应力波传播的影响, 也不考虑杆与整形片由截面不匹配导致的应力场紊乱, 事实上, 在应变测量处这种紊乱已经基本均匀化了; 本节后同)。

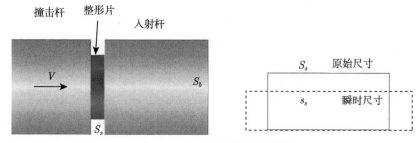

图 4.113 整形片的变形过程

此时撞击杆截面的应力和质点速度分别应为

$$\sigma_{b1} = \frac{S_s}{S_b}Y, \quad v_{b1} = V - \frac{YS_s}{\rho_b C_b S_b} \tag{4.264}$$

入射杆截面的应力和质点速度分别为

$$\sigma_{b2} = \frac{S_s}{S_b}Y, \quad v_{b2} = \frac{YS_s}{\rho_b C_b S_b} \tag{4.265}$$

令此时刻为初始时刻, 则 $t = 0$ 时整形片两端面的压力近似等于其平均应力:

$$\sigma_s(0) = \sigma_{s1}(0) = \sigma_{s2}(0) = Y \tag{4.266}$$

整形片两端质点速度差即压缩速率为

$$\Delta v_s(0) = \Delta v_{s1}(0) - \Delta v_{s2}(0) = v_{b1} = V - \frac{2YS_s}{\rho_b C_b S_b} \tag{4.267}$$

同理，容易知道，在整形片压缩期间，整形片所承受轴向平均工程应力与压缩速率应为

$$\begin{cases} \sigma_s(t) = \sigma_Y(t) \\ \Delta v_s(t) = V - \dfrac{2S_s\sigma_Y(t)}{\rho_b C_b S_b} \end{cases} \tag{4.268}$$

式中，$\sigma_Y(t)$ 表示 t 时刻对应整形片应变时材料的工程屈服应力，需要再次强调的是，上面的应力是工程应力，而非真应力。

根据式 (4.268)，可有

$$\dot{\varepsilon}_s(t) \cdot h = V - \dfrac{2S_s\sigma_s(t)}{\rho_b C_b S_b} \tag{4.269}$$

式中，$\dot{\varepsilon}_s$ 表示整形片的轴向工程应变率。

若考虑

$$\sigma_s = g(\varepsilon_s) \tag{4.270}$$

或

$$\dot{\varepsilon}_s = f(\dot{\sigma}_s) \tag{4.271}$$

式 (4.269) 即可以分别写为微分方程形式：

$$\dot{\varepsilon}_s \cdot h + \dfrac{2S_s g(\varepsilon_s)}{\rho_b C_b S_b} - V = 0 \tag{4.272}$$

或

$$f(\dot{\sigma}_s) \cdot h + \dfrac{2S_s}{\rho_b C_b S_b}\sigma_s - V = 0 \tag{4.273}$$

1) 整形片材料近似理想刚塑性材料

对于理想刚塑性而言，如图 4.114(a) 所示，此时其应力应变关系即为

$$\sigma_t = Y \tag{4.274}$$

对于单轴压缩而言，当体积不可压时，定义以压为正，真应力 σ_t、真应变 ε_t 与工程应力 σ、工程应变 ε 之间的关系有

$$\begin{cases} \sigma_t = \sigma(1-\varepsilon) \\ \varepsilon_t = -\ln(1-\varepsilon) \end{cases} \Leftrightarrow \begin{cases} \sigma = \dfrac{\sigma_t}{1-\varepsilon} \\ \varepsilon = 1 - e^{-\varepsilon_t} \end{cases} \tag{4.275}$$

因此，可以给出塑性阶段满足

$$\sigma = \dfrac{Y}{1-\varepsilon} \Leftrightarrow \varepsilon = 1 - \dfrac{Y}{\sigma} \tag{4.276}$$

其对应的曲线如图 4.114(b) 所示。

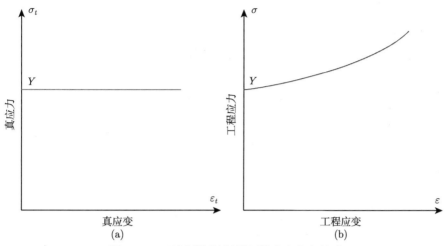

图 4.114　理想刚塑性材料压缩应力应变关系

将式 (4.276) 代入式 (4.272) 有

$$\dot{\varepsilon} + \frac{k_1}{1-\varepsilon} - k_2 = 0 \tag{4.277}$$

式中

$$\begin{cases} k_1 = \dfrac{2S_sY}{\rho_bC_bS_bh} \\ k_2 = \dfrac{V}{h} \end{cases} \tag{4.278}$$

由式 (4.177) 可以解得

$$1 - \varepsilon + \frac{k_1}{k_2}\ln\left[(1-\varepsilon) - \frac{k_1}{k_2}\right] = -k_2t + k \tag{4.279}$$

式中, k 为待定常数, 当 $t=0$ 时, 可以解得

$$k = 1 + \frac{k_1}{k_2}\ln\left(1 - \frac{k_1}{k_2}\right) \tag{4.280}$$

类似地, 在此种特殊本构假设前提下, 我们也可以给出其应力微分方程形式。由式 (4.276) 可以得到

$$\dot{\varepsilon} = \frac{Y}{\sigma^2}\dot{\sigma} \tag{4.281}$$

将式 (4.281) 代入式 (4.273), 即有

$$\dot{\sigma} + k_1\sigma^3 - k_2\sigma^2 = 0 \tag{4.282}$$

式中

$$\begin{cases} k_1' = \dfrac{2S_s}{Yh\rho_bC_bS_b} \\ k_2' = \dfrac{V}{Yh} \end{cases} \tag{4.283}$$

由式 (4.282) 可以解得

$$\frac{1}{\sigma} + \frac{k_1}{k_2} \ln\left(\frac{k_2}{\sigma} - k_1\right) = -k_2 t + k \tag{4.284}$$

式中，k 为待定常数，根据 $t = 0$ 时的初始条件可以解得

$$k = \frac{1}{Y} + \frac{k_1}{k_2} \ln\left(\frac{k_2}{Y} - k_1\right) \tag{4.285}$$

将式 (4.285) 代入式 (4.284) 后有

$$\frac{1}{\sigma} - \frac{1}{Y} + \frac{k_1}{k_2} \ln\left(\frac{\dfrac{1}{\sigma} - \dfrac{k_1}{k_2}}{\dfrac{1}{Y} - \dfrac{k_1}{k_2}}\right) = -k_2 t \tag{4.286}$$

利用该模型我们进行理想刚塑性材料作为整形片的数值仿真计算，得到了整形片在冲击过程中厚度方向上工程应变的时程曲线，如同 4.115 所示。

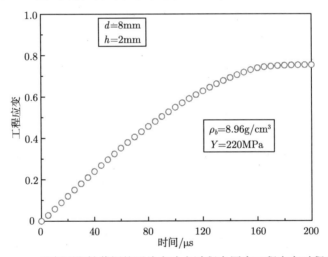

图 4.115　理想刚塑性紫铜整形片在冲击过程中厚度工程应变时程曲线

图 4.115 中整形片直径为 8mm，设该材料的屈服强度为 220MPa。根据以上曲线和以上所分析弹塑性整形片工程应力与工程应变之间的关系，可以给出入射杆中入射波上升沿曲线，如图 4.116 所示。

从图 4.116 可以看出，理论计算给出的曲线与仿真曲线在整形片压缩过程中即入射波上升阶段非常吻合。两者差别在于峰值工程应力不同，其主要原因是理论分析过程中工程应力和工程应变均假设整形片在整个压缩过程中均匀变形，事实上，在压缩后期整形片径向膨胀过大导致其超出撞击杆和入射杆直径，因此当其工程应力超过 220MPa 时，工程应力应该保持不变，见图 4.116 中虚线部分。经过校正，可以明显看出，在整个上升阶段，理论与仿真结果符合性较好。

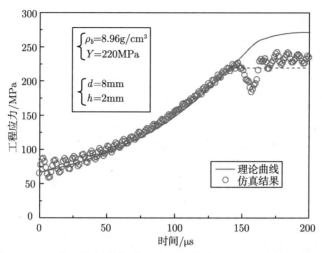

图 4.116 理想刚塑性紫铜整形片时入射波上升沿理论与仿真曲线

2) 整形片材料近似线性硬化刚塑性材料

对于刚塑性线性硬化材料而言，如图 4.117(a) 所示，此时其应力应变关系即为

$$\sigma_t = Y + E_p \varepsilon_t \tag{4.287}$$

对于单轴压缩而言，当体积不可压时，定义以压为正，同样可以给出

$$\sigma = \frac{Y}{1-\varepsilon} - E_p \frac{\ln(1-\varepsilon)}{1-\varepsilon} \tag{4.288}$$

其对应的曲线如图 4.117(b) 所示。

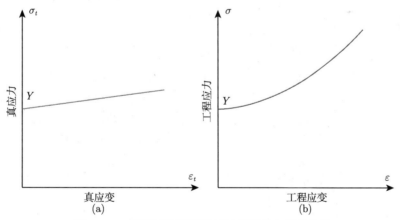

图 4.117 线性硬化刚塑性材料压缩应力应变关系

将式 (4.288) 代入式 (4.272) 可得

$$\dot{\varepsilon} + \frac{k_1}{1-\varepsilon} - k_3 \frac{\ln(1-\varepsilon)}{1-\varepsilon} - k_2 = 0 \tag{4.289}$$

式中

$$k_3 = \frac{2S_s E_p}{\rho_b C_b S_b h} \tag{4.290}$$

其他参数同上。对比式 (4.289) 和式 (4.277) 容易看出, 后者是前者当 $E_p = 0$ 时的特例。

同上, 以 $\Phi 14.5$mm 口径 SHPB 为例, 撞击杆和入射杆均为 45#钢, 其密度为 7.85g/cm^3, 杨氏模量为 210GPa, 可以计算出其一维杆中的弹性声速为 5172m/s, 当撞击杆以约 16m/s 的速度同轴正撞击入射杆时, 整形片厚度为 2mm, 直径为 8mm, 设整形片材料的屈服强度为 220MPa, 并假设材料为线性硬化塑性材料, 且塑性硬化模量为 300MPa。利用以上通过验证的模型开展仿真研究, 并利用以上理论推导结果结合仿真计算中整形片的工程应变时程曲线, 给出入射波上升阶段的仿真波形和理论波形, 如图 4.118 所示。

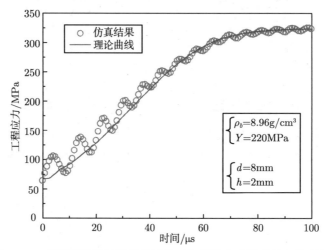

图 4.118　线性硬化塑性紫铜整形片时入射波上升沿理论与仿真曲线

从图 4.118 可以看出, 以上理论分析与仿真结果非常接近, 结合以上该仿真模型与试验的对比验证, 可以认为以上理论分析结论科学且准确。

4.3.3　整形片波形整形几何相似律问题

根据以上分析并对比试验结果, 我们可以将整形片力学性能近似等效为刚塑性线性硬化模型, 因此我们可以不予考虑整形片的弹性参数如泊松比和杨氏模量。设整形片的塑性硬化模量为 E_p, 屈服强度为 Y, 整形片的材料密度为 ρ_s; 整形片一般为圆柱形, 其厚度为 h, 直径为 d。设 Hopkinson 压杆直径为 D_b, 撞击杆长度为 L_b, 撞击速度为 V, 杆材料的密度为 ρ_b, 杨氏模量为 E_b, 泊松比为 ν_b; 这里假设杆满足一维假设 (通过对原始波形滤波减小弥散效应的影响), 因此不考虑杆材料的泊松比。由此, 我们可以给出不同撞击速度时入射杆中测量点处轴向正应力在不同时刻的应力:

$$\sigma = f\left(E_b, \rho_b, L_b, D_b, E_p, Y, \rho_s, h, d, V, t\right) \tag{4.291}$$

该问题中有 12 个物理量, 该问题是一个典型的纯力学问题, 其基本量纲有 3 个; 这里我们取杆的密度 ρ_b、撞击杆长度 L_b 和撞击速度 V 为参考物理量。此 12 个物理量的量纲幂次系数如表 4.8 所示。

对表 4.8 进行类似矩阵初等变换, 可以得到表 4.9。

表 4.8   入射波整形问题中变量的量纲幂次系数

	ρ_b	L_b	V	E_b	D_b	E_p	Y	ρ_s	h	d	t	σ
M	1	0	0	1	0	1	1	1	0	0	0	1
L	−3	1	1	−1	1	−1	−1	−3	1	1	0	−1
T	0	0	−1	−2	0	−2	−2	0	0	0	1	−2

表 4.9   入射波整形问题中变量的量纲幂次系数 (初等变换)

	ρ_b	L_b	V	E_b	D_b	E_p	Y	ρ_s	h	d	t	σ
ρ_b	1	0	0	1	0	1	1	1	0	0	0	1
L_b	0	1	0	0	1	0	0	0	1	1	1	0
V	0	0	1	2	0	2	2	0	0	0	−1	2

根据 Π 定理和表 4.9 容易知道，最终表达式中无量纲量有 9 个，包含 1 个无量纲因变量和 8 个无量纲自变量：

$$\frac{\sigma}{\rho_b V^2} = f\left(\frac{E_b}{\rho_b V^2}, \frac{D_b}{L_b}, \frac{E_p}{\rho_b V^2}, \frac{Y}{\rho_b V^2}, \frac{\rho_s}{\rho_b}, \frac{h}{L}, \frac{d}{L}, \frac{t}{L/V}\right) \tag{4.292}$$

已知，一维弹性杆中声速 C_b 为

$$C_b = \sqrt{\frac{E_b}{\rho_b}} \tag{4.293}$$

同以上无整形片时 SHPB 入射波应力函数无量纲化方法，式 (4.292) 可以整理为

$$\frac{\sigma}{\sigma^*} = f\left(\frac{V}{C_b}, \frac{L_b}{D_b}, \frac{E_p}{\sigma^*}, \frac{Y}{\sigma^*}, \frac{\rho_s}{\rho_b}, \frac{h}{L}, \frac{d}{D_b}, \frac{t}{t^*}\right) \tag{4.294}$$

式中

$$\begin{cases} \sigma^* = \dfrac{1}{2}\rho_b C_b V \\ t^* = \dfrac{L_b}{C_b} \end{cases} \tag{4.295}$$

令

$$\begin{cases} \bar{\sigma} = \dfrac{\sigma}{\sigma^*} \\ \bar{t} = \dfrac{t}{t^*} \end{cases}, \quad \begin{cases} \bar{L}_b = \dfrac{L_b}{D_b} \\ \bar{h} = \dfrac{h}{L_b} \\ \bar{d} = \dfrac{d}{D_b} \end{cases} \tag{4.296}$$

则式 (4.295) 可写为

$$\bar{\sigma} = f\left(\frac{V}{C_b}, \bar{L}_b, \frac{E_p}{\sigma^*}, \frac{Y}{\sigma^*}, \frac{\rho_s}{\rho_b}, \bar{h}, \bar{d}, \bar{t}\right) \tag{4.297}$$

从以上无整形片的相关分析可知，当不考虑整形片时，撞击杆的直径对滤波后的入射波形并无影响，而且当将入射波应力进行无量纲化后，无量纲应力与撞击速度并无明显联系；然而，这两个物理量对撞击动能有着明显的影响，因此考虑整形片时不能将其忽略，但应与

整形片相关参数密切相关；即在式 (4.297) 中，如果将此两个物理量出现在整形片参数的无量纲量中，式 (4.297) 中右端前两个无量纲量可以不予考虑。即有

$$\bar{\sigma} = f\left(\frac{E_p}{\sigma^*}, \frac{Y}{\sigma^*}, \frac{\rho_s}{\rho_b}, \bar{h}, \bar{d}, \bar{t}\right) \tag{4.298}$$

假设缩比模型中撞击杆和整形片与原型满足材料相似，即

$$\begin{cases} (E_p)_m \equiv (E_p)_p \\ (Y)_m \equiv (Y)_p \\ (\rho_s)_m \equiv (\rho_s)_p \\ (\rho_b)_m \equiv (\rho_b)_p \\ (C_b)_m \equiv (C_b)_p \end{cases} \tag{4.299}$$

设缩比模型与原型满足几何相似，即

$$\begin{cases} (\bar{h})_m = (\bar{h})_p \\ (\bar{d})_m = (\bar{d})_p \end{cases} \tag{4.300}$$

设缩比模型的几何缩比为

$$\lambda = \frac{(h)_m}{(h)_p} \tag{4.301}$$

则两个模型满足相似的另外两个必要条件为

$$\begin{cases} (V)_m = (V)_p \\ (t)_m = (t)_p \end{cases} \tag{4.302}$$

根据式 (4.302) 可以给出

$$\begin{cases} \lambda_V = \frac{(V)_m}{(V)_p} = 1 \\ \lambda_t = \frac{(t)_m}{(t)_p} = \lambda \end{cases} \tag{4.303}$$

此时缩比模型与原型满足物理相似，此时有

$$\lambda_\sigma = \frac{(\sigma)_m}{(\sigma)_p} = \lambda_V = 1 \tag{4.304}$$

上述分析表明，考虑整形片影响的 SHPB 装置试验满足严格的几何相似律。

一般而言，整形片材料一般皆为相对较软材料，如紫铜、黄铜、铝、尼龙、橡胶片等，下面我们选用紫铜材料进行分析。SHPB 装置材料为 45#钢，直径为 14.5mm，撞击杆长度为 400mm；我们对整形片用紫铜材料开展力学性能试验，给出整形片单轴压缩强度为 220MPa，杨氏模量为 124GPa(虽然在量纲分析中我们忽略整形片材料杨氏模量的影响，但在仿真中为了计算更准确还是考虑杨氏模量参数，从计算结果看，这对分析过程与结果基本无影响)，其密度为 8.96g/cm³；设整形片直径为 8mm，厚度为 0.8mm。对试验数据进行拟合，给出其塑性硬化模量为 150MPa。杆材参数同上，试验曲线和仿真曲线如图 4.119 所示。

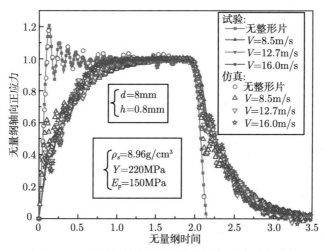

图 4.119　不同入射速度无量纲轴向正应力时程曲线

从图 4.119 可以看出,仿真与试验结果符合性较好,仿真分析曲线和试验所得曲线重复性较好;同时,由于整形片力学性能参数通过试验获取,我们可以认为试验和仿真是准确可靠的。利用以上模型和参数开展不同条件下含整形片 SHPB 试验仿真研究。

为验证以上对 SHPB 试验中入射波的几何相似性,开展不同缩比的 SHPB 仿真计算。计算中杆材料和整形片材料分别为 45#钢和紫铜,其材料模型与参数同上;原型中杆长度为 400mm,杆直径为 14.5mm,整形片厚度为 0.8mm,直径为 8mm,撞击速度为 16m/s;缩比模型与原型满足材料相似且撞击速度均为 16m/s。设几何缩比分别为 0.5、1.0、1.5、2.0 和 2.5,其计算入射波形如图 4.120 所示。

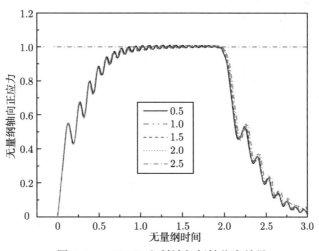

图 4.120　SHPB 入射波相似性仿真结果

图 4.120 显示,缩比范围为 0.5~2.5,当前满足材料相似且撞击速度相同时,入射杆中测量点轴向正应力无量纲应力与无量纲时间之间的对应关系即无量纲入射波形基本完全相同。这说明考虑整形片时 SHPB 试验满足严格的几何相似律,这与以上的理论分析结论完全一致。

4.3.4 整形片参数对波形整形的影响规律问题

式 (4.298) 右端函数中前 3 项代表整形片的材料性能,第 4、5 项为整形片尺寸参数。特别地,如果忽略整形片惯性带来的影响,同时忽略整形片材料密度的影响,即可以得到

$$\bar{\sigma} = f\left(\frac{E_p}{\sigma^*}, \frac{Y}{\sigma^*}, \bar{h}, \bar{d}, \bar{t}\right) \tag{4.305}$$

对于入射波的整形问题,我们一般是对加载阶段中上升沿段和平台段进行整形调整,卸载段对波形整形基本没有影响,因此,下面我们只关注上升沿段和平台段,忽略其卸载段。

1) 整形片材料塑性模量的影响

设杆材料为 45# 钢,其材料参数同上,杆直径为 14.5mm,撞击速度为 16m/s,撞击杆长度为 400mm;整形片直径为 8mm,厚度为 0.8mm,屈服强度为 220MPa,密度为 8.96g/cm³;此时,整形片无量纲厚度与无量纲直径为特定已知量,整形片无量纲屈服强度、撞击速度和撞击杆密度与声速也为特定已知量,此时,对于入射波而言,其变量只有塑性模量和无量纲时间两个,即式 (4.305) 可以简化为

$$\bar{\sigma} = f\left(\frac{E_p}{\sigma^*}, \bar{t}\right) \tag{4.306}$$

考虑到撞击杆长度等其他参数相同,式 (4.306) 可以进一步写为如下有量纲的形式:

$$\sigma = f(E_p, t) \tag{4.307}$$

利用以上模型和参数,开展塑性模量从 0MPa(即理想刚塑性材料) 到 450MPa 等 13 个不同值时数值仿真计算,如图 4.121 所示。

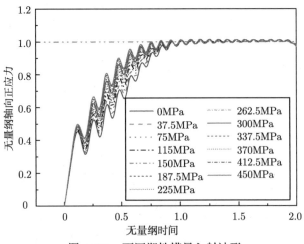

图 4.121 不同塑性模量入射波形

从图 4.121 可以看出,虽然塑性模量从 0MPa 增加到 450MPa,增加量很大,但整形片对上升沿阶段整形起点和终点的变化可以忽略,可以认为基本相同;随塑性模量增加而变化

的只有上升沿坡形, 即在此阶段, 任意特定时刻其对应的应力随着塑性模量的增加而增大。
图 4.122 是其中部分塑性模量对应入射波形整形后的曲线。

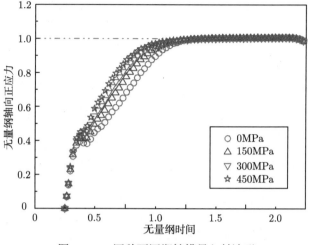

图 4.122   四种不同塑性模量入射波形

从图 4.122 中可以更加明显地发现, 虽然塑性模量增加量较大, 但入射波形变化却较少,
只是塑性模量的增大使得上升沿更加 "凸出"。考虑到一般整形片材料较软, 其塑性模量变
化也较小, 因此在一些定性选择整形片的情况下, 我们可以忽略整形片塑性模量对入射波整
形的影响, 只是在试验中整形片的选择上定性地知道塑性模量增大会少量地增大上升沿的
坡度, 塑性模量减小使其上升沿能够变得更加平缓。此时, 式 (4.305) 可以简化写为

$$\bar{\sigma} = f\left(\frac{Y}{\sigma^*}, \bar{h}, \bar{d}, \bar{t}\right) \tag{4.308}$$

2) 整形片材料屈服强度的影响

设杆材料为 45#钢, 其材料参数同上, 杆直径为 14.5mm, 撞击杆长度为 400mm, 撞击速
度为 16m/s; 整形片直径为 8mm, 厚度为 0.8mm, 塑性模量为 150MPa, 密度为 8.96g/cm³,
此时式 (4.305) 自变量中三个无量纲量为特定值, 即可简化为

$$\bar{\sigma} = f\left(\frac{Y}{\sigma^*}, \bar{t}\right) \tag{4.309}$$

其最简化的有量纲形式为

$$\sigma = f(Y, t) \tag{4.310}$$

从式 (4.310) 可以看出, 特定时刻影响入射杆中轴向正应力的唯一自变量为整形片材料
的屈服强度, 为此, 假设整形片材料从 55MPa 逐渐增加到 660MPa, 其入射波波形仿真结果
如图 4.123 所示。

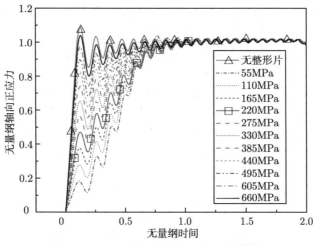

图 4.123 不同整形片屈服强度入射波波形

从图 4.123 可以看出，随着整形片屈服强度的变化，入射波上升沿阶段波形随着改变；且随着屈服强度的增大，入射波波形逐渐接近无整形片时的入射波波形。其中部分数据整理结果如图 4.124 所示。

图 4.124 中整形片材料同上，屈服强度从 110MPa、220MPa、330MPa、440MPa 增加到 660MPa，从图中容易发现，随着整形片屈服强度的增加，上升沿变缓的起点逐渐增大，但上升沿阶段的终点并没有明显变缓。由此，我们可以认为，整形片屈服强度对入射波整形的影响主要是改变上升沿变缓的起点对应的应力值，对于终点并无明显影响。

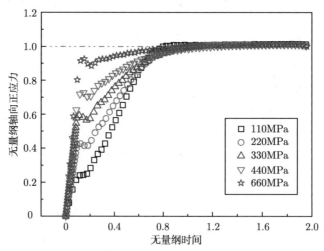

图 4.124 五种不同整形片屈服强度入射波波形

3) 撞击速度的影响

当杆材料、整形片尺寸与材料等参数完全相同、杆几何参数也完全相同时，撞击速度对入射波波形的影响函数为如下有量纲形式：

$$\sigma = f(Y, t) \tag{4.311}$$

图 4.125 为撞击杆长度为 400mm 以速度分别为 6m/s、8m/s、10m/s 到 32m/s 等共 14 个不同撞击速度时入射波波形数值仿真计算结果。

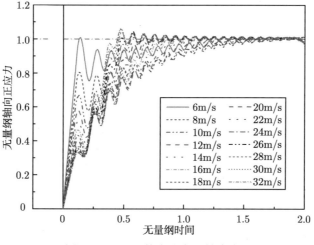

图 4.125　不同撞击速度入射波波形

从图 4.125 可以看出，不同撞击速度时无量纲入射波上升沿阶段呈现明显的变化，而且撞击速度的变化不仅影响上升沿变缓起点对应的无量纲应力，也影响上升沿阶段终点对应的无量纲时间值。考虑了无量纲应力中也包含速度的影响，我们给出应力与无量纲时间入射波波形图，如图 4.126 所示。

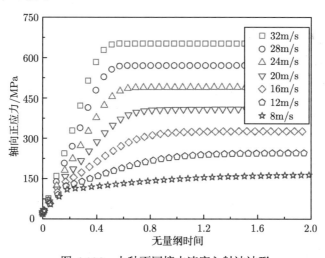

图 4.126　七种不同撞击速度入射波波形

从图 4.126 容易看出，撞击速度对上升沿变缓起点对应的应力并无明显影响，而对上升沿阶段终点特别是其对应的时间值有着明显的影响，随着撞击速度的增大，对应的终点时间逐渐减小。

4) 撞击杆长度的影响

当撞击杆长度不同而其他条件相同时，此时式 (4.305) 的自变量中三个无量纲量为特定

值，即可简化为

$$\bar{\sigma} = f\left(\bar{h}, \bar{t}\right) \tag{4.312}$$

利用以上仿真模型与参数开展不同撞击杆长度时撞击杆以 16m/s 共轴正撞击入射杆的仿真计算，其中撞击杆长度从 100mm、125mm 增加到 500mm，仿真结果如图 4.127 和图 4.128 所示。

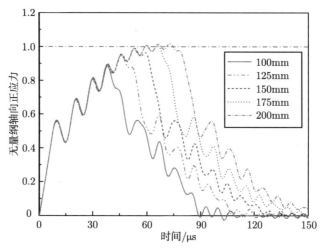

图 4.127 短撞击杆时不同撞击杆杆长度入射波波形

从图 4.127 容易发现，不同撞击杆长度其应力波上升沿阶段应力波波形基本重合，只是对于 14.5mm 口径钢杆和撞击速度为 16m/s 的情况下，由于撞击杆动能不足，当撞击杆长度小于 200mm 时，入射波未到达理论应力峰值就开始卸载。从理论上看，当撞击速度提高或撞击杆直径增大时，对于相同整形片而言，此临界撞击杆长度会减小。

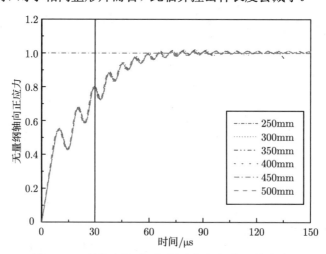

图 4.128 长撞击杆时不同撞击杆杆长度入射波波形

当撞击杆长度大于 200mm 时，从图 4.128 可以看出，整个上升沿阶段不同撞击杆长度仿真结果基本一致。从图 4.127 和图 4.128 可以容易看出，当撞击杆动能足够时，撞击杆长度对入射波上升沿的影响可以忽略，也就是说，撞击杆长度对于整形片整形影响可以忽略。此时，式 (4.312) 中无量纲时间应写为

$$\bar{t} = \frac{t}{t^*}, \quad t^* = \frac{L_0}{C_b} \tag{4.313}$$

即此时参考长度 L_0 并不能选用撞击杆长度这一变量，而是需要某一个特定的长度，如 400mm 等。

同样，式 (4.313) 中整形片无量纲厚度中参考长度选取撞击杆长度也不一定合理，因为从图 4.128 容易看出此时虽然整形片厚度相同但撞击杆长度不同，因此无量纲厚度也不同；然而，从图 4.128 所示仿真结果来看，此时其任意特定加载时间内对应的无量纲应力相同。这说明只可能存在两种情况之一：其一，任意特定时间内，其他条件相同时，无量纲应力与撞击杆长度和整形片厚度皆无关；其二，当前无量纲厚度中参考长度不合理。为验证此两种情况中哪一种情况是合理的，开展了撞击杆长度为 400mm 整形片厚度从 0.2mm 到 1.6mm 共 8 种情况的数值仿真，仿真中其他条件和参数同上，仿真结果如图 4.129 所示。

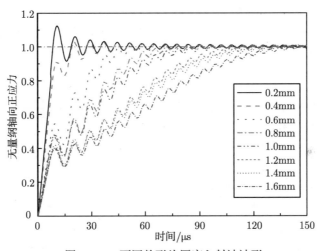

图 4.129 不同整形片厚度入射波波形

从图 4.129 容易看出，相同撞击杆长度不同整形片厚度时，加载期间上升沿阶段的入射波波形明显不同，整形片厚度越大，其上升沿就越缓。也就是说，按照以上无量纲整形片厚度的定义，任意特定时间不同无量纲整形片厚度对应的应力明显不同。

当我们改变整形片厚度的同时也改变撞击杆长度，使得以上无量纲整形片厚度相同，其计算结果如图 4.130 所示。图中，整形片厚度同上分别为 0.2mm、0.4mm、0.6mm、0.8mm、1.0mm、1.2mm、1.4mm 和 1.6mm，这 8 种情况时对应撞击杆长度分别为 100mm、200mm、300mm、400mm、500mm、600mm、700mm 和 800mm，因此这 8 种情况下其无量纲整形片厚度均为 0.002。

图 4.130 显示，即使无量纲厚度相同，任意特定时刻上升沿段应力随着整形片厚度的变化也呈现与上例类似的变化。计算结果表明，式 (4.313) 中所有无量纲量皆相同时，不同整形片厚度其无量纲应力值也不相同。

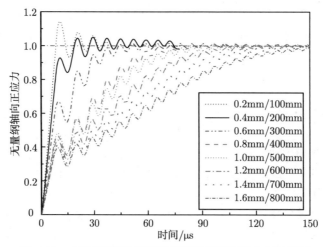

图 4.130　不同整形片厚度相同无量纲厚度时入射波波形

综合以上三图对应的仿真计算与分析结果,我们可以确定取无量纲整形片厚度的参考长度为撞击杆长度不合理。

对比撞击杆长度相同但整形片厚度不同、整形片厚度不同但无量纲整形片厚度相同这两种情况下的入射波上升沿段波形,我们可以得到图 4.131。

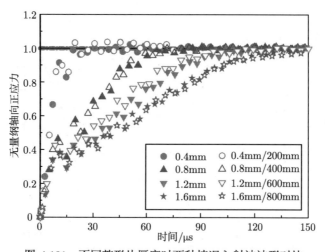

图 4.131　不同整形片厚度时两种情况入射波波形对比

从图 4.131 容易看出,撞击杆长度不变和撞击杆长度随整形片厚度等比变化,其相同整形片厚度时入射波上升沿段的波形基本相同;这进一步说明撞击杆长度对入射波加载阶段波形的影响基本可以忽略不计而不予考虑。

因此,综合理论初步分析,我们需要修改式 (4.313) 中无量纲整形片厚度的定义,类似无量纲时间中的修改,我们暂也以特定长度 L_0 为参考:

$$\bar{h} = \frac{h}{L_0} \tag{4.314}$$

从以上不同整形片厚度对入射波影响分析和计算结果也可以知道,整形片厚度的改变能够改变入射波上升沿阶段的波形, 整体来讲, 厚度越大上升沿阶段波形越缓; 如不考虑由整形片过厚导致入射波无法达到理论应力波峰值 (下面同), 我们可以发现, 整形片厚度增大导致上升波形变缓的主要特征是: 整形片厚度变化, 上升沿波形变缓起点应力值和时间值基本相近, 当不考虑其弹性段时, 可以认为其相同; 厚度增大时, 上升沿终点对应的时间逐渐变大, 从而导致其波形显得逐渐变缓。

此时, 式 (4.308) 函数形式也为

$$\bar{\sigma} = f\left(\frac{Y}{\sigma^*}, \bar{h}, \bar{d}, \bar{t}\right) \tag{4.315}$$

只是式 (4.315) 中无量纲整形片厚度与无量纲时间的定义与式 (4.308) 不同。

5) 整形片直径的影响

当整形片厚度相同和材料参数相同时, 撞击速度和杆材料也相同, 任意特定时间内能够影响入射杆中测量点无量纲轴向正应力的主要因素只有整形片直径, 即

$$\bar{\sigma} = f\left(\bar{d}, \bar{t}\right) \tag{4.316}$$

设杆直径为 14.5mm, 杆材料同上, 整形片材料参数同上, 整形片厚度为 0.8mm, 撞击速度为 16m/s, 开展了不同整形片直径时入射波形的变化数值仿真计算, 如图 4.132 所示。

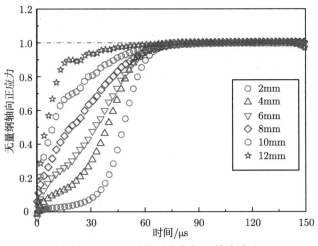

图 4.132 不同整形片直径入射波波形

图 4.132 中, 整形片直径分别为 2mm、4mm、6mm、8mm、10mm 和 12mm。从图 4.132 可以看出, 首先, 整形片直径对于入射波上升沿有着明显的影响; 其次, 随着整形片直径的减小, 上升沿变缓。同时, 可以从图 4.132 观察到, 与整形片厚度的影响不同, 整形片直径的变化对上升沿段的终点并没有明显的影响, 可以认为不同整形片直径其上升沿段终点基本不变, 而其起始点对应的应力值随着整形片的直径的增大而增大。其机理很简单, 如不考虑整形片杨氏模量即不考虑应力波在整形片中的传播问题, 撞击对整形片产生的应力可以近似表示为

$$\sigma = \frac{\frac{1}{2}\rho_b C_b V}{\bar{d}^2} \tag{4.317}$$

因此，整形片屈服时，其在入射波上升沿点对应的无量纲屈服应力为

$$\bar{\sigma} = \frac{Y\bar{d}^2}{\frac{1}{2}\rho_b C_b V} \tag{4.318}$$

对于相同屈服强度整形片而言，其上升沿段起始点的应力随着整形片直径的增大而增大。

若整形片材料与几何参数完全相同，杆材料与长度相同，只有杆直径发生变化，容易知道，此时无量纲整形片直径随着杆直径的增大而减小，无量纲整形片直径随着杆直径的减小而增大。利用以上模型开展不同杆径时的数值仿真计算，结果如图 4.133 所示。

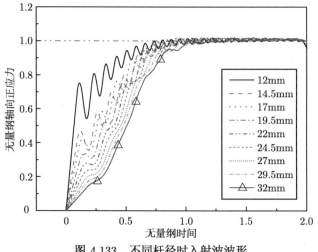

图 4.133　不同杆径时入射波波形

图 4.133 中无量纲时间中参考长度选取 400mm(图 4.134 同)。从图 4.133 可以看出，随着杆径的变化，上升沿波形发生明显的变化；而且，随着杆径的增加，上升沿变缓起始点逐渐减小。对图 4.133 中五种典型尺寸杆径入射波形进行滤波处理，可以得到图 4.134。

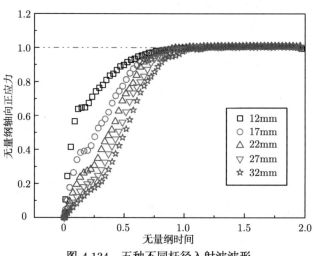

图 4.134　五种不同杆径入射波波形

图 4.134 更加明显地显示：首先，杆径的变化并不影响上升沿阶段终点对应的无量纲应

力和无量纲时间；其次，随着杆径的增大，变缓起始点对应的无量纲应力逐渐减小。容易知道，对于无量纲整形片直径而言，当杆径不变时，整形片直径越大无量纲整形片直径越大，反之亦然；当整形片直径不变时，杆径越大无量纲整形片直径越小，反之亦然。因此，图 4.134 也显示随着无量纲整形片直径的增大，入射波上升沿变缓起始点对应的无量纲应力逐渐增大，而终点基本保持不变。这说明将无量纲整形片直径定义为整形片直径和杆径之比是合理的。

4.3.5 整形片整形问题无量纲函数形式

以上的研究表明，考虑整形片时 SHPB 入射波加载阶段上升沿段的应力时程曲线无量纲函数形式应为

$$\bar{\sigma} = f\left(\frac{Y}{\sigma^*}, \bar{h}, \bar{d}, \bar{t}\right) \tag{4.319}$$

考虑几何缩比不等于 1 时的两种情况，设两个模型中满足材料相似且撞击速度相同，此时式 (4.319) 可以简化为

$$\bar{\sigma} = f\left(\frac{h}{L_0}, \frac{t}{L_0/C_b}\right) \tag{4.320}$$

由于式 (4.320) 中 L_0 为量纲为长度量纲的某一特定的量，因此，可知对于上升沿阶段任意特定时刻，由于

$$\frac{\lambda h}{L_0} \neq \frac{h}{L_0} \tag{4.321}$$

所以

$$\left[\bar{\sigma} = f\left(\frac{\lambda h}{L_0}\right)\right]_m \neq \left[\bar{\sigma} = f\left(\frac{h}{L_0}\right)\right]_p \tag{4.322}$$

而根据以上几何相似律可知

$$\left[\bar{\sigma} = f\left(\frac{\lambda h}{L_0}\right)\right]_m = \left[\bar{\sigma} = f\left(\frac{h}{L_0}\right)\right]_p \tag{4.323}$$

对比式 (4.321) 和式 (4.323) 容易发现，两式结论矛盾，也就是说，式 (4.315) 中整形片无量纲厚度的定义并不准确。

若撞击杆长度不变，杆与整形片材料不变，杆径和整形片厚度、直径等比例放大或缩小，此时式 (4.319) 中所有无量纲自变量均相等。因此，根据该式可知，此类有条件的缩比模型与原型之间应该在任意特定的无量纲时间有

$$(\bar{\sigma})_m = (\bar{\sigma})_p \tag{4.324}$$

同上，我们通过以上仿真模型计算出结果，如图 4.135 所示。

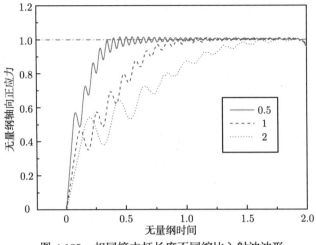

图 4.135　相同撞击杆长度不同缩比入射波波形

图 4.135 中除撞击杆长度之外，其他几何参数均按照同一比例放大或缩小，缩比分别为 0.5、1.0 和 2.0。从图 4.135 容易发现对于任意特定无量纲时间，有

$$(\bar{\sigma})_m \neq (\bar{\sigma})_p \tag{4.325}$$

对比以上两式也可以看出此种情况下理论与数值仿真结果相冲突：无量纲时间相同时，对应的无量纲应力并不相等，然而与此同时，无量纲时间不同时，对应的无量纲应力却相等。而从之前的各类分析可知理论推导和数值仿真模型与参数正确无误，因此，我们可以确定在以上定义的无量纲整形片厚度与无量纲时间虽然进行了一次校正，但还是不准确，需要进一步校正。

如果对图 4.135 所示结果横坐标即无量纲时间同时除以对应的缩比系数，可以得到图 4.136。

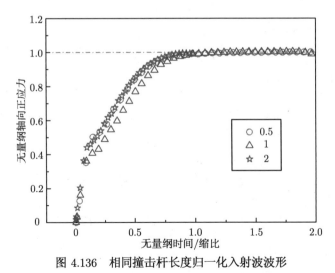

图 4.136　相同撞击杆长度归一化入射波波形

图 4.136 显示，此时入射波形上升沿非常相近，考虑计算和滤波误差等因素，我们可以

认为此时这三个不同缩比对应的入射波一致。也就是说

$$f\left(\frac{\lambda h}{L_0}, \frac{t}{L_0/C_b}\right) = f\left(\frac{h}{L_0}, \frac{\lambda t}{L_0/C_b}\right) \quad (4.326)$$

式 (4.326) 意味着无量纲整形片厚度与无量纲时间存在一定的联系；另外，以上无量纲分析过程中，引入一个长度量 L_0，从量纲分析的角度上，这会将问题复杂化，应该利用自变量中的某量或某组合量替代该量。综合以上分析，我们认为无量纲整形片厚度与无量纲时间可以进行组合，利用无量纲整形片厚度替代该引入的量是合理的，即式 (4.319) 可简化为

$$\bar{\sigma} = f\left(\frac{Y}{\sigma^*}, \bar{d}, \bar{t}\right) \quad (4.327)$$

式中，无量纲时间应为

$$\bar{t} = \frac{t}{h/C_b} \quad (4.328)$$

利用以上两式对前面不同整形片厚度时的计算结果进行整理，可以得到图 4.137(b)。其中，杆材料与撞击杆材料同上，撞击杆长度为 400mm，直径为 14.5mm，整形片直径为 8mm。

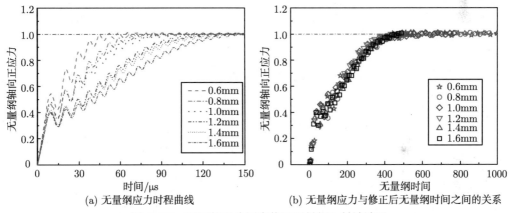

图 4.137 不同整形片厚度修正无量纲入射波波形

从图 4.137 容易看出，对无量纲时间进行式 (4.328) 修正后，其他条件相同时，不同整形片对于入射波无量纲轴向正应力满足

$$\bar{\sigma} = f\left(\frac{t}{h/C_b}\right) \quad (4.329)$$

这说明式 (4.327) 和式 (4.328) 的无量纲化分析思路和结果是合理准确的。因此，式 (4.319) 可进一步写为

$$\bar{\sigma} = f\left(\frac{Y}{\sigma^*}, \bar{d}, \frac{t}{h/C_b}\right) \quad (4.330)$$

从前面不同参数对入射波上升沿的影响规律分析结果知道，整形片屈服强度和直径对入射波的影响类似，皆是影响上升沿变缓的起点。从前面整形片受力情况分析容易看出，对于整形片应变时程曲线和应力时程曲线而言，其系数一般以

$$\frac{k_1}{k_2} = \frac{k_1'}{k_2'} = \frac{YS_s}{\frac{1}{2}\rho_b C_b V S_b} \quad (4.331)$$

的整体形式出现，也就是说，整形片直径总是与其屈服强度以组合的形式出现；事实上，屈服强度与整形片面积的乘积皆为其受力，其物理意义非常明显，因此根据以上理论分析，式 (4.330) 应该可以简化为

$$\bar{\sigma} = f\left(\frac{Y\bar{d}^2}{\sigma^*}, \frac{t}{h/C_b}\right) \tag{4.332}$$

式中，第一个无量纲自变量包含整形片屈服强度、直径以及杆材料波阻抗与撞击速度，从前面的计算结果可以看出，对于特定的杆材料而言 (波阻抗不变)，整形片屈服强度、直径与撞击速度的变化都能够导致入射波上升沿阶段波形的明显变化，而且都能够直接影响上升沿变缓起点对应的无量纲应力值；也就是说该无量纲量的变化能够导致无量纲因变量的变化。如果式 (4.332) 成立或近似成立，必有当第一个无量纲自变量中三个参数发生变化但整体不变时，无量纲因变量保持不变或近似不变，起码入射波形上升沿阶段变缓起点对应的无量纲应力保持不变或近似不变。针对这一问题，首先，当杆材料与几何参数、整形片厚度与塑性模量、撞击速度等参数保持不变，且整形片屈服强度与其直径的平方的乘积保持不变时，开展整形片材料屈服强度和直径变化对入射波上升沿阶段波形影响规律的数值仿真分析，计算结果如图 4.138 所示。

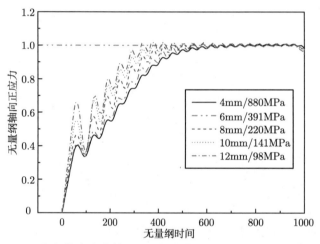

图 4.138 相同撞击速度第一无量纲自变量时入射波上升沿原始波形

图 4.138 中杆材料为 45# 钢，材料参数同上；整形片厚度为 0.8mm，塑性模量为 150MPa；杆直径为 14.5mm，撞击杆长度为 400mm，撞击速度为 16m/s。整形片直径从 4mm 逐渐增加到 12mm，对应的屈服强度从 880MPa 逐渐减小到 98MPa，屈服强度与直径平方的乘积基本保持不变。对比前面的分析结论，我们可以发现：首先，对比图 4.138 和图 4.124，后者中屈服强度从 110MPa 增长到 660MPa，上升沿变缓起点对应的无量纲应力值变化非常明显，而图 4.138 中屈服强度从 98MPa 到 880MPa，起点变化并不非常明显；其次，对比图 4.138 和图 4.132，后者中整形片厚度从 4mm 增加到 12mm 时，起点应力值变化非常大，而图 4.138 中相同直径变化对应起点应力值却非常相近；最后，从前面相关曲线可以看出，整形片直径越大，入射波上升沿的振荡幅度就越大。我们对图 4.138 进行初步滤波处理，可以得到图 4.139。

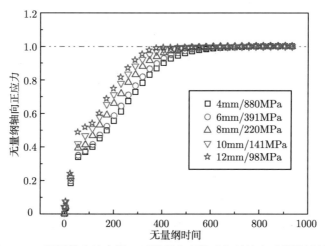

图 4.139　相同撞击速度第一无量纲自变量时入射波上升沿滤波波形

从以上初步滤波后波形可以看出，虽然整形片材料屈服强度和直径变化很大，但其上升沿阶段变化起点对应的应力变化并不大；当直径较大时，随着直径的增大，入射波上升沿少量上移，其原因从前面整形片材料塑性模量的变化对入射波上升沿的影响规律可以找到。事实上，从前面整形片受力情况问题的分析可以看出，整形片的直径不仅与屈服强度总以乘积的形式出现，而且还与塑性模量以相同的乘积形式出现：

$$\frac{k_3}{k_2}=\frac{k_3'}{k_2'}=\frac{E_pS_s}{\frac{1}{2}\rho_bC_bVS_b}\tag{4.333}$$

实际上如果考虑整形片塑性模量的影响，式 (4.332) 应写为

$$\bar{\sigma}=f\left(\frac{E_p\bar{d}^2}{\sigma^*},\frac{Y\bar{d}^2}{\sigma^*},\frac{t}{h/C_b}\right)\tag{4.334}$$

只是，由于前面分析中发现塑性模量对入射波整形影响较小从而只从定性角度上分析，在函数中将此无量纲量忽略。从式 (4.334) 中可以看出，随着整形片直径的增大，其与塑性模量的乘积呈二次方增大趋势，两者的乘积从理论上等效于唯象塑性模量，其原理上与塑性模量的增大对入射波形的影响完全一致。从前面塑性模量对入射波形的影响分析结果可知，此时即使其他条件不变，入射波上升沿曲线段也呈一定的上移趋势。因此，图 4.139 中直径增大导致上升沿向上移动主要是由于直径增大不仅增大式 (4.334) 中第二个无量纲自变量，还等比例地增大第一个无量纲自变量，从而导致上升沿向上平移。同前面分析，此种差别有限，我们在试验中进行定性调整即可，因此，我们还是忽略式 (4.334) 中第一个无量纲自变量的影响。同时，我们从以上分析可知，前面相关分析显示，当整形片屈服强度与直径平方的乘积恒定时，其对应的无量纲轴向正应力近似相等，这表明将这两个自变量以此形式整合是科学准确的。

式 (4.332) 中第一个自变量中还存在一个量，即参考应力量，若我们不考虑杆材料的影响 (事实上杆材料的影响也可进行类似分析，在此不予考虑)，该无量纲自变量还有一个自变量，即撞击速度。从前面撞击速度对上升沿波形的影响规律可以看出，其不仅影响起点值还

影响终点值，而整形片屈服强度和直径只影响起点值，此三个量的组合如果能够保证该无量纲量相同，且入射波形的起点相等或非常相近，我们可以认为该无量纲量的组合形式是准确的。为此，我们开展不同撞击速度但整形片屈服强度与撞击速度之比不变时的数值仿真，计算结果如图 4.140 所示。

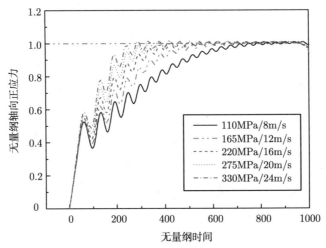

图 4.140　相同整形片屈服强度与撞击速度比时入射波上升沿原始波形

从图 4.140 可以看出，整形片屈服强度从 110MPa 增加到 330MPa，撞击速度从 8m/s 增加到 24m/s，对比图 4.124 和图 4.125 中入射波上升沿变缓起点对应无量纲应力值的变化，图 4.140 中起点值在这几种情况下均非常接近，近似不变。这说明，对于起始点而言，此无量纲自变量的组合是准确的。同时，我们可以发现，即使式 (4.332) 中第一个无量纲自变量不变，但其上升沿终点对应的无量纲时间差别较大。

由以上分析可知，该无量纲自变量组合中无论整形片屈服强度还是直径均不能够明显影响上升沿终点对应的无量纲时间，在该函数中能够影响图 4.140 中横坐标的只有式 (4.334) 中无量纲时间的定义。因此，图 4.140 说明无量纲时间应与撞击速度有关。前面经过计算分析对无量纲时间进行了两次修正，最终得到式 (4.328) 所示形式，该形式对于撞击速度不变的情况是合适准确的，但从形式来看该无量纲时间的定义与撞击速度无关，这与图 4.140 显示规律不符。

从式 (4.328) 可以看出，无量纲时间组合中与撞击速度量纲一致的只有杆材料声速，而本节分析表明无量纲时间中考虑声速可以使得不同撞击杆长度、不同材料等情况下无量纲入射波波长一致，具有明显的物理意义；而在该式中分母物理意义并不明显，如果将其替换为撞击速度，在量纲上考虑是没有问题的，但我们必须确定不考虑杆材料声速是否影响不同杆材料声速时的函数关系。为此利用以上模型开展不同声速下整形片整形问题的数值仿真分析，其中，杆几何参数同上，整形片的材料参数和几何参数同上，杆材料的密度不变，只是改变其杨氏模量从而改变其声速，撞击速度均为 16m/s，计算结果如图 4.141 所示。

图 4.141 中杆材料声速以前面所述 45#钢材料 5172m/s 为参考，其相对声速分别为 0.5、0.75、1.0、1.25 和 1.5 五种不同值。从图 4.141 可以看出，由于材料声速不同，入射波的峰值平台应力与波长均不同，这与应力波理论分析完全一致，根据应力波理论其峰值平台应

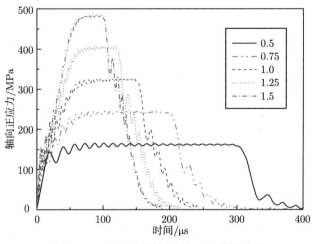

图 4.141 不同杆材料声速时入射波波形

力和波长分别为

$$\begin{cases} \sigma^* = \dfrac{1}{2}\rho_b C_b V \\ t^* = \dfrac{2L_b}{C_b} \end{cases} \tag{4.335}$$

其峰值平台应力随着声速的增大而增大，波长随声速的增大而减小。

如利用式 (4.335) 中第一式对图 4.141 中入射波应力进行无量纲化，并进行初步滤波即可得到图 4.142。

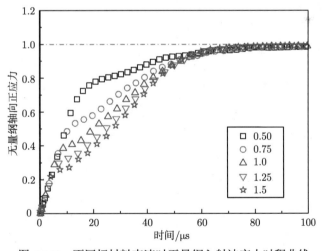

图 4.142 不同杆材料声速时无量纲入射波应力时程曲线

从图 4.142 可以看出，随着杆材料声速的增大，其入射波上升沿终点并没有明显变化，只是其变缓的起点对应无量纲应力随之增大。其原因主要是，杆材料声速增大导致式 (4.332) 中第一个无量纲自变量减小，其对入射波形上升沿的影响等效为提高整形片的屈服强度，从而导致其起点对应的无量纲应力值减小。最重要的是，图 4.142 表明杆材料声速对上升沿终点对应的时间并无明显影响，虽然其明显影响入射波波长，但对于波形整形而言，其主要对

象是调整上升沿的波形, 结合图 4.140 中的情况, 我们可以将式 (4.332) 中的无量纲时间进一步修正为

$$\bar{t} = \frac{t}{h/V} \tag{4.336}$$

此时图 4.140 中不同撞击速度且第一个无量纲自变量相同时的计算结果可以整理为图 4.143。

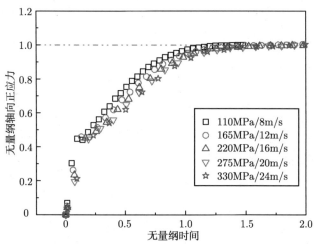

图 4.143　相同整形片屈服强度与撞击速度比时修正无量纲入射波波形

从图 4.143 可以看出, 此时不同撞击速度下的无量纲入射波波形基本重合; 而且容易看到, 对无量纲时间的修正并不影响前面的相关分析结论。

综上分析, 我们可以认为分离式 Hopkinson 压杆试验中整形片对入射波的影响函数关系可写为以下无量纲形式:

$$\frac{\sigma}{\frac{1}{2}\rho_b C_b V} = f\left(\frac{Y d^2}{\frac{1}{2}\rho_b C_b D_b^2 V}, \frac{t}{h/V}\right) \tag{4.337}$$

或

$$\frac{\sigma}{\rho_b C_b V} = f\left(\frac{Y d^2}{\rho_b C_b D_b^2 V}, \frac{t}{h/V}\right) \tag{4.338}$$

主要参考文献

杜忠华, 高光发, 李伟兵. 2017. 撞击动力学 [M]. 北京: 北京理工大学出版社.

杜忠华, 曾国强, 余春祥, 等. 2008. 异型侵彻体垂直侵彻半无限靶板实验研究 [J]. 弹道学报, 20(1): 19-21.

高光发. 2019. 波动力学基础 [M]. 北京: 科学出版社.

高光发, 李永池, 黄瑞源, 等. 2011. 长径比对长杆弹垂直侵彻能力影响机制的研究 [J]. 高压物理学报, 25(4): 327-332.

高光发, 李永池, 黄瑞源, 等. 2012. 杆弹头部形状对侵彻行为的影响及其机制 [J]. 弹箭与制导学报, 32(6): 51-54.

高光发, 李永池, 黄瑞源. 2014. 长杆弹侵彻半无限靶板的影响因素及其影响规律 [J]. 弹箭与制导学报, 34(3): 56-62.

高光发, 李永池, 刘卫国, 等. 2011. 长杆弹截面形状对垂直侵彻深度的影响 [J]. 兵器材料科学与工程, 34(3): 9-12.

高光发, 李永池, 沈玲燕, 等. 2012. 入射速度对长杆弹垂直侵彻行为的影响规律 [J]. 高压物理学报, 26(4): 91-96.

高光发, 赵凯, 王焕然. 2016. 杆弹侵彻半无限延性靶板的特征、规律及其机理 [J]. 兵工学报, (s2): 119-126.

李永池, 张永亮, 高光发. 2019. 连续介质力学基础知识及其应用 [M]. 合肥: 中国科学技术大学出版社.

谈庆明. 2005. 量纲分析 [M]. 合肥: 中国科学技术大学出版社.

王晓东, 高光发, 杜忠华, 等. 2018. 异型截面弹芯垂直侵彻半无限靶板 [J]. 北京理工大学学报, 38(12): 5-10.

张陶, 惠君明, 解立峰, 等. 2004. FAE 爆炸场超压与威力的实验研究 [J]. 爆炸与冲击, (2): 176-181.

张玉磊, 王胜强, 袁建飞, 等. 2016. 不同量级 TNT 爆炸冲击波参数相似律实验研究 [J]. 弹箭与制导学报, 36(6): 53-56.

仲倩, 王伯良, 黄菊, 等. 2010. TNT 空中爆炸超压的相似律 [J]. 火炸药学报, 33(4): 32-35.

Baker W E. 1960. Modeling of large transient elastic and plastic deformations of structures subjected to blast loading[J]. ASME. Journal of Applied Mechanics, 27(3): 521-527.

Baker W E, Cox P A, Westine P S, et al. 1983. Explosion Hazards and Evaluation[M]. Amsterdam: Elsevier Scientific Publishing Co.

Baker W E, Westine P S, Bessey R L. 1971. Blast Fields About Rockets and Recoilless Rifles[R]. Final Technical Report, Contract No. DAAD05-70-C-0170.

Baker W E, Westine P S, Dodge F T. 1973. Similarity Methods in Engineering Dynamics: Theory and Practice of Scale Modeling[M]. Rochelle Park: Hayden Book Co.

Baker W E, Westine P S, Silverman S. 1966. Feasibility Study on Simulating the Structural Response of High Altitude Missiles to Blast Loading[R]. Maryland: Contract No. DA-18-001-AMC-794(X), Ballistics Research Laboratories, Aberdeen Proving Ground.

Baker W E, Westine P S. 1969. Modeling the blast response of structures using dissimilar materials[J]. AIAA Journal, 7(5): 951-959.

Baker W E, Westine P S. 1967. Model tests for structural response of Apollo command module to water impact [J]. Journal of Spacecraft and Rockets, 4(2): 201-208.

Bless S J, Littlefield D L, Anderson C E, et al. 1995. The penetration of non-circular cross-section penetrators [C]//15th International Symposium on Ballistics. Jerusalem: IBS: 43-50.

Dalzell J F, Westine P S. 1966. A Study of the Feasibility of Dissimilar Material Modeling Techniques as Applied to the Response of Ship Structures to Water Impact[R]. Washington: Contract No. N600(l67)64136(X)(FBM), David Taylor Model Basin.

Denton D R, Flathau W J. 1966. Model study of dynamically loaded arch structures[J]. Journal of the Engineering Mechanics Division, 92(3): 17-32.

Dewey J M. 1964. The air velocity in blast waves from TNT explosions[J]. Proceedings of the Royal Society, 279: 366-385.

Dewey J M, Sperrazza J. 1950. The Effect of Atmospheric Pressure and Temperature on Air Shock[R]. Maryland: BRL Report No. 721, Aberdeen Proving Ground.

Epshteyn L A. 1977. Methods of the Dimensional Analysis and Similarity Theory in Problems of Ship Hydromechanics[M]. Washington: Department of the Naval Intelligence Support Center.

Ezra A A, Adams J E. 1967. The explosive forming of 10 feet diameter aluminum domes[C]. The First International Conference of the Center for High Energy Forming, Estes Park: 19-23.

Ezra A A, Penning F A. 1962. Development of scaling laws for explosive forming[J]. Experimental Mechanics, 2(8): 234-239.

Frank K, Zook J. 1990. Chunky metal penetrators act like constant mass penetrators[C]. Proceedings of the 12th International Symposium on Ballistics, San Antonio.

Freitag D R. 1965. A Dimensional Analysis of the Performance of Pneumatic Tires on Soft Soils[R]. U.S. Army Waterways Experiment Station Technical Report Number 3-688.

Gibbings J C. 2011. Dimensional Analysis[M]. London: Springer.

Gooch W A, Burkins M S, Walters W P, et al. 2001. Target strength effect on penetration by shaped charge jets[J]. International Journal of Impact Engineering, 26: 243-248.

Johnson W, Smith J A, Franklin E G, et al. 1968. Gravity and Atmospheric Pressure Scaling Equations for Small Explosion Craters in Sand[R]. Ohio: Air Force Institute of Technology, Wright-Patterson Air Force Base, AD 688-756.

Jr Anderson C E, Morris B L, Littlefield D L. 1992. A Penentration Mechanics Database[R]. San Antonio: SwRI Report 3593/001, AD-A246351, Southwest Research Institute.

Jr Anderson C E, Morris B L. 1992. The ballistic performance of confined Al_2O_3 ceramic tiles[J]. International Journal of Impact Engineering, 14(12): 167-187.

Jr Anderson C E, Walker J D, Hauver G E. 1992. Target resistance for long-rod penetration into semi-infinite targets[J]. Nuclear Engineering and Design, 138(1): 93-104.

Jr Anderson C E, Littlefield D L, Walker J D. 1993. Long-rod penetration, target resistance, and hypervelocity impact author links open overlay panel[J]. International Journal of Impact Engineering, 14(1): 1-12.

Jr Anderson C E, Littlefield D L, Blaylock N W. 1994. The penetration performance of short L/D projectiles[J]. High-Pressure Science and Technology, (309): 1809-1812.

Jr Anderson C E, Walker J D, Bless S J, et al. 1995. On the velocity dependence of the L/D effect for long-rod penetrators[J]. International Journal of Impact Engineering, 17(1): 13-24.

Jr Anderson C E, Walker J D, Bless S J, et al. 1996. On the L/D effect for long-rod penetrators[J]. International Journal of Impact Engineering, 18(3): 247-264.

Jr Nevill G E. 1963. Similitude Studies of Re-Entry Vehicle Response to Impulsive Loading[R]. New Mexico: AFWL TDR 63-1, Kirtland Air Force Base.

Kennedy W D. 1946. Explosions and Explosives in Air[M]. Washington: Effects of impact and Explosions, Summary Technical Report of Div. 2, NDRC, AD: 221-586.

Langner C G, Baker W E. 1966. A Modeling Handbook Including Experiments on Inelastic Deformations of Conical Shells[R]. New Mexico: AFWL TR-64-169, Kirtland Air Force Base.

Leonard W, Jr Magness L, Kapoor D. 1992. Ballistic Evaluation of Thermo-mechanically Processed Tungsten[R]. BRL-TR-3326, USA Ballistic Research Laboratory, Aberdeen Proving Ground.

Magness L S, Farrand T G. 1990. Deformation behavior and its relastionship to the penetration performance of high-density KE penentrator materials[C]. Army Scicence Conference, Durham.

Mullin S A, Jr Anderson C E, Plekutowaki A J, et al. 1995. Scale Model Penetration Experiments: Finite Thickness Steel Target[R]. SwRI Report 3593/003.

Rosenberg Z, Dekel E. 1994. The relation between the penetration capability of long rods and their length to diameter ratio[J]. International Journal of Impact Engineering, 15(2): 125-129.

Rosenberg Z, Dekel E. 1998. A computational study of the relations between material properties of long-rod penetrators and their ballistic performance[J]. International Journal of Impact Engineering, 21(4): 283-296.

Rosenberg Z, Dekel E. 1999. On the role of nose profile in long-rod penetration[J]. International Journal of Impact Engineering, 22(5): 551-557.

Rosenberg Z, Dekel E. 2000. Further examination of long rod penetration: The role of penetrator strength at hypervelocity impacts[J]. International Journal of Impact Engineering, 24(1): 85-102.

Rosenberg Z, Dekel E. 2001. Material similarities in long-rod penetration mechanics[J]. International Journal of Impact Engineering, 25 (4): 361-372.

Sager R A, Denzel C W, Tiffany W B. 1960. Cratering from High Explosive Charges, Compendium of Crater Data[R]. Vicksburg: Technical Report No. 2-547, Report 1, U.S. Army Waterways Experiment Station.

Simon V, Weigand B, Gomaa H. 2017. Dimensional Analysis for Engineers[M]. Berlin: Springer.

Spurk J H. 1992. Dimensionsanalyse in der Strömungslehre [M]. Berlin: Springer.

Spurk J H, Aksel N. 2010. Strömungslehre [M]. 8th ed. Berlin: Springer.

Szirtes T, Eng P, Rózsa P, et al. 2007. Applied Dimensional Analysis and Modeling [M]. 2nd ed. Amsterdam: Elsevier Science.

Taylor G I. 1950. The formation of a blast wave by a very intense explosion. I. theoretical discussion[J]. Proceedings of the Royal Society of London. Series A, Mathematical and Physical Sciences, 201(1065): 159-174.

Taylor G I. 1950. The formation of a blast wave by a very intense explosion. II. the atomic explosion of 1945[J]. Proceedings of the Royal Society of London. Series A, Mathematical and Physical Sciences, 201(1065): 175-186.

Tener R K. 1964. Model Study of a Buried Arch Subjected to Dynamic Loading[R]. Iowa State University Capstones, Teses and Dissertations: Retrospective Teses and Dissertations: 3892.

Thomson W. 1884. Electrical Units of Measurement. The Practical Applications of Electricity[M]. A Series of Lectures, The Institution of Civil Engineers: 149-174.

Truscott G F. 1972. A literature survey on abrasive wear in hydraulic machinery[J]. Wear, 20(1): 29-50.

Vennard J K. 1961. Elementary Fluid Mechanics[M]. New York: John Wiley and Sons, Inc.

Walker J D, Anderson C E. 1994. The influence of initial nose shape in eroding penetration[J]. International Journal of Impact Engineering, 15(2): 139-148.

Westine P S. 1969. The blast field about the muzzle of guns[J]. The Shock and Vibration Bulletin, 39(6): 139-149.

Westine P S. 1970. Modeling the Blast Fields Around Naval Guns and Conceptual Design of a Model Gun Blast Facility[R]. Final Technical Report No. 02-2643-01, Contract No. N0017869-C-0318.

Westine P S. 1978. Ground shock from the detonation of buried explosives[J]. Journal of Terramechanics, 15(2): 69-79.

Zohuri B. 2017. Dimensional Analysis Beyond the Pi Theorem[M]. Berlin: Springer International Publishing.